江苏省高校优势学科建设工程项目资助(PAPD)
中央高校基本科研业务费专项资金资助(3205003203)
江苏省自然科学基金资助(BK2010428)

拉索预应力网格结构的
分析理论、施工控制与优化设计

周　臻　孟少平　吴　京　著

东南大学出版社
·南京·

内 容 提 要

本书结合作者近年的研究成果与工程实践,针对拉索预应力网格结构(Prestressed Reticulated Structures,PRS)的分析理论、施工控制与优化设计进行了较详细的介绍与讨论,主要包括:基于初弯曲单元的有限元分析理论、典型 PRS 结构的非线性静力稳定分析、PRS 结构的非线性地震响应及其半主动控制、PRS 结构基于时域分析的风振响应及其风振系数、PRS 结构考虑施工误差的可靠性分析、PRS 结构基于索初始形变的张拉全过程分析、PRS 结构基于张拉递推系统和结构响应观测的预应力施工控制、PRS 结构的全过程优化设计理论及模糊优化与可靠性优化方法、基于多向误差可调节点的 PRS 结构模型试验。

书中针对提出的方法给出了具体的分析(求解)过程和工程(数值)算例,可供教学、设计和科研工作者参考使用,也可作为高等院校本科高年级和研究生相关课程的辅助教材。

图书在版编目(CIP)数据

拉索预应力网格结构的分析理论、施工控制与优化设计/
周臻,孟少平,吴京著. —南京:东南大学出版社,2013.12
ISBN 978 - 7 - 5641 - 4645 - 0

Ⅰ. ①拉… Ⅱ. ①周… ②孟… ③吴… Ⅲ. ①建筑结
构—钢结构—预应力结构—研究 Ⅳ. ①TU359

中国版本图书馆 CIP 数据核字(2013)第 275495 号

拉索预应力网格结构的分析理论、施工控制与优化设计

著　　者	周　臻　孟少平　吴　京
责任编辑	丁　丁
编辑邮箱	d. d. 00@163. com
出版发行	东南大学出版社
出 版 人	江建中
社　　址	南京市四牌楼 2 号(邮编:210096)
网　　址	http://www. seupress. com
经　　销	全国各地新华书店
发行热线	025—83790519　83791830
印　　刷	南京玉河印刷厂
网　　址	http://www. seupress. com
电子邮箱	press@seupress. com
开　　本	787 mm×1 092 mm　1/16
印　　张	15.5
字　　数	380 千
版　　次	2013 年 12 月第 1 版　2013 年 12 月第 1 次印刷
书　　号	ISBN 978 - 7 - 5641 - 4645 - 0
定　　价	58.00 元

前　言

拉索预应力网格结构(Prestressed Reticulated Structures，PRS)是将现代预应力技术应用到传统空间网格结构中形成的一类新型、杂交的大跨空间钢结构体系，包括预应力网架、弦支穹顶、拱支网壳等典型结构型式。这一类结构由于具有受力性能好、跨越能力强、空间形体多样、资源消耗少等优点，近二十年来在世界范围内得到迅速发展，目前已广泛应用于体育场馆、会展中心、机场车站等重要公共建筑和飞机库、工业厂房等重要工业建筑，成为 21 世纪土木工程领域最具活力与应用前景的绿色承重结构体系之一。

拉索预应力网格结构的快速发展吸引了国内众多高校和科研机构的浓厚兴趣，围绕其结构体系开发、设计分析、施工建造和模型试验等开展了广泛的研究，取得了丰硕的成果，成功促进了该新型结构体系在国内的迅速推广和技术革新。作者所在的研究团队自 2000 年以来，有幸参与了哈尔滨国际会展中心、郑州国际会展中心、武汉长江防洪模型试验大厅等一些典型工程的设计、分析、施工监控及结构检测等工作，并结合工程实践开展了一些研究课题。本书结合作者近年的研究成果与工程实践，针对 PRS 结构的分析理论、施工控制与优化设计进行较详细的介绍与讨论。

本书共分十章。第一章主要回顾了 PRS 结构的发展、分类和一些典型的工程实践；第二章推导了考虑杆件初始弯曲影响的非线性梁单元、杆单元和悬链线索单元的刚度矩阵；第三章针对张弦拱桁架和弦支穹顶工程算例进行了考虑杆件初弯曲影响的非线性稳定分析；第四章采用初弯曲单元研究了弦支穹顶结构的非线性地震响应，给出了张弦拱桁架基于 MR 阻尼器的半主动控制分析结果；第五章基于风荷载随机数值模拟和时域分析方法，研究了拉索预应力球面网壳和柱面网壳的风振响应及其整体风振系数；第六章在考虑节点位置安装偏差与索长误差等施工误差的基础上，针对弦支穹顶数值算例的可靠性进行了参数化分析；第七章基于索初始形变分析理论，给出了 PRS 结构预应力张拉全过程的模拟方法和形态分析方法；第八章针对随机施工误差对张拉过程的不利影响，分别构建了基于张拉递推系统的预应力施工方案决策方法,以及基于概率有限元和逆向神经网络技术的张拉方案动态调整方法;第九章在考虑预应力实施过程的基础上,给出了 PRS 结构的全过程优化设计模型与三级优化方法,并初步介绍了 PRS 结构的模糊优化设计方法和可靠性优化设计方法;第十章给出了一种多向误差可调节点的概念与设计方案,并针对设计制作的误差可调弦支穹顶结构模型进行了张拉控制试验与结构性能试验。

本书的很多工程实践和研究工作得到了东南大学郭正兴教授、冯健教授、舒赣平教授、罗斌教授,中冶建研院结构分公司曾滨总经理以及河海大学曹平周教授、王永泉博士等的指导和建议;部分软件计算、数据处理和图表绘制工作由研究生李志敏、冯玉龙、周志高、赵泳等协助完成;出版过程中东南大学出版社的丁丁女士给予了很大的支持与帮助。作者在此表示衷心的感谢。

由于时间限制、涉及内容广泛、作者水平有限,书中难免存在缺点错误,敬请读者批评指正。

目　　录

第一章 概 述

近几十年来,作为大跨度、大空间结构形式设计的空间网格结构以其新颖的结构形式、优雅的结构造型和强大的跨越能力,在世界范围内被广泛地运用,并得到了迅猛的发展[1.1][1.2]。这种结构形式为建筑结构跨越能力的提高和空间形体的多样性提供了充分的空间,目前被广泛地应用于体育馆、展览馆、影剧院、会堂、候车厅等公共建筑和飞机库、仓库、工业厂房等工业建筑。但是,随着人类物质文明和精神文明的不断进步,人们对空间结构自身的跨越能力及空间造型提出更多、更高的要求,而传统的较为单一的结构形式越来越难以满足需要。设计者们开始将几种不同的结构形式进行组合,这样衍生出的新型结构形式能够以一类基本结构的优点来弥补另一类基本结构的弱点。将空间网格结构与现代预应力技术相结合的一种新结构形式——拉索预应力网格结构,就是这样一种典型的结构形式[1.3~1.10]。在空间网格结构中通过拉索引入预应力,可以多次利用材料的强度幅值,同时通过内力重分布,改善结构的受力状态,使结构产生反向变形,降低结构在使用荷载作用下的最大挠度,提高结构的刚度,从而带来显著的经济效益[1.11~1.13]。

1.1 拉索预应力网格结构的发展

预应力技术是一项古老的工艺,很多世纪以前,就在工程、工具和人们的生活中得到应用,如撑伞及锚锭帐篷时"绷紧"要求的张拉,木桶、木盆制造过程中"套箍"工序的预加压等都是人们对预应力技术的应用[1.14]。

预应力技术最早在钢筋混凝土结构中得到了广泛的应用,其基本原理是在结构中引入初始应力,扩大构件的弹性工作范围,借此来提高结构的抗裂能力和刚度,从而改善结构的受力性能。由于预应力技术可以降低结构的内力峰值,调整内力性质,重复利用钢材的强度幅值,并可以高强钢材取代部分碳素钢材,因此在预应力钢结构发展的初期以平面体系为主的结构中,取得了省钢率10%~20%的经济效益,这为创建预应力钢结构学科和推动学科的深入与普及起到了奠基与先锋作用。现代预应力钢结构中利用预应力并发展成为一门工程学科,是在20世纪50年代前后的事情。1948年前苏联的M. Baxypknh等工程师就建成一座预应力跨路钢桥,用桥面自重荷载就位的先后顺序在结构中引入预应力;1953年比利时的G. Magnel教授在研究和试验的基础上,建造成布鲁塞尔飞机库大门的预应力双跨连续钢桥架;1953年美国的威斯基建筑师设计并建造了著名的雷里竞技场(Releign Arena),它的双曲抛物面屋盖及流畅的建筑造型一时风靡国际[1.15]。自此开始,预应力技术在钢结构中的应用便逐渐展开,经历了初创期、发展期和繁荣期三个阶段[1.16][1.17]。

在预应力钢结构的初创期(二战后~1960年前后),国际上兴建了一批预应力钢结构工程,完成了一批预应力钢杆件和桁架的模型试验,但是绝大多数试验及工程都是在平面钢结构的体系中引入预应力进行的,如1953年,比利时马涅理教授(G. Magne)首次成功地设计并建造了布鲁塞尔机场飞机库双跨预应力连续钢桁架门梁结构(76.5 m+76.5 m),省钢率12%,降低造价6%。

直到预应力钢结构进入到发展期(20世纪60年代前后至80年代中期),电子计算机技术进入计算、设计(CAD)与制造(CAM)领域,解决了高难度计算与高精度加工问题,与此同时,网架与网壳新型空间钢结构体系不断涌现,这为预应力在空间钢结构中的应用奠定了基础,拉索预应力网格结构也在此期间得以迅速发展。例如,20世纪70年代,前苏联就建造过以支座位移法及拉索法引入预应力的平板网架。我国在80年代前后也研究和建造过一批预应力平板网架(网壳)结构,如80年代研造、延至90年代初兴建成功的四川攀枝花体育馆采用多次预应力圆形钢网壳屋盖,是国内外首次应用的多次预应力空间钢结构,省钢率达38%,为拉索预应力网格结构的深入发展做出了贡献。其后又兴建了西昌铁路体育中心多次预应力钢筒壳屋盖,省钢率28%,两者都是空间网格结构与拉索预应力技术相结合的成功典范。

从20世纪80年代末期开始,预应力钢结构的发展进入到繁荣期(80年代末期～21世纪),在此时期,拉索预应力网格结构也出现了多种新颖的结构形式。例如,将斜拉桥技术引入到预应力网格结构,形成了斜拉网格结构;从悬索体系延伸出来的吊索体系与空间网格结构的结合,又衍生出多种悬挂空间网格结构;由张拉整体结构概念与刚性空间网格结构结合,衍生出了大跨度张弦梁和弦支穹顶结构体系。这些新颖的拉索预应力网格结构体系具有优秀的静动力特性和良好的技术经济指标,且其造型具有丰富的时代气息,可以称得上是当代建筑结构学科中的最新成就。随着新材料(纤维拉索、纤维加强膜、特种玻璃、耐候钢材及压型钢板等)的大量涌现与新技术(计算机技术在设计、制造、施工中的应用以及锚固技术和张拉技术的创新发展等)的不断完善提高,可以预见,拉索预应力网格结构的发展前景将更为广阔。

1.2　拉索预应力网格结构的分类

传统的拉索预应力网格结构一般指现代拉索预应力技术与空间网格结构(主要为网架与网壳)相结合构成的预应力网格结构,通常按以下方法分类:

(1) 按结构形式可分为拉索预应力平板网架结构和拉索预应力网壳结构。

(2) 按预应力拉索布置形式可分为结构体内布索预应力空间网格结构和结构体外布索预应力网格结构。

(3) 按预应力索的类型可分为直线布索预应力网格结构和折线布索预应力网格结构。

(4) 按施工过程中预应力索施加预应力的次数可分为单次预应力网格结构和多次预应力网格结构。

随着拉索预应力技术在大跨度空间结构中实践应用的不断发展,拉索预应力网格结构的形式也不再仅仅局限于拉索预应力网架或拉索预应力网壳结构,而出现了越来越多的由不同类型的单一结构形式组合而成的杂交空间结构体系。组成杂交空间结构体系的各基本结构形式间通过拉索、吊索或撑杆等连接形成整体,从而大幅扩展了拉索预应力网格结构的应用范围。近年来涌现出的几种典型结构体系包括：

（1）斜拉网格结构：将斜拉桥技术及拉索预应力技术综合应用到网格结构而形成的一种形式新颖、协同工作的杂交空间结构体系。

（2）张弦梁结构：将柔性索与刚性梁通过撑杆结合在一起，形成一种新颖的张弦结构，可称为张弦梁结构；如刚性梁为拱桁架梁，则可称为张弦拱桁架。

（3）弦支穹顶结构：将单层网壳与高弧索通过竖向连接构件（撑杆）连接而成的一种极富创新性的杂交结构。

（4）拱支预应力网格结构：拱结构通过预应力竖向吊杆悬挂空间网格结构，为空间网格结构提供弹性支座；在网格结构中还可设置预应力拉索，进一步改善网格结构性能。

1.3 拉索预应力网格结构的工程实践

目前在国内外已建成了多座拉索预应力网格结构实际工程，表1.1～表1.3列出了近年来比较有代表性的一些拉索预应力网格结构工程。以下简要介绍几个比较典型的工程实例。

表 1.1 拉索预应力网架/网壳结构的工程应用[1,18]

工程名称	网格结构形式	平面尺寸(m)×厚度(m)	预应力技术特征	用钢指标或省钢率	建成年份	设计单位
上海国际购物中心楼层	正放四角锥组合网架	27×27 正方形截腰边一角,高 2	下弦平面下 20 cm 处增设四束高强钢丝铸锚束	48 kg/m² 32%	1993	上海建筑设计研究院
攀枝花市体育馆	三向短程线型双层球面网壳	74.8×74.8 缺角八边形,矢高 8.89	八点支承,对角柱跨度 64.9 m,周边设置八道预应力索,分两次建预应力值 700 kN	49 kg/m²	1994	攀枝花建筑勘察设计院
广东清远市体育馆	六块组合型三向双层扭网壳	边长 46.82 正六边形,矢高 8.0	六点支承,对角柱跨度 89 m,周边设六道预应力索,每索建预应力值 1 600 kN	44.3 kg/m²	1995	贵州工大设计院、清远市设计院
广东高要市体育馆	四块组合型三向双层扭网壳	54.9×69.3	四点(每边中点)支承,支承间共设四道预应力索,每索建预应力值 1 400 kN	38.5 kg/m²	1995	贵州工大设计院
广东阳山市体育馆	双曲双层扁网壳	44×56	四角支承,周边共设置四道预应力索	43%	1996	贵州工大设计院
郑州碧波园	对角线局部三层(变高度)八面锥网壳	80×80 (2.8～7.8)间等边八边形,矢高 18.5	四对边端支座间沿边界共设四道预应力索,每索建预应力值 700 kN	43.5 kg/m² 15%～20%	1996	云光建筑设计咨询开发中心
广东新兴县体育馆	四块组合型三向单双层混合扭网壳	54×76.06	四点(每边中点)支承,支承间共设四道预应力索	28.2 kg/m² 43%	1997	贵州工大设计院
西昌铁路分局体育活动中心	矩形底球面网壳与外挑1～6 m柱面网壳	59.7×42.7×1.25 矢高 6.15	沿纵边七点支承,沿横向设置四道预应力索,分三次施加预应力	28.5 kg/m² 28%	1997	攀枝花建筑勘察设计院
江苏宿迁市文体馆	正放四角锥双层鞍形网壳	80×62.5×3 椭圆平面	周边独立柱支承,在拱向沿下弦设十一道预应力索		1999	江苏省建筑设计研究院

表 1.2 拉索斜拉网架/网壳结构的工程应用[1.18][1.19]

工程名称	网格结构形式	平面尺寸(m)×厚度(m)	预应力技术特征	用钢指标或省钢率	建成年份	设计单位
北京亚运会综合体育馆	两块组合型人字剖面斜放四角锥柱面网壳	70×83.2	双塔柱,各柱向内至屋脊处设8根双索面单向拉索	—	1990	北京市建筑设计院
浙江大学体育场司令台	正放四角锥网架	24×40×1.2	四塔柱,每柱二根斜拉索及一根横向的水平索共14根拉索	—	1993	浙大空间结构研究中心
新加坡港务局(PSA)仓库A型	正放四角锥网架	4幢120×96	六塔柱,第柱四根斜拉索,每索由4Φ48不锈钢棒组成	35.2 kg/m²20%~30%	1993	中国冶建研究总院
新加坡港务局(PSA)仓库B型	正放四角锥网架	2幢96×70	四塔柱,每柱四根斜拉索,每索由4Φ48不锈钢棒组成	20%~30%	1993	中国冶建研究总院
太旧高速路旧关收费站	两块正放四角锥圆柱面网壳	14×64.718×1.5	独塔柱,共设有全方位布置斜拉索28根	—	1995	山西设计院浙大空间结构研究中心
浙江黄龙体育中心体育场	两块正放四角锥圆柱面网壳	2块244×50×3月牙形平面	两塔柱共四肢,各肢至内环设9根斜拉索,在网壳上弦靠内环梁设置9根稳定索,锚固在外环梁	80 kg/m²(不含环梁)	2000	浙江省设计院与中国建研院结构所
深圳游泳跳水馆	棱形主桁架,两侧各四道次桁架	120×80	沿主桁架对称布置4根桅杆,每根桅杆设置4根钢棒拉索	70 kg/m²	2001	澳cox公司与深圳华森公司
郑州国际会议中心	24榀折叠桁架	直径179	单根110 m高钢桅杆,设置9根斜拉索	—	2004	黑川纪章事务所与机械部第六设计院
广州大学城中心体育场	H型钢组成月牙形圆锥面网壳	悬挑36	设置8根桅杆,每根桅杆设10根斜拉索	70 kg/m²	2006	广东省建筑设计研究院
天津泰达会展中心二期	立体钢管桁架	156×108	6根格式塔柱,每根塔柱设6根斜拉索	60 kg/m²	2007	天津市建筑设计研究院

表 1.3 弦支穹顶结构的工程应用[1.20][1.21]

工程名称	跨度(m)	矢高(m)	上部网壳结构形式	下部索杆结构形式	建成时间
日本光球穹顶	35	14	球形单层网壳	仅外层布置1环Levy型	1994
日本聚会穹顶	46	16	球形单层网壳	仅外层布置1环Levy型	1997
天津市保税区商务中心大堂	35.4	4.6	球形单层网壳	6环Levy型	2001
北京工业大学体育馆	93	9.3	球形单层网壳	6环Levy型	2006
安徽大学体育馆	87.76	10.77	正六边形肋环型网壳	5环Gieger型	2006
武汉市体育中心体育馆	长轴135短轴115	9	椭圆抛物面双层网壳	3环Levy型	2006
常州市体育会展中心体育馆	长轴120短轴80	21.45	椭球形单层网壳	6环Levy型	2007
济南奥体中心体育馆	122	12.2	球形单层网壳	3环Gieger型	2008
连云港体育中心体育馆	78	7.8	倾斜球面(非对称结构)	6环索系双撑杆、双斜索	2009
辽宁营口体育中心体育馆	长轴121短轴70	18	不规则半椭球性双层网壳	2环Levy型	2009
海南三亚市体育中心体育馆	76	7.6	球形单层网壳	3环Levy型	2009

1) 攀枝花市体育馆[1.22]

攀枝花体育馆平面呈八角花瓣形(图1.1),周围用8个柱面相连,跨度近65 m,曲边八边形外尚有1.94～4.16 m不等的悬挑。屋盖支承于标高16.6 m的8个混凝土圆柱顶上,相邻柱距24.85 m,壳中心标高(节点球心)27.90 m。最大平面覆盖尺寸74.8 m×74.8 m。网壳杆件用16Mn钢管,共计4 633根,另设8束钢绞线预应力高强拉索。节点球986个,其中大部分节点为鼓形螺栓球,少量(约15%)为焊接空心球。8个支座采用橡胶垫板减振并消除温度应力。16Mn钢网壳设计用钢量为35.00 kg/m²。后因16Mn钢管现货匹配不齐,改用以大代小的A3钢管,屋面荷载变为4.25 kN/m²,实际工程用量增至49.00 kg/m²。在结构选型时,进行了曲面平板网架、预应力混凝土边构支承的钢网壳、非预应力钢网壳、预应力钢网壳等多方案比较。分析表明,多次预应力钢网壳比非预应力钢网壳节约钢材36.61%,比平板网架省钢54.88%。最后决定采用按多次预应力组合式短程线型钢网壳方案。

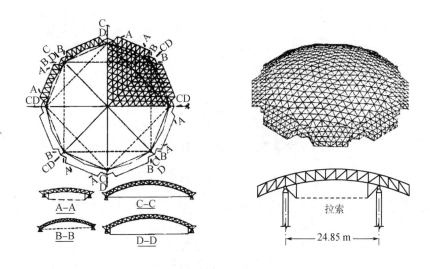

图1.1　攀枝花体育馆拉索预应力网壳结构示意[1.22]

2) 广东省清远市体育馆[1.23]

广东省清远市体育馆为正六边形平面,由六块单轴(径向轴)对称的双层扭网壳组合而成。如图1.2所示。它由通过中央三向网架及六条采光带连接形成整体。网壳高2.8 m,系由x_1、x_3向直线桁架与x_2向曲线桁架交汇组成三角形网格,最大对角线长度为93.6 m,组合扭网壳的双曲形式可由图中看出。为了降低结构的竖向挠度和内力,降低耗钢量,在支座处设置6道预应力拉索,拉索选用4根7×7Φ5的预应力钢绞线,建立预应力值1 600 kN。通过计算和1/10模型试验分析,采用异钢种预应力方法,结构用钢量由68.9 kg/m²下降到44.3 kg/m²,比原设计减少35%,相对挠度为1/450,取得了显著的经济效益。

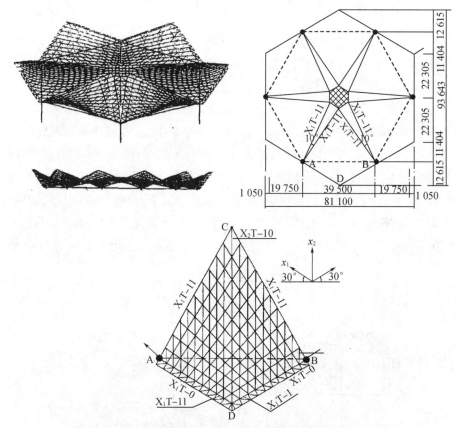

图 1.2　广东省清远市体育馆拉索预应力扭网壳结构示意[1.23]

3) 深圳市游泳跳水馆[1.24]

深圳游泳跳水馆南北两端的辅馆和中部的主馆共三个功能区块构成。从结构的角度来看,南北辅馆采用排架结构,跨度不大,结构分析较为简单。中部主馆区南北纵向平面尺寸为 117.6 m,东西向平面尺寸为 88.2 m,其根据功能划分为北端的跳水区和南端的游泳区。在主馆屋盖上端引入了四组斜拉桅杆系统,给建筑整体形态赋予时代气息(图 1.3)。主馆上部结构除看台采用钢筋混凝土结构外,支承柱和主馆屋盖均采用主次正交立体桁架的结构形式。结构布置时,在跳水区和游泳区分界区上方设置一鱼脊状梯形断面立体桁架(主桁架),主桁架分别由两端看台上的斜柱和中部四根斜柱支承。在主桁架两侧的跳水区和游泳

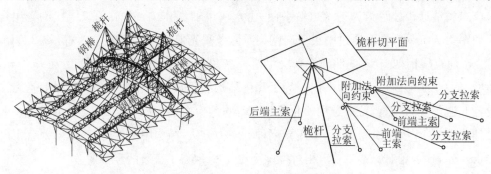

图 1.3　深圳市游泳跳水馆拉索斜拉网格结构示意[1.24]

区上方分别设置四道倒三角形断面立体桁架(次桁架),次桁架一端支承在主桁架下弦,另一端通过钢柱支承在辅馆的排架柱上。另外,在主桁架中部四根支承柱上方,设置四根桅杆,每根桅杆顶部设置两组斜拉索。每组拉索中一根(前端主索)连接在次桁架上,另一根(后端主索)与主桁架相连。前端主索与游泳区次桁架相连的桅杆拉索系统,设有分支拉索;前端主索与跳水区次桁架相连不设分支拉索。

4) 广州国际会议展览中心[1.25]

广州国际会议展览中心主展览厅共 5 个单元,每个单元由 6 榀一端为固定铰支座、另一端为水平滑动支座的张弦桁架结构组成,如图 1.4 所示。每榀张弦桁架的中心间距为 15 m,跨度为 126.6 m。主檩条为 H500×200×10×16,檩距为 5 m。屋面支撑为 Φ219×6.5,满堂布置。桁架截面为三角形,宽度为 3 m,高度为 2~3 m,桁架上弦为 2Φ457×14 mm 的钢管,桁架下弦为 Φ480×(19~25 mm) 的钢管,桁架腹杆为 Φ168×6 mm 和 Φ273×9 mm 的钢管,撑杆为 Φ325×7.5 mm 的圆钢管,撑杆高度为 3.537~10 m,拉索为 337Φ7 的挤包护层扭绞型拉索,拉索两端为冷铸锚。

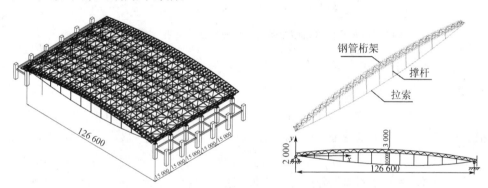

图 1.4　广州国际会议展览中心张弦梁结构示意[1.25]

5) 长江防洪模型试验大厅[1.26]

长江防洪模型试验大厅采用拱支预应力网壳结构体系,该结构示意如图 1.5 所示。结构体系由双层圆柱面网壳部分和提篮拱部分构成。网壳部分分为 A_1~A_5 五个区,提篮拱部分分为 G_1~G_4 四个区。各区网壳在结构上相互脱开,网壳在结构整体四周通过滑动支座支撑于柱上。提篮拱布置在网壳相交处,通过竖向吊杆悬挂网壳,并对吊杆进行预张拉使其具有足够刚度,为网壳提供有效的竖向支撑。为减小网壳在荷载作用下的挠度,在网壳下弦南北向布置水平预应力拉索;在提篮拱下弦(南北向和东西向)布置水平预应力混凝土拉杆,以减小拱脚处的水平推力。各区网壳均为 90 m×99 m 跨,99 m 跨方向为一圆弧曲线,矢高1.6 m,网格形式为正放四角锥。网壳沿南北向跨中厚度为 5 m,边缘厚度约 2.24 m。网壳节点为焊接空心球与螺栓球混用。滑动支座采用盆式橡胶支座。提篮拱跨度 120 m,矢高45.5 m,拱桁架厚度为 3.5 m。提篮拱的两个分支拱均为采用相贯焊节点的格构式桁拱,每个桁拱横截面都为由 4 个钢管(弦杆)构成的梯形。拱脚弦杆最下部 2 个节间内灌 C40 混凝土。结构共采用 38 根水平拉索和 104 根竖向吊杆,拉索和吊杆均采用 55 束1 670 MPa 低松弛 5.3 mm 钢丝组成的半平行高强钢丝束。南北向预应力混凝土拉杆截面为 0.8 m×

0.8 m,采用 4 束 7 根 1 860 MPa 低松弛 15.2 mm 无黏接钢绞线;东西向拉杆截面为 0.5 m ×0.5 m,采用 1 束 7 根无黏接预应力钢绞线,张拉控制应力均为 $0.5f_{ptk}$,即 930 MPa。混凝土均为 C40。拉索和吊杆锚具采用冷铸镦头锚。

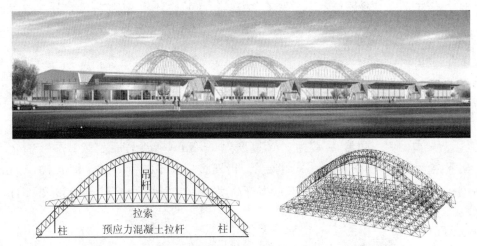

图 1.5 长江防洪模型试验大厅拱支预应力网壳结构示意[1.26]

6) 常州体育馆弦支穹顶[1.20]

常州市体育会展中心体育馆作为 2010 年第十七届江苏省运动会的主要场馆之一 (图 1.6)。整个屋盖形状为椭球形,平面投影的椭圆长轴为 120 m,短轴 80 m. 椭球形屋盖的矢高 21.45 m。整个屋盖曲面面积为 9 360 m²,覆盖面积为 7 502 m²。屋盖采用弦支穹顶结构,由上部的椭球形单层网壳和下部索杆体系构成。该弦支穹顶上部单层网壳中心部位的网格形式为 Kiewitt 型(K8)、外围部位的网格形式为 Levy 型。网壳杆件采用圆钢管,除支座节点外,所有节点均采用铸钢节点。该结构下部索杆体系为 Levy 型,共设 6 环,其中环索和径向索均采用成品钢丝束索;撑杆采用圆钢管,上端与网壳节点铰接,下端与环索索夹固接。

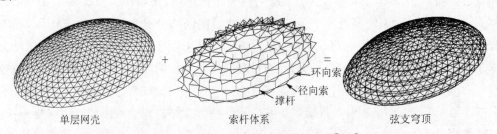

图 1.6 常州体育馆弦支穹顶结构示意[1.20]

1.4 本书的主要内容

本书结合作者近年的研究成果和参与的工程实践,针对拉索预应力网格结构的分析理论、施工控制与优化设计进行较详细的介绍与讨论,主要包括九个方面:

（1）拉索预应力网格结构的有限元分析理论。考虑杆件初始弯曲的影响，推导非线性弯杆单元与非线性弯曲梁单元的刚度矩阵，研究初始弯曲对单元刚度的影响；在悬链线索单元精确解析解的基础上，推导了两节点悬链线索单元的刚度矩阵，研究了索垂度对单元刚度矩阵系数的影响；最后采用推导的单元，针对六角星穹顶与单索结构算例进行了分析。

（2）拉索预应力网格结构的非线性稳定分析。采用非线性弯曲杆单元与梁单元，对张弦拱桁架和弦支穹顶进行了非线性稳定分析，研究了杆件初始弯曲对结构临界屈曲荷载及结构响应的影响，对比了不同初始预应力取值下杆件初始弯曲的影响规律。

（3）拉索预应力网格结构的地震响应分析。基于非线性初始弯曲单元，采用时程分析方法，研究了弦支穹顶结构的非线性地震响应；针对张弦拱桁架的多维地震响应，采用基于MR阻尼器的半主动控制方法，研究了不同强度地震激励下结构位移、加速度及拉索索力的控制效果。

（4）拉索预应力网格结构的风振响应分析。在讨论风速时程模拟方法与频谱分析方法的基础上，针对拉索预应力柱面网壳与拉索预应力球面网壳，采用时程分析方法，研究了预应力、几何参数、结构参数和风荷载参数对结构风振响应的影响规律，分析了结构整体风振系数的概念及各类参数对整体风振系数的影响规律。

（5）拉索预应力网格结构的可靠性分析。以弦支穹顶结构为数值算例，研究了单随机变量与多随机变量影响下，结构在位移、强度和稳定失效模式下的可靠度；分析了施工误差中节点位置偏差大小对结构可靠度的影响，对节点位置偏差进行了参数化分析，给出了一种基于屈曲模态随机线性组合的节点位置偏差模拟方法。

（6）拉索预应力网格结构的张拉全过程分析。基于预应力空间网格结构的刚度法方程，给出了确定索初始形变的混合影响矩阵法和循环迭代逼近法，建立了索分批张拉与多次张拉的全过程模拟方法，提出了一种考虑施工过程影响的形态分析方法，并针对拱支预应力网壳结构、斜拉网格结构和弦支穹顶工程算例进行了分析。

（7）拉索预应力网格结构的预应力施工控制。针对设计要求分别为目标索力和目标位移的情况进行研究，建立预应力施工控制的张拉递推系统，提出了基于索力（位移）观测值的预应力施工方案决策方法；建立了基于结构响应观测值的动态反馈控制方法，该方法利用概率有限元分析得到的参数样本，对结构模型构建各张拉阶段逆向神经网络系统，用于预测预张力控制值，从而实现张拉方案的动态调整。

（8）拉索预应力网格结构的优化设计。提出了考虑预应力实施过程全过程优化设计概念与模型，给出了模型求解的三级优化方法；建立了拉索预应力网格结构的模糊优化设计模型，通过约束水平截集法转化为一系列确定性优化模型，然后与全过程分级优化方法进行融合，形成模糊优化设计模型的两阶段三级优化方法；基于优化设计和可靠度优化设计基本理论，给出了一种分离式的预应力网格结构基于可靠度优化设计方法。

（9）拉索预应力网格结构的模型试验。给出了一种多向误差可调节点的概念与设计方案，基于该节点设计制作了一个跨度 3 m、矢高 0.3 m 的误差可调弦支穹顶结构模型，进行了预应力张拉过程的反馈控制试验，并给出了结构静力性能试验结果。

本章参考文献

[1.1] 沈祖炎.大跨空间结构的研究与发展//结构工程学的研究现状和趋势[C].上海:同济大学出版社,1995

[1.2] 蓝天.空间结构的十年——从中国看世界//第六届空间结构学术会议论文集[C].北京:中国建材工业出版社,2000

[1.3] 邓华.拉索预应力空间网格结构的理论研究和优化设计[D].杭州:浙江大学,1997

[1.4] 李明.预应力空间网格结构应用研究[D].上海:同济大学,2001

[1.5] 董石麟.我国网架结构发展中的新技术、新结构[J].建筑结构,1998(1):10-15

[1.6] 董石麟,赵阳,周岱.我国空间钢结构发展中的新技术、新结构[J].土木工程学报,1998,31(6):1-11

[1.7] 陆赐麟.预应力空间钢结构的现况和发展[J].空间结构,1995,1(1):1-13

[1.8] 陆赐麟.预应力空间钢结构在我国的实践与展望[J].建筑结构,1998(1):20-22

[1.9] 陆赐麟.预应力钢结构的基本理论与方法[J].钢结构,1998(1):52-59

[1.10] 舒赣平,吕志涛.预应力钢结构与组合结构的应用和发展[J].工业建筑,1997(7):1-4

[1.11] 陆赐麟.预应力钢结构的经济效益与发展概况[J].钢结构,1986(2)

[1.12] 钟善桐.预应力钢结构[M].哈尔滨:哈尔滨工业大学出版社,1986

[1.13] 陆赐麟.现代预应力钢结构[M].北京:人民交通出版社,2003

[1.14] 陆赐麟.预应力钢结构学科的新成就及其在我国的工程实践.土木工程学报,1999(3):3-10

[1.15] 吕志涛.现代预应力设计[M].北京:中国建筑工业出版社,2003

[1.16] 陆赐麟.预应力钢结构发展50年(上)[J].钢结构,2002(4):32-36

[1.17] 陆赐麟.预应力钢结构发展50年(下)[J].钢结构,2002(5):45-47

[1.18] 董石麟.预应力大跨度空间钢结构的应用与发展[J].空间结构,2001(4):3-14

[1.19] 边广生.预应力斜拉网格结构设计与施工一体化相关问题研究[D].南京:东南大学,2009

[1.20] 王永泉.大跨度弦支穹顶结构施工关键技术与试验研究[D].南京:东南大学,2009

[1.21] 陈志华.弦支穹顶结构[M].北京:科学出版社,2010

[1.22] 尹思明,胡瀛珊.多次预应力钢网壳屋盖结构的设计研究与工程实践[J].建筑结构学报,1996(6):26-39

[1.23] 马克俭,张鑫光,等.大跨度组合式预应力扭网壳结构的设计、构造与力学特点[J].空间结构,1994(1):55-61

[1.24] 邓华,董石麟.深圳游泳跳水馆主馆屋盖结构分析及风振响应计算[J].建筑结构学报,2004(2):72-78

[1.25] 陈荣毅,董石麟.广州国际会议展览中心展览大厅钢屋盖设计[J].空间结构,2002(3):29-34

[1.26] 周臻,孟少平,等.预应力网壳—拉杆拱组合结构的预应力全过程分析方法[J].建筑结构学报,2006(3):93-98

第二章　拉索预应力网格结构的有限元分析理论

在现有的拉索预应力网格结构有限元分析中,一般都假定杆件的形状为直线,也即采用直杆或直梁单元。然而许多研究指出,杆件的初始弯曲是不可避免的,并且对结构的受力性能存在较大影响。因此需要采取合适的研究方法来考虑杆件初始弯曲的影响。传统的分析方法[2.1][2.2]倾向于将一根构件划分为两个甚至多个单元,从而在杆件的中间节点施加初始扰动以考虑初始弯曲的影响,这样虽然可以采用现有的直杆单元有限元分析方法,但是在杆件数目庞大的预应力空间网格结构体系中,这样的做法过于复杂,并且不能精确模拟初始弯曲的曲线形状。有研究[2.3]~[2.6]提出采用曲线单元来模拟初始弯曲,由此一根杆件可以只采用一个单元,并且在能量公式里可以包含初始弯曲的影响,从而除了其他参数以外,得到的单元是杆件单元半径的函数。这种方法虽然很直接,但却非常复杂,并且实际的杆件几何初始弯曲数值很小,因此采用大弯曲的曲线单元并不适合。为此,Zhou 和 Chan[2.7]在提出自平衡(点平衡多项式)直线梁单元的基础上,考虑了由于横向挠度的增加带来的附加弯矩,推导的梁单元可以考虑杆件初始弯曲的影响。李国强[2.8][2.9]则在考虑剪切变形的基础上,建立考虑杆件初始弯曲的平面梁单元的平衡微分方程,从而得到精确的梁单元刚度矩阵。

上述研究都是针对梁单元进行的,且其应用分析主要针对钢框架的二阶分析。实际上,在拉索预应力网格结构中,杆单元的初始弯曲同样不可忽略。本章将从经典的梁柱基本理论出发,推导考虑初始弯曲的非线性杆单元,研究杆件初始弯曲对于杆单元表征轴向刚度的影响;并通过理论推导,以经典的稳定函数来表示考虑初始弯曲的非线性梁单元的刚度矩阵,从而与梁柱单元统一。最后,在悬链线索单元精确解析解的基础上,给出了两节点悬链线索单元 U. L. 列式有限元法的推导过程。

2.1　考虑杆件初始弯曲的非线性杆单元

2.1.1　轴力与轴向变形的关系

如图 2.1 所示,在单元随动坐标系下,杆单元具有初始弯曲,单元节点只能传递轴力,不能传递弯矩。

假定初始弯曲为半波正弦曲线,即:

$$v_0 = v_{m0} \sin \frac{\pi x}{L} \qquad 0 \leqslant x \leqslant l \qquad (2.1)$$

其中,v_0 为杆件上某点的侧向初始弯曲,v_{m0} 为杆件跨中侧向初始弯曲的幅值,令 v 为荷载作用下杆单元产生的侧向挠曲变形，由此可建立非线性杆单元的平衡微分方程。在此需要区分杆单元受拉和受压的情况。

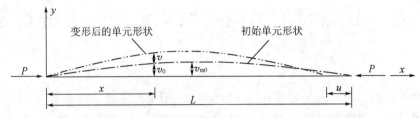

图 2.1　单元随动坐标系下考虑初始弯曲杆单元的受力和变形

1）杆单元受拉

杆单元受拉时平衡微分方程如式（2.2）所示：

$$EIv'' = P(v + v_0) \tag{2.2}$$

边界条件：$x=0, v=0$ 和 $x=L, v=0$

令 $\alpha^2 = P/EI$，代入式（2.2），由此可解得：

$$v = -\frac{\alpha^2 v_{m0}}{\left(\dfrac{\pi}{L}\right)^2 + \alpha^2} \sin\left(\frac{\pi x}{L}\right) \tag{2.3}$$

则由于初始挠曲和荷载引起的挠曲所产生的轴向变形 ΔL，即弓形效应为[2.4][2.5]：

$$\Delta L = \frac{1}{2}\int_0^l \left[\left(\frac{\mathrm{d}v_0}{\mathrm{d}x}\right)^2 - \left(\frac{\mathrm{d}v}{\mathrm{d}x}\right)^2\right]\mathrm{d}x = \frac{v_{m0}^2 \pi^4 (\pi^2 + 2\alpha^2 L^2)}{4l(\pi^2 + \alpha^2 L^2)^2} \tag{2.4}$$

由此可得考虑杆件初始弯曲后的轴力与位移之间的关系如下：

$$P = EA\left(\frac{u}{L} + \frac{\Delta L}{L}\right) \tag{2.5}$$

2）杆单元受压

杆单元受压时平衡微分方程如式（2.6）所示：

$$v'' + \alpha^2 v + \alpha^2 v_0 = 0 \tag{2.6}$$

边界条件：$x=0, v=0$ 和 $x=L, v=0$

由此可解得：

$$v = \frac{\alpha^2 v_{m0}}{\left(\dfrac{\pi}{L}\right)^2 - \alpha^2} \sin\left(\frac{\pi x}{L}\right) \tag{2.7}$$

弓形效应为：

$$\Delta L = \frac{v_{m0}^2 \pi^2 (2\alpha^4 L^4 + \pi^4 - 2\pi^2 \alpha^2 L^2)}{4L(\alpha^2 L^2 - \pi^2)^2} \tag{2.8}$$

由此可得考虑杆件初始弯曲后的轴力 P 与轴向位移 u 之间的关系如下：

$$P = EA\left(\frac{u}{L} - \frac{\Delta L}{L}\right) \tag{2.9}$$

设杆件截面为圆管，内径 180 mm，外径 185 mm，截面积 A 为 0.005 729 m²，截面惯性矩为 0.953×10^{-4} m⁴，$E = 2 \times 10^{11}$ N/m²，$L = 2.5$ m，则考虑杆件初始弯曲后的轴力与轴向变形之间的关系如图 2.2 所示。可以看出，杆单元受拉时初始弯曲对杆件性能的影响很小，而在杆单元受压时初始弯曲对杆件性能的影响则较大。在杆单元受压时，杆件的轴力与轴向变形间关系曲线开始是直线，而随着轴压力的增加，曲线开始出现"弯曲"，脱离原来的直线轨迹，轴力增加变缓，而位移增加则加剧，杆件能够承受的轴力只能无限接近欧拉临界荷载 P_{cr}，而不能达到或超越 P_{cr}。这种现象随着初始弯曲的增加越来越明显。

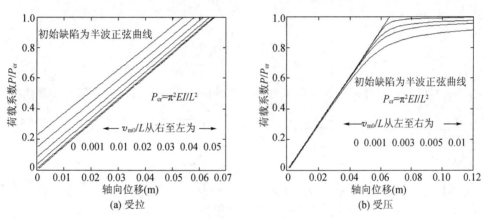

图 2.2　杆单元受拉时的 *P-u* 关系曲线

2.1.2　切线刚度矩阵的推导

在考虑初始弯曲后，杆单元的切线轴向刚度表达式为：

$$k = \frac{\partial P}{\partial u} \tag{2.10}$$

将 P 和 ΔL 的表达式代入式(2.10)并整理可得：

杆单元受拉时：

$$\frac{\partial P}{\partial u} = \frac{\dfrac{EA}{L}}{1 - \dfrac{EA}{L}\dfrac{\partial \Delta L}{\partial \alpha}\dfrac{\partial \alpha}{\partial P}} \tag{2.11}$$

杆单元受压时：

$$\frac{\partial P}{\partial u} = \frac{\dfrac{EA}{L}}{1 + \dfrac{EA}{L}\dfrac{\partial \Delta L}{\partial \alpha}\dfrac{\partial \alpha}{\partial P}} \tag{2.12}$$

由 α 的定义可知：

$$\frac{\partial \alpha}{\partial P} = \frac{1}{2\alpha EI}$$ (2.13)

由此可得 k 的表达式

当杆单元受拉时：

$$k = \frac{\dfrac{EI}{L}}{\dfrac{EI}{EA} - \dfrac{\alpha^2 v_{m0}^2 \pi^4 L^2}{2(\pi^2 + \alpha^2 L^2)^3}}$$ (2.14)

杆单元受压时：

$$k = \frac{\dfrac{EI}{L}}{\dfrac{EI}{EA} - \dfrac{\alpha^2 v_{m0}^2 \pi^4 L^2}{2(\alpha^2 L^2 - \pi^2)^3}}$$ (2.15)

图 2.3 给出了不同杆件初始弯曲下杆单元的轴向切线刚度与荷载之间的关系曲线。

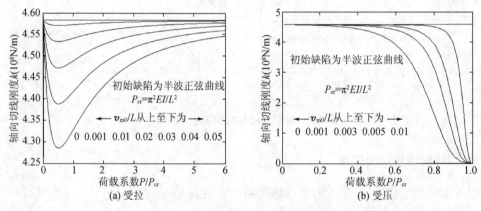

图 2.3　杆单元受拉时的 k-P 关系曲线

由图 2.3 可知，杆单元受拉时，由于初始弯曲的存在，轴向刚度会有所减小，但减小的幅度很小，并且随着轴向拉力的增加，初始弯曲的影响会逐渐退化。而当杆单元受压时，初始弯曲对轴向刚度的影响则较大，在荷载较小时，杆件的轴向刚度变化很小，而当荷载逐渐接近杆件的欧拉临界荷载 P_{cr} 时，轴向切线刚度会迅速趋向于至零，并且随着初始弯曲的增加，这种现象愈加明显。由此可见，当轴压力较大时，初始弯曲对杆件的受力性能存在较大影响，进而影响到结构整体的性能，因此必须加以考虑。

现在把式(2.15)转变为如下形式：

$$k = \frac{EA}{L} C_{v_{m0}}$$ (2.16)

式中 $C_{v_{m0}}$ 定义为初始弯曲影响系数，如下：

$$C_{v_{m0}} = \cfrac{1}{1 - \cfrac{\alpha^2 v_{m0}^2 \pi^4 L^2}{2(\alpha^2 L^2 - \pi^2)^3} \cfrac{EA}{EI}} \tag{2.17}$$

由式(2.17)可知,$C_{v_{m0}}$与四个因素有关:刚度比 EA/EI、初始弯曲幅值 v_{m0}、轴压力大小 P 以及杆件单元长度 L。刚度比 EA/EI 越小,也即杆件抗弯刚度 EI 越大,初始弯曲幅值 v_{m0} 越小,轴压力越小,杆件单元长度 L 越小,则初始弯曲的影响越小。由此可见,在进行预应力空间网格结构设计时,在杆件截面积相同的情况下,如选择抗弯刚度较大的杆件规格,则能提高结构抵抗杆件初始弯曲影响的能力。需要注意的是,EI 是指杆件初始弯曲平面的抗弯刚度。对于圆管截面,则各平面 EI 均相同;而对于其他截面(如方形截面),则 EI 指截面的最小抗弯刚度,即假定初始弯曲发生在最小抗弯刚度的弯曲平面内,这样能够估计出初始弯曲对结构的最不利影响。由此可将杆单元的刚度矩阵表示如下:

$$[k_e] = [k_0] + [k_G] \tag{2.18}$$

上式中:$[k_0]$ 和 $[k_G]$ 分别为线性刚度矩阵与几何刚度矩阵,如下所示:

$$[k_0] = k \begin{bmatrix} 1 & 0 & 0 & -1 & 0 & 0 \\ 0 & 0 & 0 & 0 & 0 & 0 \\ 0 & 0 & 0 & 0 & 0 & 0 \\ -1 & 0 & 0 & 1 & 0 & 0 \\ 0 & 0 & 0 & 0 & 0 & 0 \\ 0 & 0 & 0 & 0 & 0 & 0 \end{bmatrix} \qquad [k_G] = \frac{P}{L} \begin{bmatrix} 0 & 0 & 0 & 0 & 0 & 0 \\ 0 & 0 & 1 & 0 & 0 & -1 \\ 0 & 1 & 0 & 0 & -1 & 0 \\ 0 & 0 & 0 & 0 & 0 & 0 \\ 0 & 0 & -1 & 0 & 0 & 1 \\ 0 & -1 & 0 & 0 & 1 & 0 \end{bmatrix}$$

2.2　考虑杆件初始弯曲的非线性梁单元

2.2.1　内力与变形的关系

如图 2.4 所示,在单元随动坐标系下,梁单元具有初始弯曲。

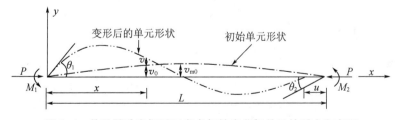

图 2.4　单元随动坐标系下考虑初始弯曲杆单元的受力和变形

假定初始弯曲为半波正弦曲线,即:

$$v_0 = v_{m0} \sin \frac{\pi x}{L} \tag{2.19}$$

则梁单元受拉时平衡微分方程如式(2.20)所示[2.10][2.11]:

$$EI\frac{\mathrm{d}^4 v}{\mathrm{d}x^4}=P\left(\frac{\mathrm{d}^2 v}{\mathrm{d}x^2}+\frac{\mathrm{d}^2 v_0}{\mathrm{d}x^2}\right) \tag{2.20}$$

边界条件为：

$$v|_{x=0}=0,v'|_{x=0}=\theta_1,v|_{x=L}=0,v'|_{x=L}=\theta_2 \tag{2.21}$$

求解该微分方程可得到梁单元的内力-位移关系：

$$P=EA\left(\frac{u}{L}-C_b-B_{bv}\right) \tag{2.22}$$

$$M_{1,2}=\frac{EI}{L}\left(s_1\theta_1+s_2\theta_2\pm s_0\frac{v_{m0}}{L}\right) \tag{2.23}$$

式中：

$$C_b=b_1(\theta_1+\theta_2)^2+b_2(\theta_1-\theta_2)^2 \tag{2.24}$$

$$B_{bv}=b_{vs1}(\theta_1+\theta_2)\frac{v_{m0}}{L}+b_{vs2}(\theta_1-\theta_2)\frac{v_{m0}}{L}+b_{vv}\left(\frac{v_{m0}}{L}\right)^2 \tag{2.25}$$

s_1、s_2 和 s_0 为稳定函数，b_1、b_2、b_{vs1}、b_{vs2} 和 b_{vv} 为弯曲函数，其表达式与轴力 P 的符号（受拉、轴力为零和受压）有关，如下：

（1）$P>0$，梁单元受拉

$$s_1=\frac{(\alpha L)^2\cosh(\alpha L)-\alpha L\sinh(\alpha L)}{2-2\cosh(\alpha L)+\alpha L\sinh(\alpha L)} \quad s_2=\frac{\alpha L\sinh(\alpha L)-(\alpha L)^2}{2-2\cosh(\alpha L)+\alpha L\sinh(\alpha L)} \quad s_0=(s_2-s_1)\frac{\pi(\alpha L)^2}{\pi^2+(\alpha L)^2}$$

$$b_1=\frac{(s_1+s_2)(s_2-2)}{8(\alpha L)^2} \quad b_2=\frac{s_2}{8(s_1+s_2)}$$

$$b_{vs1}=\frac{\pi\alpha^2 L^2}{(\pi^2+\alpha^2 L^2)^2}(s_1+s_2) \quad b_{vs2}=\frac{s_0 s_2}{2(s_1^2-s_2^2)} \quad b_{vv}=-\frac{\pi^2}{4}+\frac{(\alpha L)^4\pi^2}{4(\pi^2+\alpha^2 L^2)^2}-\frac{s_2 s_0^2}{2(s_1+s_2)(s_1-s_2)^2}$$

（2）$P=0$，梁单元轴力为零

$$s_1=4 \quad s_2=2 \quad s_0=0 \quad b_1=\frac{1}{40} \quad b_2=\frac{1}{24} \quad b_{vs1}=0 \quad b_{vs2}=0 \quad b_{vv}=-\frac{\pi^2}{4}$$

（3）$P<0$，梁单元受拉

$$s_1=\frac{\alpha L\sin(\alpha L)-(\alpha L)^2\cos(\alpha L)}{2-2\cos(\alpha L)-\alpha L\sin(\alpha L)} \quad s_2=\frac{(\alpha L)^2-\alpha L\sin(\alpha L)}{2-2\cos(\alpha L)-\alpha L\sin(\alpha L)} \quad s_0=(s_1-s_2)\frac{\pi(\alpha l)^2}{\pi^2-(\alpha l)^2}$$

$$b_1=\frac{(s_1+s_2)(s_2-2)}{8(\alpha L)^2} \quad b_2=\frac{s_2}{8(s_1+s_2)}$$

$$b_{vs1}=-\frac{\pi\alpha^2 L^2}{(\pi^2-\alpha^2 L^2)^2}(s_1+s_2) \quad b_{vs2}=\frac{s_0 s_2}{2(s_1^2-s_2^2)} \quad b_{vv}=-\frac{\pi^2}{4}+\frac{(\alpha L)^4\pi^2}{4(\pi^2-\alpha^2 L^2)^2}-\frac{s_2 s_0^2}{2(s_1+s_2)(s_1-s_2)^2}$$

令 $P_{cr}=\pi^2 EI/L^2$，则系数 b_{vs1}、b_{vs2}、b_{vv} 和 s_0 与轴力 P 的关系曲线如图 2.5 所示：

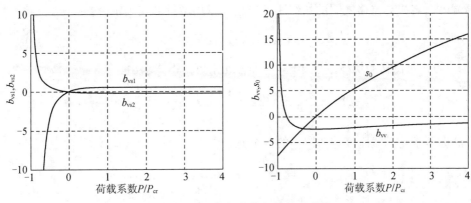

图 2.5　各系数与荷载间的关系曲线

由图 2.5 可知,各系数随轴力 P 都变化较大,并且在梁单元受压时比受拉时的影响要大得多。由此可见,在梁单元具有初始弯曲时,这些系数的变化都会对梁单元的受力性能产生较大影响,进而影响到整体结构的受力性能。

2.2.2　刚度矩阵的推导

在另一个坐标平面内可采取相同的推导步骤进行推导,由此可得到考虑杆件初始弯曲的三维空间梁单元的内力与位移的关系:

$$M_{1,2z}=\frac{EI_z}{L}\left(s_{2,1z}\theta_{1z}+s_{1,2z}\theta_2\mp s_{0z}\frac{v_{m0}}{L}\right) \tag{2.26}$$

$$M_{1,2y}=\frac{EI_y}{L}(s_{2,1y}\theta_{1z}+s_{1,2y}\theta_2) \tag{2.27}$$

$$M_t=\frac{GJ}{L}\theta_t \tag{2.28}$$

$$P=EA\left[\frac{u}{L}-(C_{by}+C_{bz}+B_{bvz})\right] \tag{2.29}$$

式中: J 为梁单元截面的抗扭惯性矩; G 为梁单元的剪切模量。

为简化推导运算,令:

$$\lambda_n=\frac{L}{\sqrt{\dfrac{I_n}{A}}},\eta=\frac{GJ}{EI_z},\xi_n=\frac{I_n}{I_z},n=z,y \tag{2.30}$$

由式(2.30)可得到轴力的无量纲参数表达式:

$$q_n=\frac{PL^2}{\pi^2 EI_n}=\frac{\lambda_n^2}{\pi^2}\left[\frac{u}{L}-(C_{by}+C_{bz}+B_{bvz})\right] \quad \text{且} \quad (\alpha L)^2=|\pi^2 q| \tag{2.31}$$

为便于分析,将杆件的相对位移用向量 $\{V\}$ 表示,相应的杆端内力用向量 $\{S\}$ 表示,则:

$$\{V\}=\{\theta_{1z},\theta_{2z},\theta_{1y},\theta_{2y},\theta_t,u\}^T \qquad \{S\}=\{M_{1z},M_{2z},M_{1y},M_{2y},M_t,P\}^T \tag{2.32}$$

杆端内力与相对位移之间的切线刚度方程可以用增量形式表示为：

$$\{\Delta S\}=[k_e]\{\Delta V\}$$

其中：$[k_e]$为相对位移的切线刚度矩阵，矩阵各元素可由下式求出：

$$k_{ij}=\frac{\partial S_i}{\partial V_j}+\frac{\partial S_i}{\partial q_n}\frac{\partial q_n}{\partial V_j} \qquad (i,j=1,2,\cdots,6) \tag{2.33}$$

由此即可求得切线刚度矩阵$[k_e]$的各个元素：

$$[k_e]=\begin{bmatrix} \xi_z s_{1z}+\dfrac{G_{1z}^2}{\pi^2 H} & \xi_z s_{2z}+\dfrac{G_{1z}G_{2z}}{\pi^2 H} & \dfrac{G_{1z}G_{1y}}{\pi^2 H} & \dfrac{G_{1z}G_{2y}}{\pi^2 H} & 0 & \dfrac{G_{1z}}{HL} \\[2mm] \xi_z s_{2z}+\dfrac{G_{1z}G_{2z}}{\pi^2 H} & \xi_z s_{1z}+\dfrac{G_{2z}^2}{\pi^2 H} & \dfrac{G_{2z}G_{1y}}{\pi^2 H} & \dfrac{G_{2z}G_{2y}}{\pi^2 H} & 0 & \dfrac{G_{2z}}{HL} \\[2mm] \dfrac{G_{1y}G_{1z}}{\pi^2 H} & \dfrac{G_{1y}G_{2z}}{\pi^2 H} & \xi_y s_{1y}+\dfrac{G_{1y}^2}{\pi^2 H} & \xi_y s_{2y}+\dfrac{G_{1y}G_{2y}}{\pi^2 H} & 0 & \dfrac{G_{1y}}{HL} \\[2mm] \dfrac{G_{2y}G_{1z}}{\pi^2 H} & \dfrac{G_{2y}G_{2z}}{\pi^2 H} & \xi_y s_{2y}+\dfrac{G_{1y}G_{2y}}{\pi^2 H} & \xi_y s_{1y}+\dfrac{G_{2y}^2}{\pi^2 H} & 0 & \dfrac{G_{2y}}{HL} \\[2mm] 0 & 0 & 0 & 0 & \eta & 0 \\[2mm] \dfrac{G_{1z}}{HL} & \dfrac{G_{2z}}{HL} & \dfrac{G_{1y}}{HL} & \dfrac{G_{2y}}{HL} & 0 & \dfrac{\pi^2}{HL^2} \end{bmatrix}$$

$$\tag{2.34}$$

式中：

$$G_{1,2z}=\frac{\partial s_{1,2z}}{\partial q_z}\theta_{1z}+\frac{\partial s_{2,1z}}{\partial q_z}\theta_{2z}\mp s_{0n}\frac{v_{m0}}{L} \qquad G_{1,2y}=\frac{\partial s_{1,2y}}{\partial q_y}\theta_{1y}+\frac{\partial s_{2,1y}}{\partial q_y}\theta_{2y}$$

$$H=\frac{\pi^2}{\lambda^2}+\sum_{n=z,y}\frac{1}{\xi_n}\left[\frac{\partial b_{1n}}{\partial q_n}(\theta_{1n}+\theta_{2n})^2+\frac{\partial b_{2n}}{\partial q_n}(\theta_{1n}-\theta_{2n})^2\right]+$$

$$\frac{1}{\xi_z}\left[\frac{\partial b_{vs1z}}{\partial q_z}(\theta_{1z}+\theta_{2z})\frac{v_{m0}}{L}+\frac{\partial b_{vs2z}}{\partial q_z}(\theta_{1z}-\theta_{2z})\frac{v_{m0}}{L}+\frac{\partial b_{vvz}}{\partial q_z}\left(\frac{v_{m0}}{L}\right)^2\right]$$

式(2.34)所示的切线刚度矩阵为杆端内力与相对位移间的刚度矩阵，实际应用时需要将其转化为局部坐标系下的刚度矩阵。

令$\{\overline{F}\}$表示局部坐标系下的12个杆端力，相应的杆端位移用$\{\overline{u}\}$表示，则有：

$$\{\overline{F}\}=[A]\{S\} \qquad \{\Delta V\}=[A]^T\{\Delta\overline{u}\} \tag{2.35}$$

由此可求得局部坐标系下的刚度矩阵为：

$$[k_E]=[A][k_e][A]^T+[C] \tag{2.36}$$

式中：$[A]$和$[C]$的表达式如文献[2.12]中所示。

2.3　两节点小应变悬链线索单元

2.3.1　基本假定与位移模式

在推导时假定[2.13]：① 索为理想柔性，只能受拉，不能受压、抗弯和扭转；② 满足大位移小应变要求；③ 索在弹性工作阶段。

如图 2.6 所示，I 和 J 为索单元的两节点，$OXYZ$ 为结构的整体坐标系，索单元的局部坐标系I为 $oxyz$，x 轴为索的弦长方向为，xz 为索平面；索单元的局部坐标系Ⅱ为$ox'yz'$，由此可取索单元在局部坐标系I中的位移模式如下：

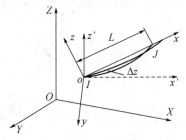

图 2.6　索单元的坐标系

$$u=\left(1-\frac{x}{L}\right)u_1+\frac{x}{L}u_2 \qquad v=\left(1-\frac{x}{L}\right)v_1+\frac{x}{L}v_2 \qquad w=\left(1-\frac{x}{L}\right)w_1+\frac{x}{L}w_2-\Delta z$$

$$(2.37)$$

其中：Δz 为局部坐标系 I 下自重作用下的索单元变形。

局部坐标系Ⅱ中索在自重作用下的悬链线方程为[2.14]：

$$z'=-\frac{l}{2\beta}\left[\cosh\beta-\cosh\left(\frac{2\beta x'}{L}-\beta\right)\right]$$

$$(2.38)$$

其中：

$$\beta=\frac{ql}{2H}$$

$$(2.39)$$

通过两个局部坐标系之间的坐标变换关系[2.15]：

$$\begin{cases}x'=x\cos\phi-z\sin\phi, \\ z'=x\sin\phi+z\cow\phi,\end{cases} \qquad \phi=\tan^{-1}\frac{h}{l}$$

$$(2.40)$$

得到局部坐标系Ⅰ：$oxyz$ 下索在自重作用下的悬链线方程为：

$$z=-\frac{h}{l}x-\frac{l^2}{2\beta L}\left[\cosh\beta-\cosh\left(\frac{2\beta x}{L}-\beta\right)\right]$$

$$(2.41)$$

由此可得 z 的增量表达式为：

$$\Delta z=-\frac{h}{l}\Delta L+\frac{l^2}{2\beta^2 L}\left[\cosh\beta-\beta\sinh\beta-\cosh\left(\frac{2\beta x}{L}-\beta\right)+\left(\frac{2x}{L}-1\right)\beta\sinh\left(\frac{2\beta x}{L}-\beta\right)\right]\Delta\beta$$

$$(2.42)$$

$\Delta\beta$ 的表达如下：

$$\Delta\beta=D\frac{\Delta L}{l} \qquad D=\frac{\beta(\beta-2\sinh\beta+\sinh\beta\cosh\beta)}{2(\beta\cosh\beta-\sinh\beta)}$$

$$(2.43)$$

将式(2.43)代入式(2.42)可得：

$$\Delta z = \left\{ \frac{Dl}{2\beta^2 L} \left[\cosh\beta - \beta\sinh\beta - \cosh\left(\frac{2\beta x}{L} - \beta\right) + \left(\frac{2x}{L} - 1\right)\beta\sinh\left(\frac{2\beta x}{L} - \beta\right) \right] - \frac{h}{l} \right\} \Delta L$$

(2.44)

上式中：ΔL 为索单元弦长的变化量，在索单元局部坐标系 I 中如下式所示：

$$\Delta L = (u_2 - u_1)$$

(2.45)

将式(2.45)代入式(2.44)中，忽略高阶项可得索单元的形函数矩阵为：

$$[N] = \begin{bmatrix} \varphi_1 & 0 & 0 & \varphi_2 & 0 & 0 \\ 0 & \varphi_1 & 0 & 0 & \varphi_2 & 0 \\ \varphi_3 & 0 & \varphi_1 & -\varphi_3 & 0 & \varphi_2 \end{bmatrix}$$

(2.46)

其中：

$$\varphi_1 = 1 - \frac{x}{L} \qquad \varphi_2 = \frac{x}{L}$$

$$\varphi_3 = \left\{ \frac{Dl}{2\beta^2 L} \left[\cosh\beta - \beta\sinh\beta - \cosh\left(\frac{2\beta x}{L} - \beta\right) + \left(\frac{2x}{L} - 1\right)\beta\sinh\left(\frac{2\beta x}{L} - \alpha\right) \right] - \frac{h}{l} \right\}$$

2.3.2 应变关系

$$ds_0 = \sqrt{1 + \left(\frac{\partial v}{\partial x}\right)^2 + \left(\frac{\partial z}{\partial x}\right)^2} \, dx$$

(2.47)

$$ds = \sqrt{\left[1 + \left(\frac{\partial u}{\partial x}\right)\right]^2 + \left(\frac{\partial v}{\partial x}\right)^2 + \left[\frac{\partial(z+w)}{\partial x}\right]^2} \, dx$$

(2.48)

$$\varepsilon = \frac{ds}{ds_0} - 1$$

(2.49)

由小应变假定将式展开，并忽略高阶小量可得：

$$\varepsilon = e_{11} + \eta_{11}$$

(2.50)

其中：

$$e_{11} = \frac{\partial u}{\partial x} + \frac{\partial w}{\partial x}\frac{\partial z}{\partial x} \qquad \eta_{11} = \frac{1}{2}\left(\frac{\partial u}{\partial x}\right)^2 + \frac{1}{2}\left(\frac{\partial v}{\partial x}\right)^2 + \frac{1}{2}\left(\frac{\partial w}{\partial x}\right)^2$$

2.3.3 虚功增量方程推导切线刚度矩阵

索单元的 U.L. 列式法的虚功增量方程如下：

$$\int_{\mathrm{TV}} C_{ijkl} e_{kl} \delta e_{ij}{}^{\mathrm{T}} \mathrm{d}V + \int_{\mathrm{TV}} {}^{\mathrm{T}}\sigma_{ij} \delta \eta_{ij}{}^{\mathrm{T}} \mathrm{d}V = {}^{\mathrm{T}+\Delta\mathrm{T}}R - \int_{\mathrm{TV}} {}^{\mathrm{T}}\sigma_{ij} \delta e_{ij}{}^{\mathrm{T}} \mathrm{d}V$$

(2.51)

式中：左边第一项导出线性刚度矩阵；第二项导出几何刚度矩阵；右边第一项为 $T+\Delta T$ 时刻

增加的等效节点荷载列阵,即荷载增量;第二项则导出 T 时刻的等效节点力列阵,即不平衡力,两项加起来表示 T 到 $T+\Delta T$ 时刻实际应施加的荷载。

将式(2.50)代入式(2.51),经符号矩阵运算可得索单元线性刚度矩阵为:

$$K_E=\frac{EA}{L}\begin{bmatrix} \alpha_1 & 0 & 0 & -\alpha_1 & 0 & 0 \\ 0 & 0 & 0 & 0 & 0 & 0 \\ 0 & 0 & \alpha_2 & 0 & 0 & -\alpha_2 \\ -\alpha_1 & 0 & 0 & \alpha_1 & 0 & 0 \\ 0 & 0 & 0 & 0 & 0 & 0 \\ 0 & 0 & -\alpha_2 & 0 & 0 & \alpha_2 \end{bmatrix} \tag{2.52}$$

几何刚度矩阵为:

$$K_G=\frac{N}{L}\begin{bmatrix} \alpha_3 & 0 & 0 & -\alpha_3 & 0 & 0 \\ 0 & 1 & 0 & 0 & 0 & 0 \\ 0 & 0 & 1 & 0 & 0 & -1 \\ -\alpha_3 & 0 & 0 & \alpha_3 & 0 & 0 \\ 0 & 0 & 0 & 0 & 1 & 0 \\ 0 & 0 & -1 & 0 & 0 & 1 \end{bmatrix} \tag{2.53}$$

切线刚度矩阵为:

$$K=K_E+K_G \tag{2.54}$$

其中:

$$\alpha_1=1+D\left(\frac{\sinh 2\beta}{4\beta^2}-\frac{\cosh 2\beta}{2\beta}\right)+D^2\left(-\frac{1}{24}+\frac{\sinh 4\beta}{32\beta}-\frac{\cosh 4\beta}{64\beta^2}+\frac{\sinh 4\beta}{256\beta^3}\right)$$

$$\alpha_2=\frac{\sinh 2\beta}{4\beta}-\frac{1}{2}$$

$$\alpha_3=D^2\left(\frac{1}{6}+\frac{\sinh 2\beta-2\beta\cosh 2\beta+2\beta^2\sinh 2\beta}{8\beta^2}\right)$$

α_1、α_2 和 α_3 随 β 的变化关系曲线如图 2.7 所示。

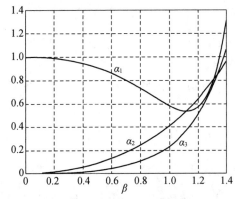

图 2.7 刚度系数 α 与 β 的关系

由图 2.8 可知,β 对刚度系数 α_1、α_2 和 α_3 的影响较大,并且 β 越大,α_1、α_2 和 α_3 随 β 的变化趋势也越明显。当 $\beta \rightarrow 0$ 时,$\alpha_1 \rightarrow 1$,$\alpha_2 \rightarrow 0$,$\alpha_3 \rightarrow 0$,式(2.52)～式(2.54)即退化为直线索单元的刚度矩阵。

2.3.4 索端力的计算

在局部坐标系 II 中索在自重作用下的悬链线方程为:

$$z' = -\frac{l}{2\beta}\left[\cosh\beta - \cosh\left(\frac{2\beta x'}{l} - \alpha\right)\right] \tag{2.55}$$

其中:

$$\alpha = \sinh^{-1}\left(\frac{\beta h}{l\sinh\beta}\right) + \beta \tag{2.56}$$

索的切向力 T 与其水平张力 H 的关系为:

$$T = \frac{H}{\cos\theta} \tag{2.57}$$

根据胡克定律,应变表达式为:

$$\varepsilon = \frac{T}{EA} = \frac{H}{EA\cos\theta} = \frac{ql}{2EA\beta\cos\theta} \tag{2.58}$$

索长计算公式为:

$$s_0 = \sqrt{h_0^2 + \left(\frac{l_0\sinh\beta}{\beta}\right)^2} \qquad s = \sqrt{h^2 + \left(\frac{l\sinh\beta}{\beta}\right)^2} \tag{2.59}$$

索的变形协调方程为:

$$s - s_0 = \int_0^s \varepsilon\,\mathrm{d}s \tag{2.60}$$

将式(2.83)和式(2.84)代入式(2.85)可得:

$$F(\beta) = \sqrt{h^2 + \left(\frac{l\sinh\beta}{\beta}\right)^2} - \sqrt{h_0^2 + \left(\frac{l_0\sinh\beta}{\beta}\right)^2} - \frac{ql^2}{4EA\beta}\left\{\frac{\coth\beta}{\beta}\left[\sinh^2\beta + 2\left(\beta\frac{h}{l}\right)^2\right] + 1\right\} = 0 \tag{2.61}$$

容易验证:$F(0) = -\infty$,$F(+\infty) = +\infty$,因此式(2.61)在 $\beta \in (0, +\infty)$ 范围内有解,该方程的根可用牛顿迭代法求出。

求解得到 β 后,由于 $\beta = ql/(2H)$,由此可求得 H,即可得到索单元局部坐标系 II 下的索端力表达式:

$$P = \{H_I \quad 0 \quad V_I \quad H_J \quad 0 \quad V_J\} \tag{2.62}$$

其中:

$$H_I = -H_J \qquad V_I = \frac{q}{2}(s - h\coth\beta) \qquad H_J = H \qquad V_J = qs_0 - V_A$$

2.4 非线性分析的求解方法

在非线性分析时,必须不断地更新刚度矩阵,来考虑所存在的非线性效应。由于结构的平衡形态是在不断地变化,因此必须按一系列的荷载增量来进行分析。一级荷载增量终点时的结构平衡及变形协调状态,被用来计算求解下一级荷载增量的刚度关系。这样,非线性问题的求解就要由一系列的线性化分析来完成。有许多方法可以确定荷载增量的大小。

在以下的讨论中,假定结构在第 $i-1$ 级荷载处的平衡及变形状态已知,现在要求确定第 i 级荷载处的结构状态。所用的增量刚度关系为[2.11]:

$$K_i^{j-1}\Delta D_i^j = \Delta R_i^j + Q_i^j \qquad (2.63)$$

式中:K_i^{j-1} 为第 i 级荷载时,按第 $j-1$ 次迭代完成后更新的刚度矩阵;ΔD_i^j 是第 i 级荷载第 j 次迭代的增量位移;ΔR_i^j 是第 i 级荷载第 j 次迭代的荷载增量;Q_i^j 是第 i 级荷载第 j 次迭代的不平衡力,即内、外力之差。

假设在 n 次迭代后求解收敛,则第 i 级加载结束后荷载为:

$$R_i = R_{i-1} + \sum_{j=1}^{n} \Delta R_i^j \qquad (2.64)$$

位移为:

$$D_i = D_{i-1} + \sum_{j=1}^{n} \Delta D_i^j \qquad (2.65)$$

然后可以算得更新的刚度矩阵,并进行下一步求解。以下给出两种最常用的非线性问题求解方法:Newton-Raphson 荷载控制法和弧长控制法。Newton-Raphson 荷载控制法用于一般的非线性分析,而弧长控制法则可用来跟踪结构的荷载—位移全过程曲线(包括卸荷段)。

2.4.1 Newton-Raphson 荷载控制法

在 Newton-Raphson 荷载控制法中[2.16]~[2.18],用迭代来消除每一级荷载中存在的不平衡力。不平衡力的存在表明内、外力之间的平衡被破坏。这个差值是由于在线性化过程中,按前一级的结构形态来计算当前的刚度矩阵造成的误差引起的。如果这些误差不被校正,计算的平衡路径将会偏离真实的平衡路径。为了消除或减少这种漂移误差,必须在每一荷载增量级中进行迭代。

考虑第 i 级荷载增量,第一次迭代时($j=1$)不平衡力为零,因此增量刚度方程变为:

$$K_i^0 \Delta D_i^1 = \Delta R_i^1 \qquad (2.66)$$

令第 i 级荷载增量的大小直接由总的外加荷载的分数得到:

$$\Delta R_i = \lambda_i R \qquad (2.67)$$

其中:λ_i 是荷载增量系数,由用户根据经验和工程情况来确定;R 是总的外加荷载,λ_i 值。由

此,式(2.66)可转变为:

$$K_i^0 \Delta D_i^1 = \lambda_i^1 R \tag{2.68}$$

由上式可解得 ΔD_i^1,将它附加到结构累积位移上,则可形成新的刚度矩阵。并且将内外力之差作为不平衡力施加于结构上,来校正位移。因此在随后的迭代中($j>1$),采用下式求解位移校正值:

$$K_i^{j-1} \Delta D_i^j = Q_i^j \tag{2.69}$$

当 ΔD_i^1 或 Q_i^j 满足收敛条件时则迭代停止。

应用 Newton-Raphson 荷载控制法解一个单自由度体系的图解过程如图 2.8 所示。Newton-Raphson 荷载控制法在每一轮计算中都要更新刚度矩阵。由于刚度矩阵的形成和求逆都需要很多的计算机时,在某些情况下,为节省计算时间,提高计算效率,对各轮计算都用同一刚度矩阵,只在收敛发生困难时才更新刚度矩阵,这就形成了修正 Newton-Raphson 荷载控制法。如图 2.9 所示。

Newton-Raphson 法的优点是漂移误差可以大大减少或者消除,其缺点为不能求得极值点,如果体系有突跳特性,它不能求解,在极值点,其解是发散的。在极值点不能收敛,意味着荷载—位移曲线的顶点及卸载段都不能跟踪算得,这种情况下可由弧长控制法求解。

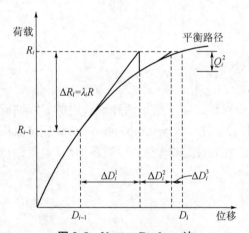

图 2.8　Newton-Raphson 法

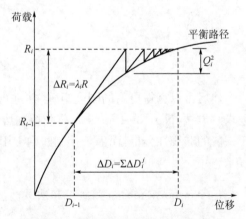

图 2.9　修正的 Newton-Raphson 法

2.4.2　弧长控制法

弧长控制法由 Wempner[2.19] 和 Risks[2.20] 提出,由 Ramm[2.21] 和 Crisfield[2.22] 加以改进,然后由 Forde 和 Stiemer[2.23] 予以普及推广。首先将刚度方程转变为如下形式:

$$K_i^{j-1} \Delta D_i^j = \lambda_i^j R + Q_i^j \tag{2.70}$$

弧长控制法中取荷载增量系数 λ_i^j 为未知数。为了求解这个额外的未知数,就要在刚度方程的基础上引入一个称为正交方程的附加方程,联立求解刚度方程和正交方程可求得 ΔD_i^j 和 λ_i^j。将式(2.70)分解成以下两个方程:

$$K_i^{j-1} \Delta D_i'^{\,j} = R \tag{2.71}$$

$$K_i^{j-1} \Delta D''^j_i = Q_i^j \tag{2.72}$$

其中：$\Delta D'^j_i$ 是 R 的位移增量，$\Delta D''^j_i$ 是 Q_i^j 的位移增量。

根据叠加原理，ΔD_i^j 可由下式计算：

$$\Delta D_i^j = \lambda_i^j \Delta D'^j_i + \Delta D''^j_i \tag{2.73}$$

为了确定第 i 级荷载第 1 次迭代时的荷载增量系数 λ_i^1，在荷载—位移空间定义一个弧长 ds，此处：

$$ds^2 = (\lambda_i^1)^2 + \{\Delta D_i^1\}^T \{\Delta D_i^1\} \tag{2.74}$$

由于是第 1 次迭代，不平衡力 Q_i^1 为零，由式(2.72)可知 $\Delta D''^1_i$ 为零，这样 ΔD_i^1 可由下式计算可由下式计算得到：

$$\Delta D_i^1 = \lambda_i^1 \Delta D'^1_i \tag{2.75}$$

将式(2.75)代入式(2.74)，可求解得到：

$$\lambda_i^1 = \sqrt{\dfrac{ds^2}{1 + \{\Delta D'^1_i\}^T \{\Delta D'^1_i\}}} \tag{2.76}$$

为了消除漂移误差，必须在该级荷载内进行迭代。在同级荷载随后的迭代中，荷载增量系数 $\lambda_i^j (j>1)$ 由下述正交条件求得：

$$\lambda_i^1 \lambda_j^1 + \{\Delta D_i^1\}^T \{\Delta D_i^1\} = 0 \tag{2.77}$$

将式(2.102)的 $\{\Delta D_i^1\}$ 与式(2.100)的 $\{\Delta D_i^j\}$ 代入式(2.104)，求得 $\lambda_i^j (j>1)$ 为：

$$\lambda_i^j = -\dfrac{\{\Delta D'^1_i\}\{\Delta D''^j_i\}}{1 + \{\Delta D'^1_i\}\{\Delta D'^j_i\}} \qquad j>1 \tag{2.78}$$

注意，在求解 $\lambda_i^j (j>1)$ 时，上式中的右边各项均为已知。

弧长法的求解过程如图 2.10 所示。弧长法比 Newton-Raphson 的优越之处在于：它能适用于有极值点、有突跳特征的问题，因而可以用来跟踪结构的荷载—位移全过程曲线。

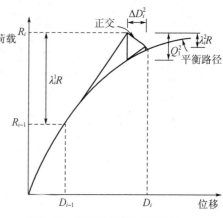

图 2.10　弧长法图解过程示意

2.5　算例分析

标准的 ANSYS 有限元分析程序是一个功能强大、通用性好的有限元分析程序，同时它还具有良好的开放性，为用户提供了进行再开发的接口，这些接口可以满足大多数程序开发者的需要。其中，用户可编程特性(UPFS)允许用户连接自己的 Fortran 程序(或 C 程序)和子过程，用于在 ANSYS 中嵌入新的单元刚度矩阵或材料本构模型。在此，可通过 UPFS 接口，将第 2.1 节～2.3 节中的初始弯曲杆单元、初始弯曲梁单元及悬链线索单元嵌入

ANSYS 程序中,用于后续结构的分析。

2.5.1 铰接六角星穹顶算例

铰接六角星穹顶如图 2.11 所示,杆件截面属性如下:$A=317\ mm^2$,$I_y=23\ 770\ mm^4$,$I_z=2\ 950\ mm^4$,$E=3\ 030\ N/mm^2$,$G=1\ 096\ N/mm^2$,在中间节点 J_1 施加竖向集中荷载 F。令杆件初始缺陷为 $0\sim0.01$,以 0.001 为间距,进行该结构的几何非线性分析,采用弧长法跟踪结构的荷载—位移全过程曲线,非线性分析结果如图 2.12~图 2.16 所示。

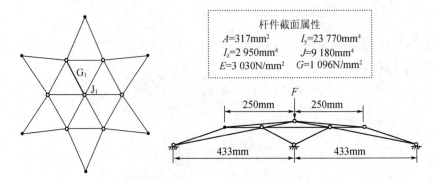

图 2.11 铰接六角星穹顶结构布置与杆件截面属性

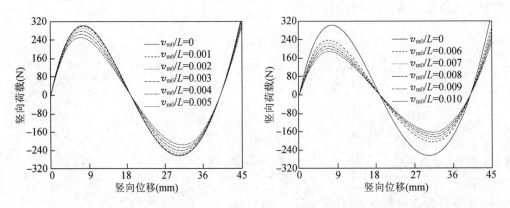

图 2.12 J1 节点竖向荷载—位移全过程曲线

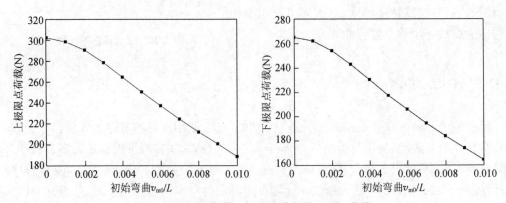

图 2.13 极限荷载—初始弯曲幅值 v_{m0}/L 曲线

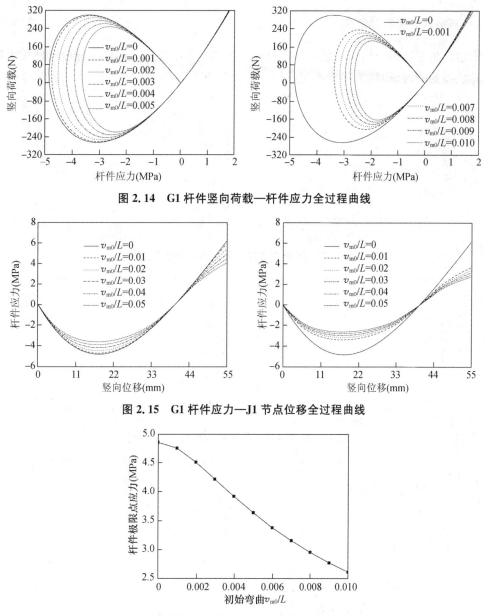

图 2.14　G1 杆件竖向荷载—杆件应力全过程曲线

图 2.15　G1 杆件应力—J1 节点位移全过程曲线

图 2.16　杆件极限压应力—初始弯曲幅值 v_{m0}/L 曲线

　　由图 2.12 和 2.13 可以看出,在初始弯曲幅值超过 0.002 后,结构极限荷载随杆件初始弯曲的变化趋势接近于线性,当初始弯曲幅值达到 0.01 时,结构的极限荷载下降幅度达 37.6％,由此可见,杆件初始弯曲对结构的受力性能影响较大,初始弯曲的存在降低了结构的刚度,从而降低了结构的承载力。此外,杆件受压时比杆件受拉时的影响要大得多,这与理论分析得到的结论是一致的。由图 2.14 和图 2.15 可得到类似的结论。由图 2.16 可以看出,随着初始弯曲的增加,杆件的最大应力也在下降,这与理论分析的结论也是一致的,并且其规律与极限荷载随初始弯曲的变化规律相似。此外,图中无初始弯曲时的分析结果与 Meek 和 Tan[2.24]和沈世钊[2.12]的分析结果非常吻合,由此表明该分析结果是可靠的。

2.5.2 刚接六角星穹顶算例

刚接六角星穹顶的结构布置和杆件材料属性仍然如图 2.11 所示,不过此时结构中的杆件单元之间为刚接,即须采用梁单元进行分析。非线性分析结果如图 2.17～2.21 所示。

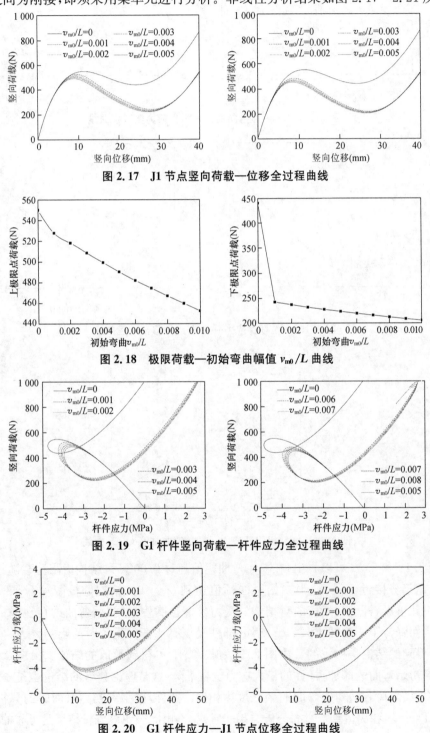

图 2.17 J1 节点竖向荷载—位移全过程曲线

图 2.18 极限荷载—初始弯曲幅值 v_{m0}/L 曲线

图 2.19 G1 杆件竖向荷载—杆件应力全过程曲线

图 2.20 G1 杆件应力—J1 节点位移全过程曲线

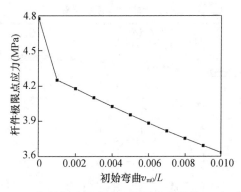

图 2.21　杆件极限压应力—初始弯曲幅值 v_{m0}/L 曲线

由图 2.17 可知,初始弯曲对结构屈曲前性能影响较小,而当荷载—位移曲线接近结构第一个极限点时,初始弯曲的影响则较大;当荷载—位移曲线越过第一个极限点后,即结构屈曲后,无初始缺陷与有初始缺陷的荷载—位移曲线出现很大偏离,但是当结构杆件具有初始弯曲时,初始弯曲幅值的数值大小对结构的性能影响则较小。因此,在图 2.18 中可以看到,杆件初始弯曲对结构的下极限点(也即第二个极限点)荷载的影响比对上极限点(也即第一个极限点)荷载的影响要大得多,并且其影响规律从无初始弯曲到有初始弯曲存在突变,而当杆件具有初始弯曲后,则初始弯曲对极限荷载的影响基本呈线性变化。此外,杆件在受拉时初始弯曲的影响比受压时的影响要小,这和理论分析的结果也是一致的。由图 2.19 和图 2.20 的荷载—杆件应力和杆件应力—节点位移曲线可以得到相同的规律。由图 2.21 可知,随着初始弯曲的增加,杆件的最大应力也在下降,这与理论分析的结论也是一致的,并且其规律与极限荷载随初始弯曲的变化规律相似。此外,无初始缺陷时的分析结果与 Meek 等[2.24]和沈世钊[2.12]的分析结果非常吻合,表明该分析结果是可靠的。

2.5.3　单索结构算例

（1）如图 2.22 所示,集中荷载作用下两端水平支承的悬索,跨度为 16 m,索中初始水平张力为 $H=85.15$ kN,集中荷载的间距为 4 m,初始状态荷载的荷载值分别为 $P_1=P_2=P_3=16$ kN,最大垂度为 $f=1.503$ m,索的截面积为 $A=0.001$ m^3,索的弹性模量为 $E=1.8\times10^{11}$ N/m^2,索的密度为 7.85×10^3 kg/m^3,设荷载变为 $P_1=20$ kN,$P_2=20$ kN,$P_3=16$ kN,求各荷载作用点的垂度以及各索段的张力。采用四个索单元进行计算,结果如表 2.1 所示:

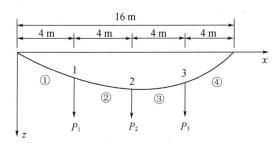

图 2.22　单索结构示意

表 2.1 非线性分析结果

		解析解计算结果[2.14]	两节点直线索单元计算结果	本书悬链线索单元计算结果
荷载作用点垂度(cm)(结点编号)	1	116	117.02	115.79
	2	152	152.93	151.82
	3	108	108.65	108.11
索段的平均张力(kN)(索单元编号)	①	104.1	103.51	104.21
	②	100.4	100.29	100.49
	③	100.6	100.45	100.71
	④	103.6	103.42	103.66

(2) 图 2.23 为一单索结构,跨度 305 m,索单位长度自重为 $q=46.5$ kN/m,自重垂度 $f=30.5$ m,弹性模量 $E=1.3\times10^{11}$ N/m²,索截面积 $A=5.5$ cm²,1/4 跨作用一集中力 $P=35.6$ kN,采用两个索单元进行计算,结果如表 2.2 所示:

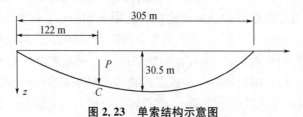

图 2.23 单索结构示意图

表 2.2 非线性分析结果

	解析解计算结果[2.14]	两节点直线索单元计算结果	本书悬链线索单元计算结果
C 点垂度	5.62	5.56	5.60

由以上分析结果可以看到,本书的悬链线索单元的计算结果和解析解计算结果是非常接近的,由此表明本书分析结果的准确性。直线索单元的计算结果误差虽然比悬链线索单元要大,但是误差的数值较小。实际上,只有在实际的大跨度桥梁结构中(如大跨斜拉桥和大跨悬索桥),索在自重下的垂度效应才会比较明显,此时采用悬链线索单元与采用直线索单元的计算结果才会存在较大差别。而对于大多数预应力空间网格结构工程,由于在索中施加预应力的目的是用于控制结构的挠度,因此索的张力值较大,而结构的跨度又比大跨度桥梁结构要小得多,因此索的垂度效应较小,产生的计算误差完全在工程精度范围内,这点作者也通过大量算例进行了验证。但是悬链线索单元在参与整体结构计算时,由于其在进行计算时需要进行复杂的迭代过程,从而在进行结构的非线性全过程计算时,收敛性难以控制。为此,在后续几章的结构分析时,一般均采用直线索单元进行计算,只是在进行斜拉网格结构的施工过程分析时,由于斜拉索的垂度效应以及在施工过程中的索张力偏小,因此采用了悬链线索单元与直线索单元进行对比。

本章参考文献

[2.1] Kondoh K, Atluri S N. A simplified finite element method for large deformation, post-buckling analysis of large frame structures, using explicitly derived tangent stiffness matrices[J]. Int. J.

Numerical Methods in Engrg, 1986(23): 69 - 90

［2.2］ Load and resistance factor design specification for structural steel building//Am. Inst. of Streel Constr［C］. (AISC), Chicago. Ⅲ, 1986

［2.3］ Austin W J, Ross T J. Elastic buckling of arches under symmetrical loading［J］. J. Struct. Div., ASCE, 1976(5): 1085 - 1095

［2.4］ Wen R K, Lange J. Curved element for arch buckling analysis［J］. J. Struct. Engrg., ASCE, 1981 (11): 2053 - 2069

［2.5］ Wen R K, Lange J. Nonlinear curved-beam element for arch structures［J］. J. Struct. Engrg., ASCE, 1991(11): 3496 - 3514

［2.6］ Elias Z M, Chen K L. Nonlinear shallow curved-beam finite element［J］, J. Engrg. Mech., ASCE, 1988(6): 1076 - 1087

［2.7］ Chan S L, Zhou Z H. Second-order elastic analysis of frames using single imperfect element per member［J］. Journal of Structural Engineering (ASCE), 1995(6): 939 - 945

［2.8］ 李国强,刘玉姝. 一种考虑初始缺陷影响的非线性梁单元［J］.计算力学学报,2005(1):69 - 72

［2.9］ 李国强,沈祖炎. 钢结构框架体系弹性及弹塑性分析与计算理论［M］.上海:上海科学技术出版社,1998

［2.10］ 陈惠发,著;周绥平,译. 梁柱分析与设计［M］.北京:人民交通出版社,1997

［2.11］ 陈惠发,著;周绥平,译. 钢框架稳定设计［M］.上海:世界图书出版社,1999

［2.12］ 沈世钊,陈昕. 网壳结构稳定性［M］.北京:科学出版社,1999

［2.13］ 杨孟刚,陈政清. 基于 UL 列式的两节点悬链线索元非线性有限元分析［J］.土木工程学报, 2003(8):63 - 68

［2.14］ 沈世钊,徐崇宝,等.悬索结构设计［M］.北京:中国建筑工业出版社,2005

［2.15］ 王瑁成. 有限单元法［M］.北京:清华大学出版社,2003

［2.16］ Bergan P G. Solution techniques for nonlinear finite element problems. Int. J. Num. Meths. Engrg［J］. 1978(12): 1677 - 1696

［2.17］ Wunderlich W, Stein E, Bathe K J. Nonlinear finite element analysis in structural mechanics［M］. Berlin: Springer, 1981

［2.18］ Bergan P G, Bathe K J, Wunderlich W. Finite element methods for nonlinear problems［M］. Berlin: Springer, 1986

［2.19］ Wempner G A. Discrete approximations related to nonlinear theories of solids［J］. International Journal of Solids and Structures. 1971(7): 1581 - 1599

［2.20］ Riks E. An incremental approach to the solution of snapping and buckling problems［J］. International Journal of Solids and Structures. 1979(15): 529 - 551

［2.21］ Ramm E. Strategies for tracing the nonlinear response near limit point［J］. Nonlinear Finite Element Analysis in Structural Mechnaics, 1986: 63 - 89

［2.22］ Crisfield M A. An arc-length method including line searches and accelerations［J］. International Journal for Numerical Methods in Engineering, 1983(19):1269 - 1289

［2.23］ Forde B W R, Stiemer S F. Improved arc length orthogonality methods for nonlinear finite element analysis［J］. Computers and Structures, 1987(27): 625 - 630

［2.24］ Meek J L, Tan H S. Geometrically nonlinear Analysis of space frames by an incremental iterative technique［J］. Comput. Meth. Appl. Mech. Eng. 1984(47): 261 - 282

第三章　拉索预应力网格结构的非线性稳定分析

前面已经提到,杆件初始弯曲的存在会使杆件单元的刚度发生变化,当这种变化足够大时,就会对整体结构的受力性能产生较大影响。本章将采用第二章推导的初始弯曲杆单元和梁单元,针对特定张弦拱桁架与弦支穹顶结构,详细研究杆件初始弯曲对结构非线性稳定性能的影响。在研究结构非线性稳定性能的时候,最佳的手段是研究结构的荷载—位移全过程曲线。这种全过程曲线要以精确的非线性分析为基础。传统的线性分析方法是把结构的强度问题和稳定性问题分开考虑的。事实上对于有可能存在稳定性问题的结构,如从非线性分析的角度来考察,则结构的稳定性问题和强度问题始终相互联系在一起[3.1]~[3.3]。而结构的荷载位移全过程曲线能将结构的强度、稳定性和刚度的变化历程均表示清楚。因此,杆件初始弯曲对结构稳定性能的影响能够在荷载—位移全过程非线性分析结果中得到体现。通过比较不同杆件初始弯曲状态下的荷载—位移全过程分析结果,可以研究杆件初始弯曲对整体结构非线性稳定性能的影响程度和规律。

3.1　张弦拱桁架结构的非线性稳定分析

哈尔滨会展中心张弦拱桁架结构的计算模型斜视图如图 3.1 所示[3.4],其跨度为 128 m,承重索截面面积 15 740 mm^2,弹性模量 $E=1.95\times10^5$ N/mm^2;拱采用格构式截面,截面形式如图 3.2 所示,上、下弦杆及腹杆均采用圆形无缝钢管,共采用 11 类截面。撑杆采用圆形无缝钢管,截面积为 7 961 mm^2,间距为 9.3 m,弹性模量 $E=2.0\times10^5$ N/mm^2。索的垂度 $f_1=3.7$ m,拱的矢高 $f_2=11.7$ m,拱截面高度 $h=2.6$ m。

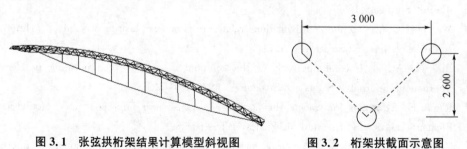

图 3.1　张弦拱桁架结果计算模型斜视图　　图 3.2　桁架拱截面示意图

图 3.3 为结构计算模型的正视图,拱桁架上弦节点承受竖向集中荷载,考虑结构自重与预应力作用。在跨中附近和四分之一跨度附近选择三个拱桁架上弦点

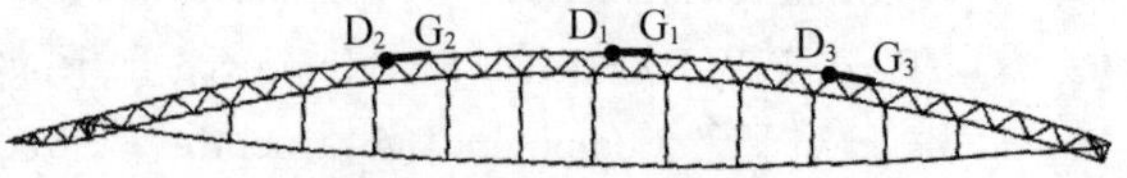

图 3.3　张弦拱桁架结果计算模型正视图

（D$_1$、D$_2$ 和 D$_3$）和三根拱桁架上弦杆（G$_1$、G$_2$ 和 G$_3$）进行非线性稳定分析的结果分析。

3.1.1 拉索初始预应力为零

首先以拉索初始预应力为零的状态为基础,分析此时结构杆件(包括拱桁架杆和撑杆)的初始弯曲对结构静力性能的影响。令初始弯曲与跨度的比值 v_{m0}/L 分别取 0、0.002、0.004、0.006、0.008 和 0.01 五种情况,采用弧长法跟踪结构在屈曲后的路径。由于大型工程结构的杆件繁多,自由度数目庞大,其全过程曲线也异常复杂和变化多端,要得到完整的荷载—位移全过程曲线较为困难。因此从实用角度出发,一般只需对开始一段曲线进行考察,即越过第一个临界点后再保留一段必要的屈曲后路径。图 3.4~图 3.6 给出了不同 v_{m0}/L 取值情况下的节点 D_1、D_2 和 D_3 的荷载—位移全过程曲线。

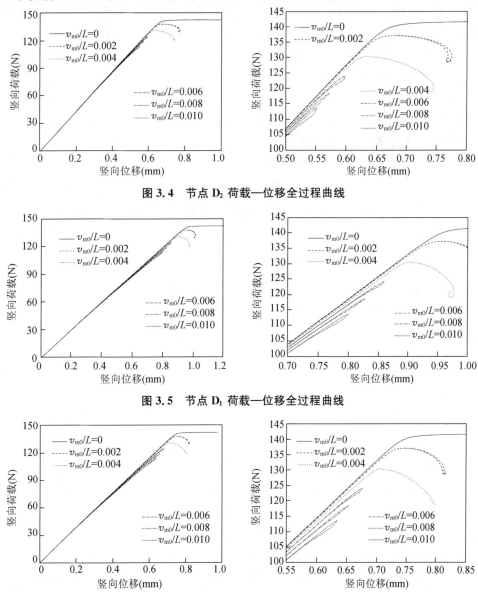

图 3.4 节点 D_2 荷载—位移全过程曲线

图 3.5 节点 D_1 荷载—位移全过程曲线

图 3.6 节点 D_3 荷载—位移全过程曲线

可以看出,三个节点的荷载—位移全过程曲线形式都很相似,只是在数值上存在差异。由荷载—位移全过程曲线可以看出,在结构屈曲前,随着荷载的增加,位移也成比例的增加,结构的刚度几乎没有削弱,当荷载增加至屈曲荷载附近时,结构的刚度在很窄的区域内迅速减小,荷载位移曲线出现突然的"拐点",即极限点;在越过极限点后,或者荷载略有增加但位移增长迅速,或者荷载迅速减小,此时结构已经破坏,因此张弦拱桁架结构的非线性失稳属于分支点失稳形式。

比较不同 v_{m0}/L 取值情况下的荷载—位移全过程曲线可以看出,杆件初始弯曲对全过程曲线的影响较大。当 $v_{m0}/L=0$ 即杆件无初始弯曲时,全过程曲线在越过极限点后比较长的一段区域内,荷载仍然略有增加;而当杆件具有初始弯曲时,则全过程曲线在越过极限点后,荷载立即开始下降,待位移发展到一定程度,全过程曲线出现"回旋",经过一个很小的区域迅速绕回到原曲线上,荷载沿原路径下降。随着 v_{m0}/L 的增加,结构屈曲后位移增加的区域逐渐缩小,当 v_{m0}/L 增至超过 0.004 时,全过程曲线在越过极限点后,位移并不增加,在经历很窄的"回旋"后,荷载直接沿原路径下降。可见杆件初始弯曲对荷载—位移曲线的屈曲后路径影响很大,即对结构的屈曲后受力性能影响很大。但在结构屈曲前,虽然 v_{m0}/L 取值越大,荷载—位移曲线的斜率有所减小,说明结构的刚度略有下降,但是各种 v_{m0}/L 取值情况下的全过程曲线几乎重合,全过程曲线的屈曲前路径基本上不发生变化,这说明杆件初始弯曲的增加对结构屈曲前的整体刚度影响很小,对结构的屈曲前性能影响不大。此外,随着杆件初始弯曲的增加,全过程曲线的极限荷载降低,极限位移也相应地随之减小。图 3.7 为极限荷载与杆件初始弯曲之间的关系,图 3.8 则给出了全过程曲线上极限点的结构位移与 v_{m0}/L 之间的变化趋势。

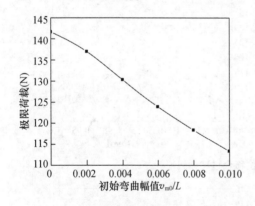

图 3.7 极限荷载—v_{m0}/L 全过程曲线

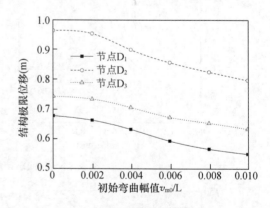

图 3.8 极限点位移—v_{m0}/L

可以看出,极限荷载与初始弯曲 v_{m0}/L 之间的关系形似反"S"形曲线,但曲线的曲率很小,非常接近线性关系。随着初始弯曲幅值的增加,极限荷载也逐步下降,当 v_{m0}/L 为 0.002 时,极限荷载下降幅度为 3.26%;当 v_{m0}/L 达到 0.01 时,极限荷载下降幅度达到 20%,可见杆件初始弯曲对张弦拱桁架结构的极限承载力影响较大,但如将 v_{m0}/L 控制在 0.002 的范围内,其对极限荷载的影响比较小,而规范规定杆件的容许初始弯曲 v_{m0}/L 为 0.001,在规范规定的 v_{m0}/L 容许值以内,极限荷载的下降幅度不超过 2%,其对极限荷载的影响已经很微小,基本可以忽略。类似地,结构在极限点时的位移与初始弯曲 v_{m0}/L 之间的关系也是反"S"形曲线,但其曲率更大一些。随着初始弯曲幅值的增加,极限点位移也相应减小,并且三

个节点 D_1、D_2 和 D_3 的曲线都基本平行，变化规律也很相似，只是数值上存在差异，D_2 节点也即跨中节点位移最大，D_3 节点位移小一些，D_1 节点位移最小。

图 3.9～图 3.11 分别为杆件 G_2、杆件 G_1 和杆件 G_3 的荷载—应力曲线。图 3.12～图 3.14 则分别为杆件 G_2 -节点 D_2、杆件 G_1 -节点 D_1、杆件 G_3 -节点 D_3 的应力—位移曲线。

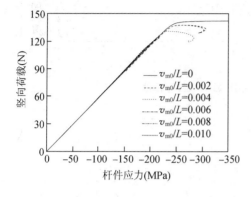
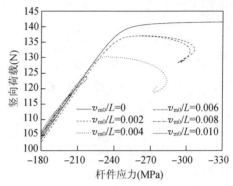

图 3.9　杆件 G_2 荷载—应力曲线

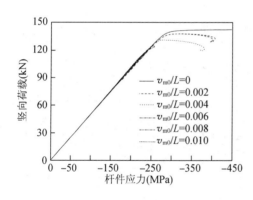
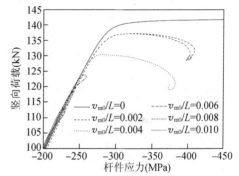

图 3.10　杆件 G_1 荷载—应力曲线

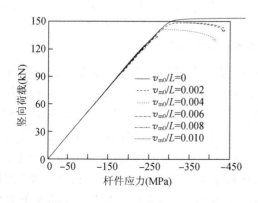
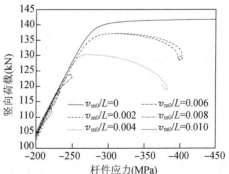

图 3.11　杆件 G_3 荷载—应力曲线

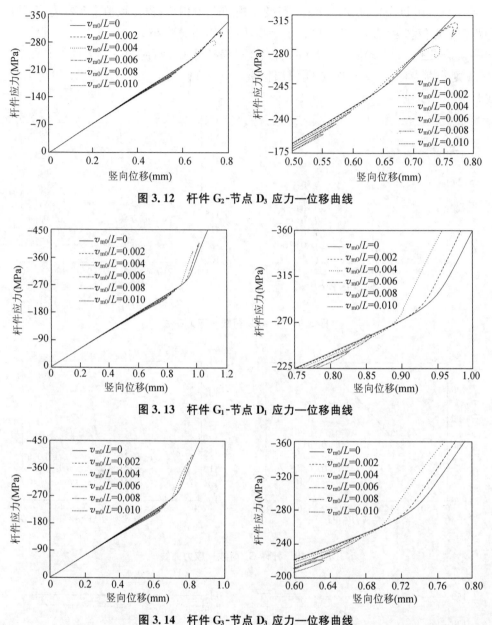

图 3.12　杆件 G_2-节点 D_3 应力—位移曲线

图 3.13　杆件 G_1-节点 D_1 应力—位移曲线

图 3.14　杆件 G_3-节点 D_3 应力—位移曲线

可以看出,杆件的荷载—应力曲线与节点的荷载—位移曲线形状上非常相似,全过程曲线具有明显的"拐点",即极限点。当 $v_{m0}/L=0$ 时,在越过极限点后比较长的一段区域内,荷载略有增加,而杆件应力则迅速增大。当杆件具有初始弯曲时,结构屈曲后荷载立即下降,应力增加的区域也缩短。当 v_{m0}/L 超过 0.004 时,曲线在越过极限点后,杆件应力并不增加,在经历很窄的"回旋"后,荷载直接沿原路径下降。在屈曲前,荷载与杆件应力几乎成比例的增长。杆件应力—节点位移曲线在结构屈曲前基本为一条直线,在结构屈曲后则因 v_{m0}/L 的不同则有很大区别。当 v_{m0}/L 不超过 0.004 时,杆件应力—节点位移曲线出现"折点",也即极限点。与荷载—位移曲线及荷载—应力曲线相似,在越过"折点"一段区域后,曲线出现"回旋"。当 v_{m0}/L 超过 0.004 时,曲线在越过"折点"后,立即经历很窄的"回旋"即沿原路径返回。与分析荷载—位移曲线得出的结论一致,这些都表明初始弯曲对结构屈曲前的受力性能影响很小,但对极限荷载与结构屈曲后的受力性能影响较大。图 3.15 为杆件极限点应力随初始弯曲 v_{m0}/L 的变化曲线。可以看出,随着初始弯曲的增加,杆件应力迅速下降。

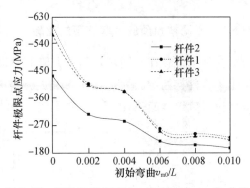

图 3.15 杆件极限点应力—初始弯曲 v_{m0}/L 曲线

G_1、G_2 和 G_3 杆的应力—v_{m0}/L 曲线形状相似,在数值上存在差异。其中,G_1 杆应力最大,G_3 杆应力稍小,G_2 杆应力最小。

在非线性分析结果中,还可以观察拉索应力随荷载增加的变化趋势。图 3.16 给出了荷载—拉索应力曲线。在结构屈曲前,随着荷载的增加,拉索应力成比例增长,曲线为一条直线,而且在各种 v_{m0}/L 取值下的曲线几乎重合。当 $v_{m0}/L=0$ 时,拉索应力在结构屈曲后有小幅度增长;而当杆件具有初始弯曲时,曲线在越过极限点后,拉索应力则迅速下降。这说明,拉索在结构屈曲后发挥的作用很小,结构的屈曲后性能主要依靠桁架拱的抗弯能力,因此杆件应力虽仍有较大增长,但拉索应力却下降较快,但拉索的存在使得结构的屈曲前刚度有很大的提高。

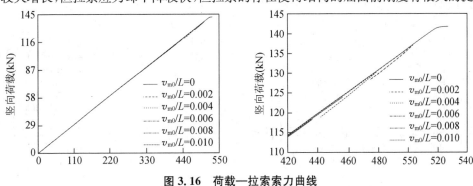

图 3.16 荷载—拉索索力曲线

图 3.17 给出了拉索最大应力与初始弯曲 v_{m0}/L 之间的关系。随着 v_{m0}/L 的增加,拉索最大应力迅速下降,关系曲线近乎一条直线,拉索应力的最大下降幅度为 20% 左右,这与极限荷载和初始弯曲 v_{m0}/L 之间的关系是相对应的。

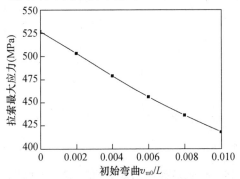

图 3.17 结构极限索应力与初始弯曲幅值压应力

3.1.2　不同初始预应力取值下的比较

接下来比较在不同初始预应力值下的张弦拱桁架结构全过程非线性分析结果。图 3.18 给出了杆件初始弯曲为 0、0.002，初始预应力取值为 0、100 MPa、200 MPa 和 300 MPa 的荷载—位移全过程曲线，图 3.19 为荷载—杆件应力曲线，图 3.20 为荷载—拉索应力曲线。

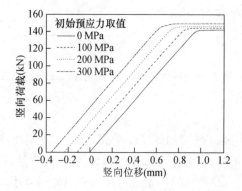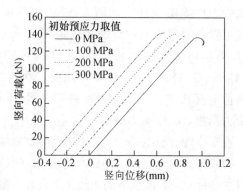

图 3.18　不同初始预应力取值下的荷载—位移曲线

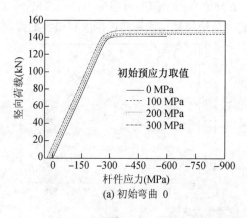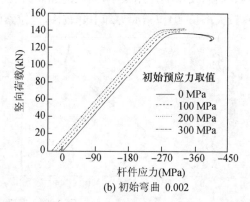

图 3.19　不同初始预应力取值下的荷载—杆件应力曲线

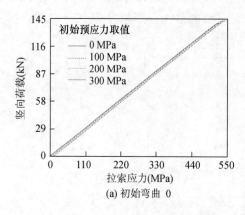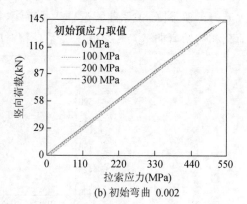

图 3.20　不同初始预应力取值下的荷载—拉索应力曲线

可以看出,初始预应力取值的增加会提高张弦拱桁架结构的极限承载力,但提高的程度很有限,相反,初始预应力取值的增加对结构的位移控制非常有效,较大程度地减小了结构的位移,不过对结构的刚度影响却很小,反映在荷载—位移曲线上,即随着初始预应力取值的增加,结构屈曲前的荷载—位移曲线的斜率基本没有改变,各条荷载—位移曲线保持平行,在竖向位移坐标上间距较大,而在竖向荷载坐标上则间隔较小。这表明预应力对结构的承载力影响较小,而对位移的控制非常有效。当然,如果预应力取值过大,则会使结构在施工或使用阶段的杆件应力超限,实际的预应力取值应该根据工程设计的实际情况来决定。整体来讲,荷载—位移曲线的形状没有因初始预应力值的增加而发生较大的改变,这也表明初始预应力的大小对结构的屈曲前和屈曲后性能影响均很小。此外,随着初始预应力值的增加,杆件应力有所下降,拉索索应力有所增加,但与位移变化相比,变化幅度都较小,并且在不同杆件初始弯曲状态下的变化规律均相似。

图 3.21 为不同初始弯曲取值下,极限荷载与初始预应力之间的关系曲线;图 3.22 则给出了不同初始预应力取值下,极限荷载与初始弯曲之间的关系曲线;图 3.23 给出了极限荷载与初始预应力值、初始弯曲的三维关系曲面。

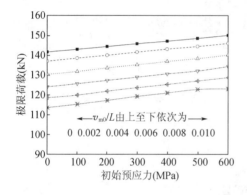

图 3.21 极限荷载—初始预应力曲线

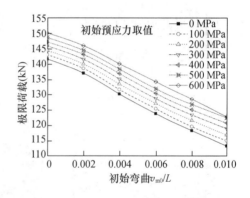

图 3.22 极限荷载—初始弯曲幅值曲线

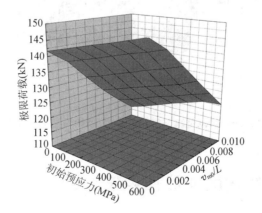

图 3.23 极限荷载与初始预应力、初始弯曲的关系曲面

由上图可知,在不同杆件初始弯曲下,极限荷载与初始预应力的关系曲线基本平行;类似地,在不同初始预应力值下,极限荷载与杆件初始弯曲的关系曲线也基本平行。由此表

明,初始预应力取值的不同,并不会影响结构极限荷载与杆件初始弯曲之间的变化规律;同样,杆件初始弯曲的不同,也不会影响结构极限荷载与初始预应力取值之间的变化规律。此外,极限荷载与初始预应力及杆件初始弯曲之间都接近线性关系,这点在图 3.21 和图 3.22 中也可以得到反映。图 3.23 中,极限荷载与初始预应力值、初始弯曲的三维关系曲面与平面非常接近,由此也表明了三者之间的线性关系。

图 3.24～图 3.26 给出了极限位移与初始预应力值、初始弯曲之间的关系。可以看到,不同初始预应力取值或不同初始弯曲下的极限荷载变化规律都很相似,极限位移与初始预应力取值间的关系接近线性,而与初始弯曲之间的关系曲线则类似"反 S"形。在图 3.26 中,可以更清晰地观察三者间的关系。

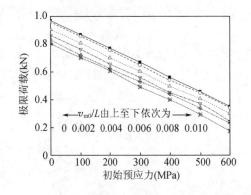

图 3.24　极限位移—初始预应力曲线

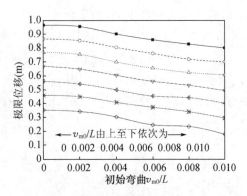

图 3.25　极限位移—初始弯曲曲线

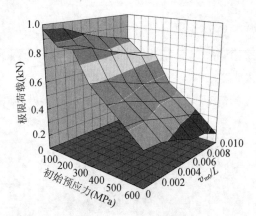

图 3.26　极限位移与初始预应力、初始弯曲的关系曲面

3.2　弦支穹顶结构的非线性稳定分析

3.2.1　设计预应力下的结构非线性稳定分析

常州体育中心体育馆屋盖为一椭球型弦支穹顶结构[3,5],长轴 120 m,短轴 80 m,矢高 21.45 m。网壳网格形式为中心凯威特、外围联方形。网壳杆件采用圆钢管,节点采用相贯

焊节点。撑杆采用圆钢管,环向、径向索采用高强钢丝索。网壳共采用 8 种截面,撑杆采用两种截面,拉索共采用 6 种截面。结构整体模型如图 3.27(a)所示,网壳周边为铰接支座,结果承受竖向均布荷载。图 3.27(a)中 G、D、S 分别代表结构屈曲时应力最大的网壳杆件、位移最大的节点和应力最大的拉索;图 3.27(b)中为结构布置的径向索和环向索示意图。图 3.27(c)则为结构的正立面示意图。图 3.28 为结构处于屈曲临界状态状态下屈曲模态,可以看到结构此时在内环凯威特网壳的主肋上发生较大凹陷,屈曲区域由此开始扩散。图 3.29 为杆件无初始弯曲状态下结构屈曲时的位移分布云图,图 3.30 为此时的拉索应力分布云图。

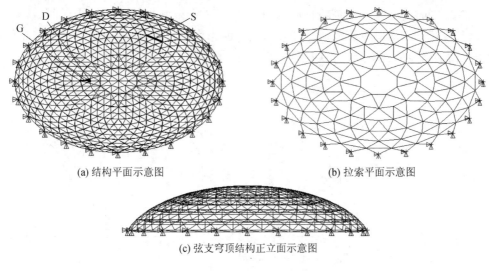

(a) 结构平面示意图　　　　　　　　　　(b) 拉索平面示意图

(c) 弦支穹顶结构正立面示意图

图 3.27　常州体育中心体育馆屋盖弦支穹顶

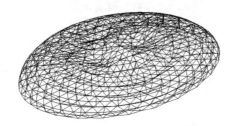

图 3.28　结构临界状态时的屈曲模态

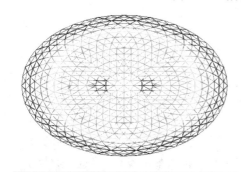

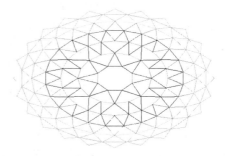

$-.584\,464 \quad -.447\,032 \quad -.309\,601 \quad -.172\,169 \quad -.034\,737$
　　$-.515\,748 \quad -.378\,317 \quad -.240\,885 \quad -.103\,453 \quad -.033\,978$

$0 \qquad .203E{+}09 \quad .406E{+}09 \quad .608E{+}09 \quad .811E{+}09$
　　$.101E{+}09 \quad .304E{+}09 \quad .507E{+}09 \quad .710E{+}09 \quad .912E{+}09$

图 3.29　结构屈曲时时的结构变形云图　　**图 3.30　结构屈曲时的拉索应力分布**

采用第二章中推导的非线性初始弯曲杆单元模拟撑杆,初始弯曲梁单元模拟网壳杆件,可以研究网壳杆件及撑杆初始弯曲对结构受力性能的影响。令初始弯曲 v_{m0}/L 分别取 0、0.001、0.002、0.003、0.004、0.005、0.006、0.007、0.008、0.009 和 0.01 十种情况,比较不同 v_{m0}/L 取值下的结构非线性全过程分析结果。

图 3.31 为不同 v_{m0}/L 取值下的结构荷载—位移全过程曲线。可以看到,与张弦拱桁架结构失稳方式不同,弦支穹顶结构属于极值点失稳的情况。在结构屈曲前,杆件初始弯曲对于结构的整体刚度影响也较大,反映在荷载—位移曲线上,结构屈曲前不同杆件初始弯曲取值下的曲线之间存在间隔,并且随着荷载的增加,这种间隔愈加增大。结构屈曲后,曲线开始下降,其规律与结构屈曲前相似。杆件初始弯曲越大,荷载—位移曲线的极值点越低,也即表明结构的极限荷载下降,可以看到杆件初始弯曲对结构的极限荷载影响较大。

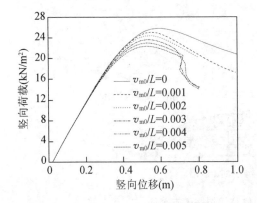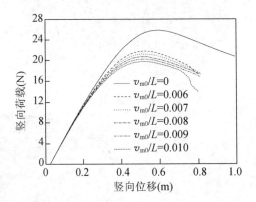

图 3.31　节点 D 荷载—位移曲线

图 3.32~图 3.34 分别为荷载—杆件轴向应力、荷载—拉索应力和杆件轴向应力—节点位移曲线。可以看到,在结构屈曲前,杆件应力与拉索应力随荷载的增加变化的规律基本相似,只是极限点的应力数值存在差异,杆件初始弯曲越大,杆件极限应力与拉索极限应力越小。而在结构屈曲后,不同杆件初始弯曲数值下的荷载—杆件轴向应力和荷载—拉索应力曲线均以类似规律折回。杆件轴向应力—节点位移曲线则与荷载—位移曲线形式非常相似,在结构屈曲后,节点位移继续增加,而杆件应力则趋于减小。杆件初始弯曲越大,轴向应力—节点位移曲线的极限点则越低,并且极限点在节点位移坐标上的位置也存在差别。由此表明,杆件初始弯曲对于杆件的极限应力和极限点时的节点位移都存在较大影响。

图 3.35~图 3.38 分别为极限荷载、极限位移、杆件极限应力和拉索极限应力与初始弯曲之间的关系曲线。可以看到,极限荷载与初始弯曲幅值之间基本呈线性关系,并且初始弯曲对于极限荷载的影响较大,当 v_{m0}/L 达到 0.01 时,极限荷载的降低幅度达到 23.5%。极限位移与初始弯曲的关系则较为复杂,不过总体趋势是随着初始弯曲的增加,结构的极限点位移越小。杆件极限应力和拉索最大应力与初始弯曲的关系则基本类似,接近于线性关系,但曲线有一定的弯曲,随着初始弯曲的增加,杆件极限应力和拉索最大应力都呈下降趋势,不过其影响程度比初始弯曲对极限荷载的影响程度要小。

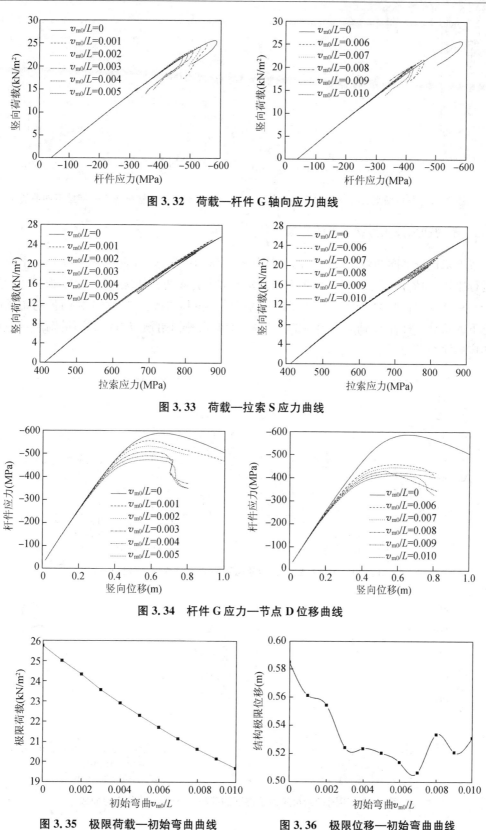

图 3.32　荷载—杆件 G 轴向应力曲线

图 3.33　荷载—拉索 S 应力曲线

图 3.34　杆件 G 应力—节点 D 位移曲线

图 3.35　极限荷载—初始弯曲曲线

图 3.36　极限位移—初始弯曲曲线

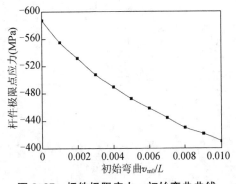

图 3.37 杆件极限应力—初始弯曲曲线　　图 3.38 拉索极限应力—初始弯曲曲线

3.2.2 不同初始预应力状态下的比较

接下来比较不同初始预应力状态下杆件初始弯曲的影响,在此选取两种初始预应力状态进行比较:初始预应力为设计预应力与初始预应力为零两种情况。图 3.39 为杆件初始弯曲为 0 和 0.01 时,两种初始预应力状态下的荷载—位移曲线。图 3.40 为两种初始预应力状态下的荷载—杆件 G 轴向应力曲线。图 3.41 为两种初始预应力状态下的荷载—杆件 G 轴向应力曲线。

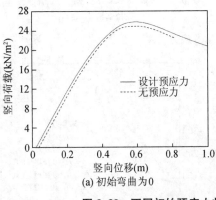
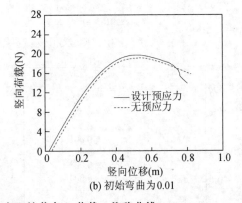

(a) 初始弯曲为 0　　　　　　　　　　(b) 初始弯曲为 0.01

图 3.39 不同初始预应力状态下的节点 D 荷载—位移曲线

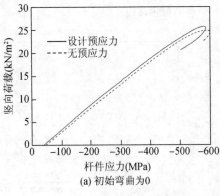
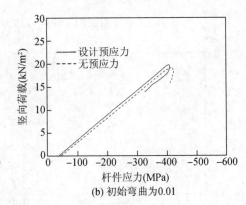

(a) 初始弯曲为 0　　　　　　　　　　(b) 初始弯曲为 0.01

图 3.40 不同初始预应力状态下的荷载—杆件 G 轴向应力曲线

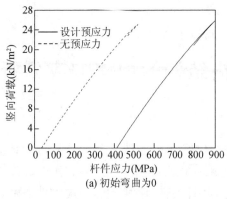
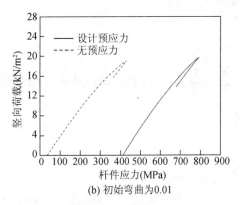

(a) 初始弯曲为0　　　　　　　　(b) 初始弯曲为0.01

图 3.41　不同初始预应力状态下的荷载—拉索 S 应力曲线

　　由上述分析结果可以看到,两种预应力状态下的荷载—位移曲线、荷载—杆件轴向应力和荷载—拉索应力曲线基本平行,表明预应力的大小对于结构的刚度基本没有影响。有初始预应力状态比初始预应力为零的状态下的极限荷载要大,极限位移和杆件极限应力要小,而拉索应力则越大。两种预应力状态下,有初始弯曲的情况比无初始弯曲的情况,结构的极限荷载均有所减小。图 3.42 和图 3.43 为极限荷载和极限位移与杆件初始弯曲的关系曲线。可以看到,极限荷载随初始弯曲增加而下降的规律基本呈线性,并且在两种预应力状态下其规律曲线基本平行,这与前面得到的结论是相似的,表明在不同初始预应力状态下,初始弯曲对结构极限荷载的影响规律是相似的。初始弯曲对极限位移之间的关系曲线则因初始预应力值的大小而存在较大差别,这由图 3.43 中可以清楚地看到,曲线的形状虽然相似,不过变化规律却存在较大差异。

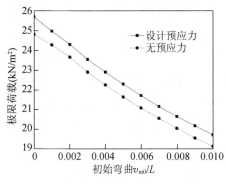
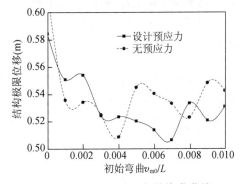

图 3.42　极限荷载—初始弯曲曲线　　　　**图 3.43　极限位移—初始弯曲曲线**

本章参考文献

[3.1]　沈世钊,陈昕. 网壳结构稳定性[M]. 北京:科学出版社,1999

[3.2]　钱若军. 弹性结构非线性稳定全过程分析研究//第四届空间结构学术交流会议论文集[C],1988

[3.3]　Saitoh M, Hangai Y. Buckling loads of reticulated single-layer domes//Proceedings of IASS Symposium[C], 1986(3):121-128

[3.4]　Zhou Zhen, Meng Shaoping, Wu Jing. Stability analysis of prestressed space truss structures based on the imperfect truss element[J]. International Journal of Steel Structures, 2009, 9(3):253-260

[3.5]　周臻,吴京,孟少平. 基于初弯曲单元的弦支穹顶非线性稳定承载力分析. 计算力学学报,2010,27(4):721-726

第四章 拉索预应力网格结构的地震响应分析

1994 年 Northridge 地震和 1995 年 Kobe 地震的震害研究结果表明,大跨度钢结构在强烈地震发生时同样会受到巨大的损害,因此如何减小该类结构体系的地震作用日益受到学术界与工程界的重视[4.1]。本章首先针对弦支穹顶结构进行时程分析,考虑构件初始弯曲影响,研究多维地震激励下弦支穹顶结构的非线性地震响应;然后针对张弦拱桁架结构,采用基于 MR 阻尼器的半主动控制策略,研究张弦拱桁架结构节点位移、杆件应力与拉索索力的控制效果。

4.1 弦支穹顶结构的非线性地震响应分析

4.1.1 自振特性分析

仍然采用第 3.2 节中的常州体育馆弦支穹顶作为分析模型。进行非线性动力分析前,首先对该弦支穹顶网壳结构进行模态分析。

结构的广义特征值方程为[4.2]:

$$([K]-\omega^2[M])\{\Phi\}=\{0\} \tag{4.1}$$

式中:$[K]$ 为经边界条件处理或静力凝聚后的总刚矩阵;$[M]$ 为质量矩阵;ω、$\{\Phi\}$ 分别是结构的自振频率和振型向量。本书采用子空间迭代法求解广义特征值问题,并且在分析时考虑了设计预应力的影响。图 4.1 给出了结构的前 12 阶频率,可以看到结构的自振频率较为密集。结构的一阶振型为结构沿短轴方向的振动。

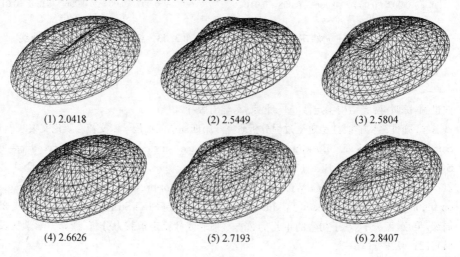

(1) 2.0418   (2) 2.5449   (3) 2.5804

(4) 2.6626   (5) 2.7193   (6) 2.8407

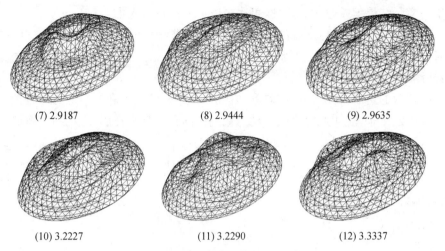

(7) 2.9187　　　　　　(8) 2.9444　　　　　　(9) 2.9635

(10) 3.2227　　　　　　(11) 3.2290　　　　　　(12) 3.3337

图 4.1　弦支穹顶结构各阶振型图

4.1.2　非线性时程分析

图 4.2 为结构的节点和杆件编号示意。采用 Newmark 法[4.3]联合 Newton-Raphson 增量迭代法对弦支穹顶结构进行非线性动力分析。第 $i+1$ 时刻结构的 Newmark 增量型振动方程为[4.4]：

$$[M]\{\ddot{u}\}_{i+1}+[C]_{i+1}\{\dot{u}\}_{i+1}+[K_T]_i\{\Delta u\}_{i+1}=-[M]\{\ddot{u}_g\}_{i+1} \qquad (4.2)$$

式中：$\{u\}_{i+1}$、$\{\dot{u}\}_{i+1}$、$\{\ddot{u}\}_{i+1}$ 和 $\{\ddot{u}_g\}_{i+1}$ 分别为 $i+1$ 时刻的位移、速度、加速度和地震加速度向量，$\{\Delta u\}_{i+1}$ 为从 i 到 $i+1$ 时刻的位移增量向量，$[M]$、$[C]$ 为结构质量阵和阻尼阵，$[K_T]$ 为 i 时刻的结构切线刚度矩阵。在同一时间步内，采用 Newton-Raphson 增量迭代法考虑几何非线性的影响。

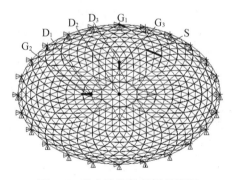

图 4.2　节点和杆件编号示意图

由于在非线性动力分析时，结构构件的内力大小会影响构件的刚度矩阵，进而影响到整体结构的非线性动力响应，因此结构的初始状态会影响到结构的非线性动力分析结果，必须在非线性动力分析时加以考虑。结构的初始状态包括结构自重、屋面恒载和预应力效应等。由于结构初始状态承受的荷载均为静荷载，如果将其直接参与到结构的非线性动力计算中，则会由于动力时程分析中的积分作用而将静荷载的作用放大，或者分析过程不能收敛，或者

分析结果与实际结果偏差过大。在此,可通过以下方法进行考虑:

(1)将结构初始状态的荷载施加于结构上,进行非线性时程分析,此时将非线性时程分析的持时加大(具体数值需通过调整),直至结构初始状态荷载的动力作用被削弱为静力作用,这可从结构非线性动力响应的时程曲线观察判别。如图 4.3 所示,结构初始状态非线性动力分析时选取的持时为 40 s,可以看到结构的位移、杆件应力和拉索应力时程曲线在 15 s 左右就已经稳定下来,表明此时荷载的动力作用被削弱为静力作用,已经趋于稳定。

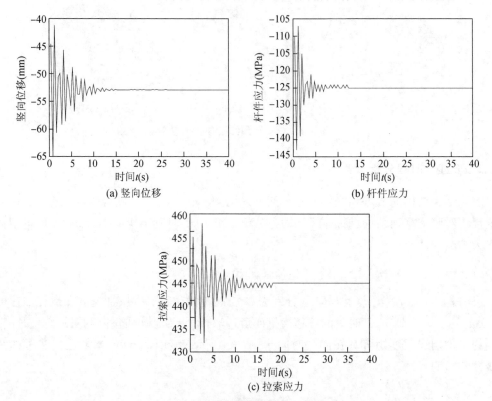

图 4.3　结构初始状态竖向位移时程曲线

(2)在第(1)步的基础上,将地震波荷载施加于结构上,此时仍然保留已经施加于结构上的结构初始状态荷载,由此进行非线性时程分析,此时的非线性地震响应分析是在结构初始状态的基础上进行,因此正确考虑了结构初始状态的影响。

在进行非线性分析时,需要确定结构的阻尼矩阵。依据 Rayleigh 阻尼(又称为比例阻尼)理论可确定阻尼矩阵 $[C]$[4.5]~[4.6]:

$$[C] = \alpha[M] + \beta[K] \tag{4.3}$$

式中:$[M]$ 为结构的质量矩阵;$[K]$ 为结构的刚度矩阵;α 和 β 为待定系数,分别称为 α 阻尼和 β 阻尼。

Rayleigh 阻尼理论的关键在于确定系数 α 和 β。通常已知结构的阻尼比 ξ,则用两个频率点上(一般为低阶频率)的 α 阻尼和 β 阻尼产生的等效阻尼比之和与其相等,就可以求出近似的 α 与 β,求解公式如下[4.7]~[4.9]:

$$\xi = \frac{\alpha}{2\omega_1} + \frac{\beta\omega_1}{2} = \frac{\alpha}{2\omega_2} + \frac{\beta\omega_2}{2} \tag{4.4}$$

在此假定结构阻尼比为 0.02,采用最为常用的 EL Centro 波作为输入地震波[4.10]。地震波输入沿 x 向峰值加速度为 $0.4g$,沿 y 向和 z 向加速度分别折减 15% 和 35%。考虑无杆件初始弯曲和杆件初始弯曲 $v_{m0}/L = 0.001$ 两种情况,分析结果如图 4.4~图 4.10。

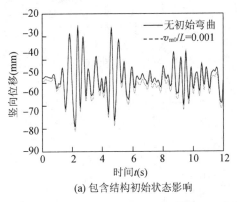
(a) 包含结构初始状态影响

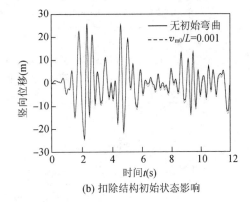
(b) 扣除结构初始状态影响

图 4.4 节点 D_1 位移时程

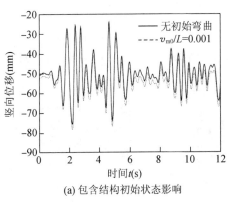
(a) 包含结构初始状态影响

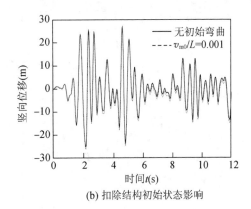
(b) 扣除结构初始状态影响

图 4.5 节点 D_2 位移时程

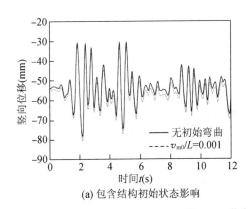
(a) 包含结构初始状态影响

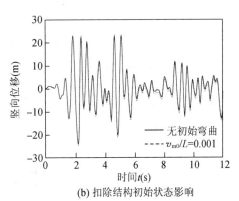
(b) 扣除结构初始状态影响

图 4.6 节点 D_3 位移时程

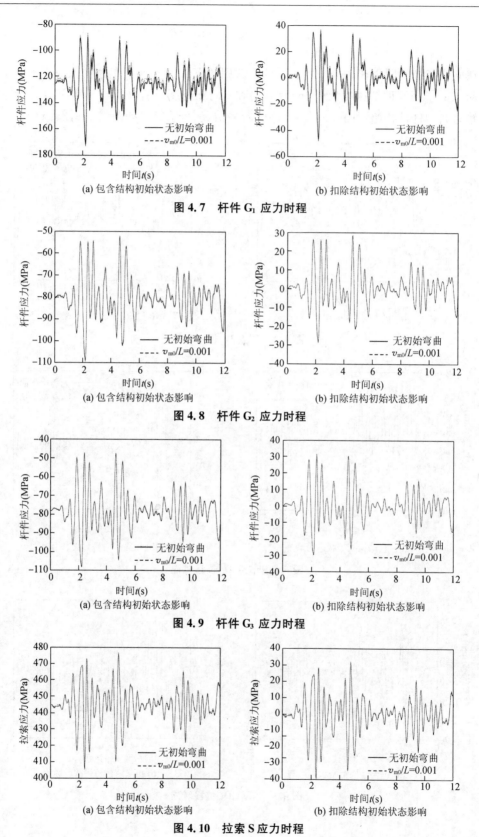

(a) 包含结构初始状态影响　　　　　　　　(b) 扣除结构初始状态影响

图 4.7　杆件 G_1 应力时程

(a) 包含结构初始状态影响　　　　　　　　(b) 扣除结构初始状态影响

图 4.8　杆件 G_2 应力时程

(a) 包含结构初始状态影响　　　　　　　　(b) 扣除结构初始状态影响

图 4.9　杆件 G_3 应力时程

(a) 包含结构初始状态影响　　　　　　　　(b) 扣除结构初始状态影响

图 4.10　拉索 S 应力时程

由以上分析结果可以看到,当考虑结构初始态影响时,由于初始弯曲的影响,无初始弯曲和有杆件初始弯曲时的结构初始状态存在差异,不过由于杆件轴力较小,因此初始弯曲的影响也较小。将非线性动力分析结果扣除掉结构初始状态的影响,即得到了地震作用产生的结构响应时程。可以看到,在有初始弯曲时,结构的最大响应有所增加,但是增加的幅度很小,这是由于结构杆件的轴力响应较小,而初始弯曲的影响只有在轴力较大的时候才会产生比较明显的影响,当然这种影响的程度与杆件的截面积、抗弯刚度、杆件长度、初始弯曲数值以及杆件轴力等因素有关。对于算例中的弦支穹顶结构,初始弯曲对结构地震响应的影响较小。当 v_{m0}/L 其最大位移响应、最大杆件轴应力响应以及最大拉索应力响应等最大误差均不超过 3%,从工程的角度来讲,这种影响程度是可以忽略的,因此在进行该结构的动力分析时,可以忽略杆件的初始弯曲影响。但对于其他拉索预应力网格结构,由于决定杆件初始弯曲影响程度的因素很多,因此很难在分析之前准确地判断到底杆件初始弯曲的影响有多大,不过可以依据实际的结构设计对杆件进行初步分析,依据杆件的轴力、长度和截面属性等因素,求出杆件刚度矩阵中的初始弯曲影响系数,这样可以初步判断杆件初始弯曲的影响程度,而后再采用非线性时程分析方法定量评估杆件初始弯曲的影响。

4.2　张弦拱桁架结构地震响应的半主动控制

目前针对大跨钢结构地震响应的被动控制已有较多研究[4.11][4.12]。由于利用被动耗能减振(震)控制的范围和效果有限,有学者针对大跨空间结构的半主动控制和智能控制进行研究[4.13][4.14]。其中,基于 MR 阻尼器的结构半主动控制技术是目前最具发展应用前景的结构防震减灾技术之一。为此,本节针对 MR 阻尼器半主动控制技术在张弦拱桁架结构中的应用进行研究,基于 LQR 最优控制与限界 Hrovat 半主动控制策略,对哈尔滨会展中心的张弦拱桁架结构模型进行振动控制,通过输入二维 Taft 波对结构在无控和半主动控制下的位移响应、加速度响应和预应力拉索应力增量进行比较,深入分析 MR 阻尼器应用于张弦拱桁架体系的可行性和半主动控制策略的有效性。

4.2.1　基本方程的建立

建立受控体系在地震作用下的运动方程:

$$M\ddot{X}+C\dot{X}+KX=-ME_g\ddot{x}_g+B_sU \tag{4.5}$$

式中:M、C、K 为张弦拱桁架结构的质量矩阵、阻尼矩阵和刚度矩阵;X、$\dot{X}$、$\ddot{X}$ 分别为结构位移、速度和加速度向量;$\ddot{x}_g$ 为地震加速度;B_s 为控制力位置矩阵;E_g 为地震激励作用矩阵;U 为控制力向量。

将式(4.5)改写成张弦拱桁架结构体系的状态方程:

$$\dot{Z}=AZ+BU+D\ddot{x}_g \tag{4.6}$$

其中:A 为系统矩阵;B 为控制装置位置矩阵;D 为地震作用向量,如下:

$$A = \begin{bmatrix} 0 & I \\ -M^{-1}K & -M^{-1}C \end{bmatrix} \qquad B = \begin{bmatrix} 0 \\ -M^{-1}B_s \end{bmatrix} \qquad D = \begin{bmatrix} 0 \\ E_g \end{bmatrix}$$

其中控制力位置矩阵 B_s 的表达式如下：

$$B_s = \begin{bmatrix} \cos\alpha_1 & & & & \\ \cos\beta_1 & 0 & \cdots & 0 & 0 \\ \cos\gamma_1 & & & & \\ & \cos\alpha_2 & & & \\ 0 & \cos\beta_2 & \cdots & 0 & 0 \\ & \cos\gamma_2 & & & \\ \vdots & \vdots & & \vdots & \vdots \\ & & & \cos\alpha_n & \\ 0 & 0 & \cdots & \cos\beta_n & 0 \\ & & & \cos\gamma_n & \end{bmatrix} \tag{4.7}$$

式中：α、β、γ 为分别为 MR 阻尼器与 x、y、z 方向的夹角；n 代表 MR 阻尼器的数量。

选取系统状态 Z 和控制输入 U 的二次型函数积分作为性能指标：

$$J = \frac{1}{2} \int_{t_0}^{\infty} [Z^T Q Z + U^T R U] \mathrm{d}t \tag{4.8}$$

该问题转化为，在状态空间方程(4.6)的约束下，求最优控制力 U 使得性能指标 J 取得最小值。

依据 Lagrange 乘子法，引入乘子向量 $\lambda(t) \in R^n$，将式(4.8)式转化为无约束泛函极值问题。取 Lagrange 函数为：

$$L = \int_{t_0}^{\infty} \left[\frac{1}{2} (Z^T Q Z + U^T R U) + \lambda^T (AZ + BU - \dot{Z}) \right] \mathrm{d}t \tag{4.9}$$

4.2.2　LQR 最优控制求解

哈密顿(Hamilton)函数 $H(Z, U, \lambda)$ 为：

$$H(Z, U, \lambda) = \int_{t_0}^{\infty} \left[\frac{1}{2} (Z^T Q Z + U^T R U) + \lambda^T (AZ + BU) \right] \mathrm{d}t \tag{4.9}$$

代入式(4.9)中，得到：

$$L = \int_{t_0}^{\infty} [H(Z, U, \lambda) + \dot{\lambda}^T Z] \mathrm{d}t - \lambda^T Z \Big|_{t_0}^{\infty} \tag{4.10}$$

考虑一阶微量，得到变分增量关系：

$$\delta L = \delta L_z + \delta L_U + \delta L_\lambda = \int_{t_0}^{\infty} \left[\delta Z^T \left(\frac{\partial H}{\partial Z} + \dot{\lambda} \right) + \delta U^T \frac{\partial H}{\partial U} + \delta\lambda^T \left(\frac{\partial H}{\partial \lambda} - \dot{Z} \right) \right] - \delta Z^T \lambda \Big|_{t_0}^{\infty}$$

$$\tag{4.11}$$

由 δZ、δU 和 $\delta \lambda$ 的任意性，由 $\delta L=0$，得到泛函 L 极小的必要条件为

$$\frac{\partial H}{\partial Z}+\dot{\lambda}=0 \qquad \frac{\partial H}{\partial U}=0 \qquad \frac{\partial H}{\partial \lambda}-\dot{Z}=0 \qquad \delta Z^{\mathrm{T}}\lambda\Big|_{t_0}^{\infty}=0 \tag{4.12}$$

将式(4.8)代入式(4.9)和式(4.10)，得：

$$\dot{\lambda}=-QZ-A^{\mathrm{T}}\lambda \tag{4.13}$$

$$\frac{\partial H}{\partial U}=RU+B^{\mathrm{T}}\lambda=0 \tag{4.14}$$

由于 R 为正定矩阵，可得：

$$U=-R^{-1}B^{\mathrm{T}}\lambda \tag{4.15}$$

建立 $\lambda(t)$ 与 $Z(t)$ 之间的线性变换关系。设：

$$\lambda(t)=P(t)Z(t) \tag{4.16}$$

代入式(4.15)，得：

$$U(t)=-R^{-1}B^{\mathrm{T}}P(t)Z(t) \tag{4.17}$$

然后，可求得最优状态反馈增益矩阵及最优控制力：

$$G=R^{-1}B^{\mathrm{T}}P(t) \tag{4.18}$$

$$U(t)=-GZ(t) \tag{4.19}$$

由式(4.16)可得：

$$[\dot{P}(t)+P(t)A+A^{\mathrm{T}}P(t)-P(t)BR^{-1}B^{\mathrm{T}}P(t)+Q]Z(t)=0 \tag{4.20}$$

由于 Z 的任意性，可得以 P 为矩阵函数的 Riccati 方程

$$\dot{P}(t)+P(t)A+A^{\mathrm{T}}P(t)-P(t)BR^{-1}B^{\mathrm{T}}P(t)+Q=0 \tag{4.21}$$

通过求解 Riccati 方程，得到矩阵 P，根据式(4.18)得到反馈增益矩阵 G。最后根据式(4.19)可以得到最优控制力 U。

4.2.3　限界 Hrovat 半主动控制算法

由于磁流变阻尼器是通过调整磁场强度来提供结构阻尼力，无法实时提供式(4.15)所决策的最优主动控制力，而只能通过调整阻尼器的参数使控制力在满足最大出力限制条件下尽可能接近最优控制力。限界 Hrovat 半主动控制算法就是基于磁流变阻尼器的阻尼力特性而提出的，具体表示如下：

$$F_{\mathrm{d}i}=\begin{cases} c_{\mathrm{ds}}\dot{x}_i+f_{\mathrm{dmax}}\,\mathrm{sgn}(\dot{x}_i) & (u_i\dot{x}_i>0 \text{ 且 } |u_i|>F_{\mathrm{dmax}}) \\ |u_i|\,\mathrm{sgn}(\dot{x}_i) & (u_i\dot{x}_i>0 \text{ 且 } |u_i|<F_{\mathrm{dmax}}) \\ c_{\mathrm{ds}}\dot{x}_i+f_{\mathrm{dmin}}\,\mathrm{sgn}(\dot{x}_i) & (u_i\dot{x}_i\geqslant 0) \end{cases} \tag{4.22}$$

式中：f_{dmax} 和 f_{dmin} 为结构施加最大电流和最小电流时阻尼器的控制力；$\dot{x}_i$ 为结构的速度响

应,u_i 为 LQR 控制算法决策的第 i 个控制器最优控制力,F_{di} 为第 i 个控制装置所提供的阻尼力。$c_{ds}\dot{x}_i$ 为 MR 阻尼器的黏滞阻尼力;F_{dmax} 为 MR 阻尼器的最大宗阻尼力。

4.2.4 MR 阻尼器的逆向神经网络模型

MR 阻尼器的力学模型主要包括 Bingham 模型与 Bouc-Wen 滞回模型。Bingham 模型能够较好地模拟 MR 阻尼器的力—位移响应,但在非线性阶段的效果不佳,尤其在速度很小而位移与速度在同一方向时,效果更不理想。Bouc-Wen 滞回模型引入两个内部变量建立了一个包含 14 个参数的微分方程,能够很好地模拟实验结果。但该模型涉及参数过多,且物理概念不是很清晰。近年来,有人提出一种修正 Bingham 模型[4.15],该模型能较精确的描述阻尼器的动力特性,且物理意义明确,应用亦较为简便。

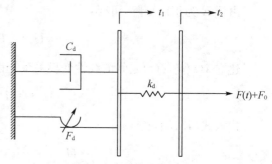

图 4.11 修正 Bingham 模型

修正 Bingham 模型如图 4.11 所示,由 Bingham 单元(库仑摩擦单元与黏滞单元并联)与弹簧单元串联组成。该弹簧单元可认为是考虑蓄能器刚度和磁流变液屈服前区剪切模量影响在内的阻尼器等效轴向刚度。

由图 4.11 可知,该修正 Bingham 模型的阻尼力表达式为:

$$F(t)=C_d\dot{e}+F_d(E)\text{sgn}(\dot{e})-f_0=K_d(x-e)-f_0 \qquad (4.23)$$

式中:C_d 为黏滞阻尼系数;$F_d(E)$ 为可控库仑阻尼力,其大小与电流强度有关;e 为 Bingham 单元位移;x 为阻尼器总位移;K_d 为磁流变阻尼器的等效轴向刚度,它与磁流变液屈服前区初始剪切模量和蓄能器的刚度等有关;f_0 为由于蓄能器引起的阻尼器输出力偏差。

考虑电流强度对模型参数的影响,C_d、F_d 和 K_d 均与电流强度有关。

$$C_d=C_{ds}+C_{dd}u, F_d=F_{ds}s+F_{dd}u, K_d=K_{ds}s+K_{dd}u \qquad (4.24)$$

$$\dot{u}=-\eta(u-I) \qquad (4.25)$$

式中:C_{ds}、F_{ds} 和 K_{ds} 分别为无磁场强度下的黏滞阻尼系数、库仑阻尼力和等效轴向刚度;u 为内变量,反映了模型参数与电流强度之间的关系;η 反映阻尼器的响应时间;I 表示电流强度。因此,在用修正 Bingham 模型来描述磁流变阻尼器阻尼力模型时,需要确定 8 个参数(C_{ds}、F_{ds}、K_{ds}、C_{dd}、F_{dd}、K_{dd}、f_0 和 η)。

上述 MR 阻尼器力学模型是通过活塞的位移、速度和控制电流来获取阻尼力,但在实际控制中则需要根据活塞的位移、速度和半主动控制力来得到所需控制电流。然而,由于 MR 阻尼器阻尼力模型具有高度非线性动特性,很难建立准确描述其阻尼力—电流关系的逆向动态特性数学模型,而神经网络技术可以很好地解决这一问题。

逆向神经网络的控制策略如图 4.12 所示。其中,逆向神经网络的建模过程需要输入输出数据对(输入数据为活塞的位移和控制电流,输出数据为控制力),然后通过系统正向模型的数据得到该系统的逆向模型,其实质是式(4.26)的输入输出映射:

$$u(t)-g(\phi,\theta) \tag{4.26}$$

其中：$u(t)$ 为 t 时刻的所需的输入电流；θ 是权向量；权系数通过训练确定。输出向量 ϕ 为

$$\phi(t)=\left[x(t);x(t-1);x(t-2);F(x);F(x-1);F(x-2)\right] \tag{4.27}$$

式中：x 为阻尼器位移；F 为阻尼力；u 为控制电流。

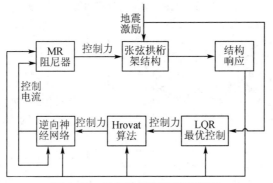

图 4.12　逆向神经网络控制模型

　　基于修正 Bingham 模型与 BP 神经网络，可在 MATLAB 系统中构建由位移、阻尼力逆向反馈预测控制电流的逆向神经网络系统模型。在此给出一算例进行演示。本算例仿真计算的训练样本由修正 Bingham 模型产生，在仿真计算中 $C_{ds}=100$ N·s/m，$F_{ds}=5\,400$ N，$K_{ds}=9\,000$ N/mm，$C_{dd}=800$ N·s/mm，$F_{dd}=4\,950$ N，$K_{dd}=8\,000$ N/mm，$f_0=0$ N，$\eta=167$ s^{-1}。输入输出样本对由修正 Bingham 模型计算，采样频率为 500 Hz，采样时间 10 s。取 5\,000 组数据，前 2\,000 组数据对神经网络进行训练，后 3\,000 组数据作为测试样本。经过 300 步训练，训练结果如图 4.13 所示。图 4.14 为控制电流理论值与预测值的时程曲线，可以看出，采用 BP 逆向神经网络模型，能够很好地根据阻尼器位移和控制力推算控制电流。

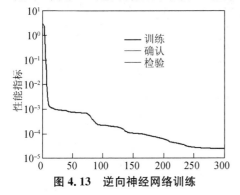

图 4.13　逆向神经网络训练

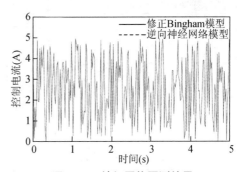

图 4.14　神经网络预测结果

4.2.5　张弦拱桁架的半主动控制

　　以第 3.1 节中的张弦拱桁架为例，MR 阻尼器布置如图 4.15 所示。选用加速度峰值为 0.1g 和 0.4g 的 Taft 波对 x、y 方向进行激励，考虑到两个方向的联合作用，y 方向加速度峰值折减 35%。基于 MATLAB/Simulink 平台，分别对结构在无控作用和 LQR 控制下的结构振动进行仿真，阻尼器的出力限值为 100 kN，采用第 4.2.1～4.2.3 节中的半主动控制策略，仿真结果如图 4.16～图 4.17 所示。

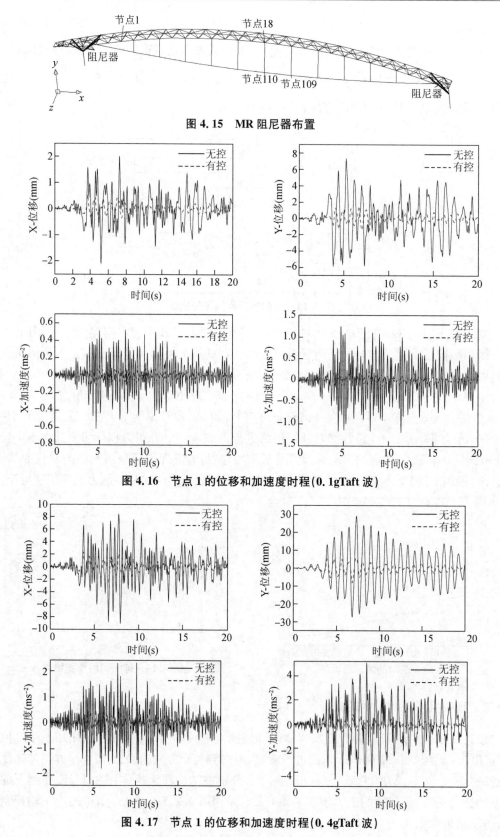

图 4.15　MR 阻尼器布置

图 4.16　节点 1 的位移和加速度时程(0.1gTaft 波)

图 4.17　节点 1 的位移和加速度时程(0.4gTaft 波)

为了考察 MR 阻尼器的减震效果,定义峰值控制效果 β 来考察阻尼器的控制效果:

$$\beta_1 = \frac{y_u^P - y_c^P}{y_u^P} \times 100\% \qquad (4.28)$$

$$\beta_2 = \frac{y_u^{RSM} - y_c^{RSM}}{y_u^{RSM}} \times 100\% \qquad (4.29)$$

式中:y_u^P 和 y_c^P 分别为无控和有控峰值响应;y_u^{RSM} 和 y_c^{RSM} 分别为无控和有控均方根响应。

选取具有代表性的节点 1、节点 18 和节点 110,列出其在无控和有控状态下的位移、加速度和控制效果(表 4.1)。

表 4.1　张弦拱桁架节点位移与加速度的控制效果

控制效果	结点	自由度方向	Taft(100gal)						Taft(400gal)					
			y_u^P	y_c^P	$\beta_1(\%)$	y_u^{RSM}	y_c^{RSM}	$\beta_2(\%)$	y_u^P	y_c^P	$\beta_1(\%)$	y_u^{RSM}	y_c^{RSM}	$\beta_2(\%)$
位移 (mm)	1	x	2.12	0.61	71.23	0.56	0.14	75.00	8.32	2.31	72.24	2.48	0.64	74.20
		y	7.34	1.63	77.79	2.30	0.45	80.4	29.12	6.25	78.54	10.52	2.15	79.56
	18	x	3.92	1.31	66.58	1.04	0.30	68.27	15.54	5.32	65.77	4.63	1.47	68.25
		y	13.11	8.43	35.70	4.11	2.33	43.30	56.61	33.62	40.61	20.45	11.57	43.42
	110	x	1.75	0.74	57.71	0.46	0.17	63.04	6.72	2.83	57.89	2.00	0.78	61.00
		y	13.42	8.57	36.14	4.21	2.37	43.71	57.57	34.17	40.65	20.80	11.76	43.46
加速度 (m·s⁻²)	1	x	0.61	0.22	63.93	0.17	0.04	76.47	2.28	0.62	72.81	0.58	0.15	74.14
		y	1.26	0.19	84.92	0.39	0.05	87.18	5.11	0.85	83.37	1.56	0.21	86.54
	18	x	0.96	0.42	56.25	0.27	0.08	70.37	3.28	0.95	71.04	0.83	0.23	72.29
		y	1.22	0.68	44.26	0.38	0.18	52.63	4.73	1.22	74.21	1.44	0.30	79.20
	110	x	0.73	0.27	63.01	0.21	0.05	76.20	3.10	0.70	77.42	0.78	0.17	78.21
		y	1.21	0.74	38.84	0.37	0.20	45.94	4.64	1.57	66.16	1.41	0.39	72.34

为了考察预应力拉索在地震作用下的工作状态,对其预应力增量 $\Delta\sigma$ 进行分析。选取 109 号节点和 110 号节点的拉索作为分析对象,其预应力增量为:

$$\Delta\sigma = E \times \frac{\Delta l}{l} = E \times \frac{\sqrt{(x_{110}-x_{109})^2 + (y_{110}-y_{109})^2}}{l} \qquad (4.30)$$

式中:E 为拉索的弹性模量;Δl 为拉索的轴向变形;x_i 和 y_i 分别为第 i 个节点 x 向和 y 向的位移。

将位移计算结果代入式(4.30),可以得到拉索的预应力增量,如图 4.18 所示。拉索最大应力增量见表 4.2。

由图 4.17 和表 4.1 可以看出,采用半主动控制策略能够有效地降低结构的位移响应以及加速度响应。最大位移与最大加速度的峰值响应控制效果分别为 78.54% 和 84.92%,均方根响应控制效果分别为 80.4％和 87.18％。对于靠近支座附近的节点 1,y 向位移控制效果比 x 向位移控制效果更好,而对靠近跨中附近的节点则恰好相反。究其原因,MR 阻尼器提供的竖向控制力对于支座附近的节点具有更直接的影响。此外,从表 1 中可看出,对于地震加速度为 0.1g 和 0.4g,其位移控制效果很相似,而加速度控制效果则存在较大差异,表明半主动控制策略对于结构位移具有稳定的控制效果,而加速度控制效果则随着地震激励强度的增大而增加。

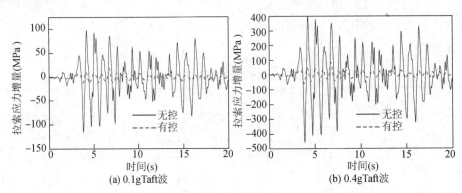

(a) 0.1gTaft波 (b) 0.4gTaft波

图 4.18　节点 1 的位移和加速度时程(0.4gTaft 波)

表 4.2　拉索最大应力增量

$\Delta\sigma_{max}(\mathrm{N/mm^2})$	100gal		400gal	
	无控结构	LQR 控制	无控结构	LQR 控制
	114.7	21.0	440.0	82.0

　　从图 4.18 和表 4.2 中可以看到,采用半主动控制策略能够显著地减小预应力增量,从而保证拉索在地震作用下不会失效。拉索在 100gal 和 400gal 的 Taft 波激励下,拉索应力增量峰值分别下降 82％和 81％,表明对于不同峰值的地震加速度激励,半主动控制策略对拉索应力增量的控制效果是接近的。

本章参考文献

[4.1]　Michel B. Performance of steel bridges during the 1995 Hyogoken-Nanbu (Kobe, Japan) earthquake: A North American perspective[J]. Engineering Structures, 2005, 20(12): 1063 – 1078

[4.2]　Rau W Clough, Joseph Penzien. Dynamics of Structures (Third Edition)[M]. Computers & Structures, Inc. University Ave. Berkeley, 1995

[4.3]　Zienkiewicz O C, Taylor R L. The Finite Element Method (Fifth Edition)[M]. Butterworth-Heinemann, 2000

[4.4]　周岱,沈祖炎.斜拉网壳结构的构件分析和非线性动力计算[J].土木工程学报,1999(6):41 – 46

[4.5]　刘昭培,丁学呈.结构动力学[M].北京:高等教育出版社,1989

[4.6]　R. W. 克拉夫,等,著;王光远,译.结构动力学[M].北京:科学出版社,1981

[4.7]　ANSYS 中的阻尼. ANSYS Inc.

[4.8]　ANSYS HELPSYSTEM. ANSYS Inc.

[4.9]　Saeed Moaveni. FEA Theory and Application with ANSYS. Prentice Hall, 1999

[4.10] 建筑抗震设计规范(GB 5011—2010)[S]. 北京:中国建筑工业出版社,2010

[4.11] Yamada Motohiko,Guo Lu,etc. Vibration Control of Large Space Structure Using TMD System //Proceeding of International IASS Conference[C]. Beijing,1996

[4.12] Mamoru Iwata, Masanori Fujita, Akira Wada. Energy Absorbing Mechanism for Spaceframe Support//Proceeding of The Second World Conference on Structural Control[C]. Kyoto,1999

[4.13] Onoda, Oh H U, Minesugi K. Semiactive vibration suppression of truss structures by ER fluid damper//Collection of Technical Papers-AIAA/ASME/ASCE/AHS Structures, Structural Dynamics& Materials Conference[C],1996,3:1569 - 1577

[4.14] Zhang Y G, Ren G Z. A practical method on seismic response controlled double layer cylindrical lattice shell with variable stiffness members//Proc. s of IASS Symposium[C], Nagoya, Japan,2001

[4.15] 周强,瞿伟廉.磁流变阻尼器的两种力学模型和试验验证[J].地震工程与工程振动.2002,22(4):143 - 150

第五章 拉索预应力网格结构的风振响应分析

国内外的统计资料表明,在所有的自然灾害之中,风灾造成的损失为各种灾害之首[5.1]。国内外大跨度空间结构因为风荷载导致破坏或损坏的例子也并不鲜见,如:英国一座独立主看台悬挑钢屋盖的大片覆面结构被屋盖下部强大的压力和屋盖上部的吸力掀翻[5.2];美国一座长 66.5 m、宽 53.4 m 的游泳馆金属壳屋面曾屡次被强风掀开[5.3]。而在国内,一些机场的网壳屋盖、体育场和体育馆屋顶以及剧院屋盖都曾在强风荷载作用下遭受到不同程度的破坏。由此可见,对大跨屋盖结构的风致振动特性进行研究具有重要意义。本章首先介绍了风速时程的模拟与谱分析方法,然后研究了预应力、几何参数、结构参数和风荷载参数对拉索预应力柱面网壳和球面网壳风振响应的影响,最后给出了拉索预应力网格结构的整体风振系数计算方法。

5.1　风速时程模拟与谱分析

采用谐波叠加法和线性滤波法对单点的脉动风进行模拟,各类文献已介绍较多[5.4]~[5.7]。本章结合拉索预应力网格结构风振所需模拟风速的特点,即需一次性模拟大量节点的风速时程,并考虑到各节点的空间相关性,故仅阐述多个互相关随机过程的模拟。对于多个相关的随机过程,其每个样本函数不仅取决于自功率谱密度函数,而且取决于协方差函数定义的时间—空间关系。作为平稳随机过程的重要统计特征,功率谱密度函数描述了平稳过程随频率变化的特性,能深刻反映平稳过程的平均能量随频率分布的特征,因而被用作数学模型和合成方法的主要特征参数。

5.1.1　谐波叠加法

谐波叠加法采用以离散谱逼近目标随机过程的随机模型,算法简单直观,数学基础严密,适用于任意指定谱特征的平稳高斯随机过程。谐波叠加法的基本概念出现在 1954 年,但局限于模拟一维平稳过程。Shinozuka 等[5.4]提出了一整套基于单变量 WAWS 法等间隔频率叠加的稳态随机过程模拟理论。依据 WAWS 法,一维零均值的平稳高斯随机过程 $x(t)$ 可以用下式模拟:

$$x(t) = \sum_{l=1}^{N} a_l \cos(\omega_l t + \varphi_l) \tag{5.1}$$

其中,φ_l 是 $0 \sim 2\pi$ 范围内满足均匀分布的随机变数,并且是相互独立的。依据给定的 $S_x(\omega)$,可由式(5.2)~式(5.4)求出 a_l:

$$a_1 = 2\sqrt{S_x(\omega_l)\Delta\omega} \qquad k=1,2,3,\cdots,N \tag{5.2}$$

$$\Delta\omega = \frac{\omega_u - \omega_{low}}{N} \tag{5.3}$$

$$\omega_l = \omega_{low} + \left(k - \frac{1}{2}\right)\cdot\Delta\omega \qquad k=1,2,3,\cdots,N \tag{5.4}$$

式中：N 为充分大的正整数；ω_{low}、ω_u 为截取频率的下限和上限值，即认为 $S_x(\omega)$ 的有效功率在 ω_{low} 和 ω_u 的范围内，此范围外的 $S_x(\omega)$ 值视为零。

这种方法也代表了多变量和多维随机过程模拟的一般理论。考虑一组 m 个零均值平稳高斯随机过程 $x(t) = \{x_1(t) \quad x_2(t) \quad \cdots \quad x_m(t)\}$，其样本函数可用下式模拟：

$$x_j(t) = \sum_{k=1}^{j}\sum_{l=1}^{N} |H_{jk}(\omega_l)\sqrt{2\Delta\omega}|\cos[\omega_l'\cdot t + \theta_{jk}(\omega_l) + \varphi_{kl}] \qquad j=1,2,3,\cdots,m \tag{5.5}$$

其中，为避免风速时程的周期性，引入随机频率 $\delta\omega$，其取值服从于 $[-\Delta\omega'/2, \Delta\omega'/2]$ 内的均匀分布，且有 $\Delta\omega' \ll \Delta\omega$，从而可得：

$$\omega_l' = \omega_l + \delta\omega \tag{5.6}$$

式中：ω_l 和 $\Delta\omega$ 的取值如式(5.3)和(5.4)所示；φ_{kl} 是 $0\sim2\pi$ 范围内满足均匀分布的随机变数，相互独立且与时间无关；元素 $H_{jk}(\omega_l)$ 可由 $x(t)$ 的互功率谱密度函数矩阵 $S(\omega)$ 通过 Cholesky 分解得到的下三角矩阵 $H(\omega)$ 求得。对于给定的功率谱密度函数，$S(\omega)$ 可表示如下：

$$S(\omega) = \begin{bmatrix} S_{11}(\omega) & S_{12}(\omega) & \cdots & S_{1m}(\omega) \\ S_{21}(\omega) & S_{22}(\omega) & \cdots & S_{2m}(\omega) \\ \vdots & \vdots & \ddots & \vdots \\ S_{m1}(\omega) & S_{2m}(\omega) & \cdots & S_{mn}(\omega) \end{bmatrix} \tag{5.7}$$

式中：$S_{ii}(\omega)$ 为给定的自功率谱密度函数；$S_{ij}(\omega)(i\neq j)$ 为互功率谱密度函数。

本章在风速时程的模拟分析中，对于水平脉动风的模拟均选用目标功率谱密度函数为 Davenport 谱，其谱函数表达式如下：

$$\left.\begin{aligned} S_v(n) &= \frac{4K\overline{v}_{10}^2}{n}\frac{x^2}{(1+x^2)^{4/3}} \\ x &= \frac{1\,200n}{\overline{v}_{10}} \end{aligned}\right\} \tag{5.8}$$

式中：n 为脉动频率(Hz)；$\overline{v}_{10}$ 为 10 m 高处的水平平均风速(m/s)；K 为与地面粗糙度有关的系数，按下式确定：

$$K = \frac{1}{96\mu^2}35^{3.6(\alpha-0.16)} \tag{5.9}$$

式中：μ 为峰值保证因子；α 为场地类别系数，可依据荷载规范确定[5.8]。

对于竖向风的模拟可选用 Panofsky 谱，其表达式为：

$$S(n) = 6K\bar{v}_{10}^2 \frac{x}{n(1+4x)^2} \Bigg\}$$

$$x = \frac{nz}{\bar{v}_{10}}$$

(5.10)

式中：z 为测点高度。根据 Panofsky 谱，竖向脉动风速的方差为：

$$\sigma^2 = R(0) = \frac{1}{2\pi} \int_0^{+\infty} S(\omega) \mathrm{d}\omega = 1.5K\bar{v}_{10}^2$$

(5.11)

由于风速的互相关函数是非对称的，而且为非奇非偶函数，故互功率谱密度函数一般为复数形式，可表示为：

$$S_{ij}(\omega) = |S_{ij}(\omega)| \cdot e^{i\phi(\omega)} = \sqrt{S_{ii}(\omega)S_{jj}(\omega)} \cdot \mathrm{Coh}(\omega) \cdot e^{i\phi(\omega)}$$

(5.12)

式中：$S_{ii}(\omega)$、$S_{jj}(\omega)$ 分别为 $x(t)$ 中对应第 i、j 点的自功率谱密度函数。$\mathrm{Coh}(\omega)$ 为相干函数，对考虑空间三维相关的风荷载模拟中，按下式取值；

$$\mathrm{Coh}(p_i, p_j, n) = \exp\left\{ \frac{-2n[C_x^2(x_i-x_j)^2 + C_y^2(y_i-y_j)^2 + C_z^2(z_i-z_j)^2]}{\bar{v}_{p_i} + \bar{v}_{p_j}} \right\}$$

(5.13)

式中：n 为脉动频率（Hz）；$\bar{v}_{p_i}$ 和 $\bar{v}_{p_j}$ 分别为点 $p_i(x_i,y_i,z_i)$ 和点 $p_j(x_j,y_j,z_j)$ 处的平均风速；指数衰减系数 C_x、C_y 和 C_z 需由试验确定，一般可分别取为 16、8、10[5.9]。

$\varphi(\omega)$ 为互功率谱密度函数的相位角，在风荷载的模拟应用中，可按以下公式选取[5.10]，其值与无量纲坐标 $\omega^* = \omega\Delta z/[2\pi\bar{V}(z)]$ 有关：

$$\phi(\omega) = \begin{cases} \dfrac{1}{8}\dfrac{\omega\Delta z}{\bar{V}(z)} & \omega^* \leqslant 0.1 \\ -5\dfrac{\omega\Delta z}{\bar{V}(z)} + 1.25 & 0.1 < \omega^* \leqslant 0.125 \\ [-\pi,\pi]\text{之间的随机数} & \omega^* \geqslant 0.125 \end{cases}$$

(5.14)

求得互功率谱密度函数矩阵 $S(\omega)$ 各元素后，对其进行 Cholesky 分解，即得：

$$S(\omega) = H(\omega)H^{*\mathrm{T}}(\omega)$$

(5.15)

式中：$H^{*\mathrm{T}}(\omega)$ 是下三角矩阵 $H(\omega)$ 的转置复共轭矩阵。

$\theta_{jk}(\omega_l)$ 为元素 $H_{jk}(\omega_l)$ 的幅角，可表示如下

$$\theta_{jk}(\omega_l) = \arctan\left\{ \frac{\mathrm{Im}[H_{jk}(\omega_l)]}{\mathrm{Re}[H_{jk}(\omega_l)]} \right\}$$

(5.16)

式中：Im 和 Re 分别代表取复数的虚部和实部。

此外，为避免模拟结果的失真，N 应取得充分大，以避免周期性的存在。时间间隔 Δt 也应取得足够小，并满足下式要求：

$$\Delta t \leqslant \frac{2\pi}{\omega_u}$$

(5.17)

否则高频部分将被过滤掉。

当模拟的空间点数超过 200 时,按式(5.5)模拟最终的风速时程是很耗费机时的,不建议直接使用,需要引入快速傅立叶变换(Fast Fourier Transform,FFT)算法,以大幅提高计算效率。为了运用 FFT 技术,取时间点数 $M=2\pi/(\Delta\omega\Delta t)$ 为正整数,则可将式(5.5)改写为以下形式:

$$x_j(p\Delta t) = \sqrt{2\Delta\omega}\,\mathrm{Re}\left\{G_j(p\Delta t)\exp\left[\left(\frac{p\pi}{M}\right)i\right]\right\} \qquad p=0,1,2,\cdots,M-1;j=1,2,\cdots,m$$

$$\tag{5.18}$$

其中 $G_j(p\Delta t)$ 由下式给出,并可采用 FFT 进行计算:

$$G_j(p\Delta t) = \sum_{l=0}^{M-1} B_j(l\Delta\omega)\exp\left(\frac{2\pi pl}{M}i\right) \tag{5.19}$$

式中:$B_j(l\Delta\omega)$ 表达式如下:

$$B_j(l\Delta\omega) = \begin{cases} \sum_{k=1}^{j} H_{jk}(l\Delta\omega)\exp(i\varphi_{kl}) & 0\leqslant l<N \\ 0 & N\leqslant l<M \end{cases} \tag{5.20}$$

5.1.2　AR 法

AR 法通过线性自回归过滤器,将人工产生的均值为零的白噪声随机数,输出为具有给定频谱特性的随机数序列。早在 1982 年 Iwatani[5.5] 即在该模型用来模拟单个平稳随机过程的理论基础上,提出扩展的 AR 法,将其扩展到多维,可以一次模拟多个考虑相关性的随机过程。依据 Iwatani 方法,直接生成 M 个点空间相关脉动风速时程 $\boldsymbol{V}(\boldsymbol{X},\boldsymbol{Y},\boldsymbol{Z},t)$ 的 AR 模型可表示为:

$$\boldsymbol{V}(\boldsymbol{X},\boldsymbol{Y},\boldsymbol{Z},t) = -\sum_{k=1}^{p}\boldsymbol{\Psi}_k\boldsymbol{V}(\boldsymbol{X},\boldsymbol{Y},\boldsymbol{Z},t-k\Delta t) + \boldsymbol{N}(t) \tag{5.21}$$

式中:$\boldsymbol{X}=\{x_1,\cdots,x_M\}^{\mathrm{T}}$,$\boldsymbol{Y}=\{y_1,\cdots,y_M\}^{\mathrm{T}}$,$\boldsymbol{Z}=\{z_1,\cdots,z_M\}^{\mathrm{T}}$,$(x_i,y_i,z_i)$ 为空间第 i 点坐标,$i=1,\cdots,M$;p 为 AR 模型阶数;Δt 是模拟风速时程的时间步长,取值必须不小于 0.1 s;$\boldsymbol{\Psi}_k$ 为 AR 模型自回归系数矩阵,为 $M\times M$ 阶方阵,$k=1,\cdots,p$;$\boldsymbol{N}(t)$ 为 M 维独立正态分布的随机过程向量,其均值均为零,协方差矩阵为 $\boldsymbol{R}_\mathrm{N}$。

(1) AR 模型正则方程的推导及系数矩阵 $\boldsymbol{\Psi}_k$ 的计算

为简便起见,将 $\boldsymbol{V}(\boldsymbol{X},\boldsymbol{Y},\boldsymbol{Z},t)$ 简写为 $\boldsymbol{V}(t)$,则根据式(5.21)可得:

$$\boldsymbol{V}(t+j\Delta t)\boldsymbol{V}^{\mathrm{T}}(t) = \sum_{k=1}^{p}\boldsymbol{\Psi}_k\boldsymbol{V}(t+j\Delta t-k\Delta t)\boldsymbol{V}^{\mathrm{T}}(t) + \boldsymbol{N}(t)\boldsymbol{V}^{\mathrm{T}}(t) \tag{5.22}$$

式中:$j=0,\cdots,p$。对式(5.22)作数学期望计算,并结合自相关函数的定义和性质,易得:

$$\boldsymbol{R}_\mathrm{V}(j\Delta t) = -\sum_{k=1}^{p}\boldsymbol{\Psi}_k\boldsymbol{R}_\mathrm{V}\big[(j-k)\Delta t\big] \qquad j=1,\cdots,p \tag{5.23}$$

$$\boldsymbol{R}_\mathrm{V}(0) = -\sum_{k=1}^{p}\boldsymbol{\Psi}_k\boldsymbol{R}_\mathrm{V}(k\Delta t) + \boldsymbol{R}_\mathrm{N} \tag{5.24}$$

写成矩阵形式如下：

$$\boldsymbol{R} \cdot \boldsymbol{\Psi} = \begin{bmatrix} \boldsymbol{R}_{\mathrm{N}} \\ \boldsymbol{O}_{\mathrm{p}} \end{bmatrix} \tag{5.25}$$

式(5.25)即为 AR 模型的正则方程,式中,$\boldsymbol{\Psi} = \{\boldsymbol{I}, \boldsymbol{\Psi}_1, \cdots, \boldsymbol{\Psi}_p\}^{\mathrm{T}}$,为$(p+1)M \times M$ 阶矩阵,$\boldsymbol{I}$ 为 M 阶单位矩阵;$\boldsymbol{O}_{\mathrm{p}}$ 为 $pM \times M$ 阶零矩阵;$\boldsymbol{R}$ 为 $(p+1)M \times (p+1)M$ 阶自相关 Toeplitz 矩阵,形式如下:

$$\boldsymbol{R} = \begin{bmatrix} \boldsymbol{R}_{\mathrm{V}}(0) & \boldsymbol{R}_{\mathrm{V}}(\Delta t) & \boldsymbol{R}_{\mathrm{V}}(2\Delta t) & \cdots & \boldsymbol{R}_{\mathrm{V}}(p\Delta t) \\ \boldsymbol{R}_{\mathrm{V}}(\Delta t) & \boldsymbol{R}_{\mathrm{V}}(0) & \boldsymbol{R}_{\mathrm{V}}(\Delta t) & \cdots & \boldsymbol{R}_{\mathrm{V}}[(p-1)\Delta t] \\ \boldsymbol{R}_{\mathrm{V}}(2\Delta t) & \boldsymbol{R}_{\mathrm{V}}(\Delta t) & \boldsymbol{R}_{\mathrm{V}}(0) & \cdots & \boldsymbol{R}_{\mathrm{V}}[(p-2)\Delta t] \\ \vdots & \vdots & \vdots & \ddots & \vdots \\ \boldsymbol{R}_{\mathrm{V}}(p\Delta t) & \boldsymbol{R}_{\mathrm{V}}[(p-1)\Delta t] & \boldsymbol{R}_{\mathrm{V}}[(p-2)\Delta t] & \cdots & \boldsymbol{R}_{\mathrm{V}}(0) \end{bmatrix} \tag{5.26}$$

式中:$\boldsymbol{R}_{\mathrm{V}}(m\Delta t)$ 是 $M \times M$ 阶矩阵,即:

$$\boldsymbol{R}_{\mathrm{V}}(m\Delta t) = \begin{bmatrix} \boldsymbol{R}_{\mathrm{V}}^{11}(m\Delta t) & \boldsymbol{R}_{\mathrm{V}}^{12}(m\Delta t) & \cdots & \boldsymbol{R}_{\mathrm{V}}^{1M}(m\Delta t) \\ \boldsymbol{R}_{\mathrm{V}}^{21}(m\Delta t) & \boldsymbol{R}_{\mathrm{V}}^{22}(m\Delta t) & \cdots & \boldsymbol{R}_{\mathrm{V}}^{2M}(m\Delta t) \\ \vdots & \vdots & \ddots & \vdots \\ \boldsymbol{R}_{\mathrm{V}}^{M1}(m\Delta t) & \boldsymbol{R}_{\mathrm{V}}^{M2}(m\Delta t) & \cdots & \boldsymbol{R}_{\mathrm{V}}^{MM}(m\Delta t) \end{bmatrix} \quad m=1,\cdots,p \tag{5.27}$$

根据随机振动理论,功率谱密度函数与相关函数满足维纳-辛钦(Wiener-Khintchine)公式,即:

$$R_{\mathrm{V}}^{ij}(m\Delta t) = \int_0^\infty S_{ij}(n)\cos(2\pi n \cdot m\Delta t)\mathrm{d}n \qquad i,j=1,\cdots,M \tag{5.28}$$

式中:$S_{ij}(n)$ 当 $i \neq j$ 时为空间第 i、j 点的互功率谱密度函数;当 $i=j$ 时为第 i 点自功率谱密度函数。

通过式(3.23)和式(3.22)求得式(3.21)后,代入式(3.20),即可求解得到 AR 模型的系数矩阵 $\boldsymbol{\Psi}_k$ 和 $\boldsymbol{N}(t)$ 的协方差矩阵 $\boldsymbol{R}_{\mathrm{N}}$。

（2）求解独立随机过程向量 $\boldsymbol{N}(t)$

求得 $\boldsymbol{N}(t)$ 的协方差矩阵 $\boldsymbol{R}_{\mathrm{N}}$ 后,$\boldsymbol{N}(t)$ 按下式确定:

$$\boldsymbol{N}(t) = \boldsymbol{L} \cdot \boldsymbol{n}(t) \tag{5.29}$$

其中,$\boldsymbol{n}(t) = \{n_1(t), \cdots, n_M(t)\}^{\mathrm{T}}$,$n_i(t)$ 是均值为 0、方差为 1 且彼此独立的正态随机过程,$i=1,\cdots,M$,$\boldsymbol{L}$ 为下三角矩阵,通过对 $\boldsymbol{R}_{\mathrm{N}}$ 进行 Cholesky 分解得到:

$$\boldsymbol{R}_{\mathrm{N}} = \boldsymbol{L} \cdot \boldsymbol{L}^{\mathrm{T}} \tag{5.30}$$

（3）AR 模型阶数 p 的选择

AR 模型的阶数 p 一般事先并不知道,需要在递推的过程中确定。实际模拟计算时,可以由低阶到高阶计算若干次,由于模型的最小预测误差功率 $P_{\min}$ 是递减的,直观上讲,当预测误差功率 P 达到指定的希望值,或是不再发生变化时,这时的阶数即是应选的正确阶数[5.11]。

由于预测误差功率 P 是单调下降的,因此,该值降到多少才合适,往往需要通过试算确定。参考信息论准则 AIC(p) 和最终预测误差准则 FPE(p) 等,一般认为低阶的 p 即可以获得满意的模拟效果。所以在实际确定阶数时,可以从较小的阶数开始,逐渐增加阶数,当阶数增加时,AIC(p) 和 FPE(p) 都将在某一个 p 处取得极小值,此时的阶数即是最合适的。实际上,阶数一般取 4～6 即可[5.12]。

（4）求最终 M 个空间点的风速时程

求出 AR 模型的系数矩阵 $\boldsymbol{\Psi}_k$ 和独立随机过程向量 $\boldsymbol{N}(t)$ 后,并假定初始时刻之前的风速为 0,即 $t \leqslant 0$ 时,$\boldsymbol{V}(t)$ 为零向量,则由式(5.21)可得:

$$\begin{bmatrix} V_1(j\Delta t) \\ \vdots \\ V_\mathrm{M}(j\Delta t) \end{bmatrix} = \sum_{k=1}^{p} \boldsymbol{\Psi}_k \cdot \begin{bmatrix} V_1[(j-k)\Delta t] \\ \vdots \\ V_\mathrm{M}[(j-k)\Delta t] \end{bmatrix} + \begin{bmatrix} N_1(j\Delta t) \\ \vdots \\ N_\mathrm{M}(j\Delta t) \end{bmatrix} \quad \begin{array}{l} j\Delta t = 0, \cdots, T \\ k = 1, \cdots, p \end{array} \tag{5.31}$$

从而得到 M 个空间点的具有时间空间相关,时间步长为 Δt 的离散脉动风速时程向量。

5.1.3　ARMA 法

ARMA 法也是基于线性滤波器的一种模拟方法。多变量 ARMA 模型模拟 M 个点脉动风速时程 $\boldsymbol{V}(\boldsymbol{X}, \boldsymbol{Y}, \boldsymbol{Z}, t)$ 的公式可表示如下:

$$\boldsymbol{V}(\boldsymbol{X}, \boldsymbol{Y}, \boldsymbol{Z}, t) = -\sum_{k=1}^{p} \boldsymbol{A}_i \boldsymbol{V}(\boldsymbol{X}, \boldsymbol{Y}, \boldsymbol{Z}, t - i\Delta t) + \sum_{j=0}^{q} \boldsymbol{B}_j \boldsymbol{X}(t - j\Delta t) \tag{5.32}$$

式中:$\boldsymbol{A}_i$ 和 $\boldsymbol{B}_j$ 分别是 $M \times M$ 阶自回归和滑动回归系数矩阵;$i = 1, \cdots, p; j = 1, \cdots, q; \boldsymbol{X}(t)$ 是 M 维正态分布的白噪声序。各参数的求解可参考文献[5.13]。

由式(5.32)可以看出,当滑动回归系数 q 为零时,该式即退化为 AR 模型用来模拟平稳随机过程的公式,即式(5.21)。因此,该公式统一了 AR 模型和 ARMA 模型用来模拟脉动风速的公式,便于程序的编制。ARMA 法用于脉动风速的模拟具有极高的效率和精度,滑动回归阶数 q 的变化对模拟精度的影响不大,但自回归阶数 p 的选择对模拟精度有较大的影响。相对 ARMA 法,AR 法作为其特例,计算简单,而且理论表明,只要自回归阶数 p 选择合适,AR 法即能获得与 ARMA 法相同的精度。

5.1.4　风速模拟结果的谱分析

功率谱密度函数是平稳随机过程的重要统计特征,能深刻反映平稳过程的平均能量随频率分布的特征,是数学模型和合成方法的主要特征参数,所以在脉动风速的模拟过程中,为了评价模拟结果是否合理,是否具有较高的精度,常常需要运用功率谱估计的理论,得到模拟功率谱,并和目标功率谱进行比较,二者越吻合,结果越理想。功率谱估计的理论和方法,即是考察如何根据有限个样本数据,准确估计该过程的功率谱密度函数。总的来讲,功率谱估计的方法可以分成经典谱估计法和现代谱估计法,其中经典谱估计法又可分为直接法和间接法。直接法利用快速傅立叶变换 FFT 算法对样本数据进行傅立叶变换得到功率谱;间接法则是先得到样本数据的自相关函数估计,然后进行傅立叶变换得到功率谱。由于直接法得到的功率谱估计存在谱曲线起伏大,或分辨率不高等缺点,一般采用 Bartlett 法和 Welch 法等改进方法[5,14]。

(1) Bartlett 法

Bartlett 平均周期图的方法是将 N 点的有限长序列 $x(n)$ 分段求周期图再平均。

设将 $x(n)$ 分成 L 段,每段有 M 个样本,因而 $N=LM$,第 i 段样本序列可写成:

$$x^i(n)=x(n+iM-M) \qquad 0\leqslant n\leqslant M-1, 1\leqslant i\leqslant L \tag{5.33}$$

第 i 段的周期图为:

$$\hat{P}_{\text{PER}}^i(k) = \frac{1}{M}\left| \sum_{n=0}^{M-1} x^i(n)W_M^{-kn} \right|^2 \tag{5.34}$$

如果 $m>M,\hat{R}_x(m)$ 很小,则可假定各段的周期图是相互独立的,则谱估计可定义为 L 段周期图的平均,即:

$$\hat{P}_{\text{PER}}(k) = \frac{1}{L}\sum \hat{P}_{\text{PER}}^i(k) \tag{5.35}$$

在 MATLAB 中,可以通过 PSD 函数来实现 Bartlett 平均周期图法的功率普估计,其格式为:

[Pxx,F]=PSD(x,NFFT,Fs,WINDOW,NOVERLAP)

[Pxx,Pxxc,F]=PSD(x,NFFT,Fs,WINDOW,NOVERLAP,P)

参数说明如下:

NFFT——指定 FFT 算法的长度,其默认值是 $\min[256,\text{length}(x)]$,为了提高计算速度,通常取为 2 的整数次幂;

Fs——采用频率,默认为 2;

Window——指定加窗函数,由于 Bartlett 法中未指定窗函数,但对有限长序列来说,相当于采用矩形窗,即应设置 WINDOW 为 boxcar 窗;

Noverlap——指定分段重叠的样本数,默认为零,由于 Bartlett 法中没有指定数据重叠,因此该参数应设置为零;

F——频率点;

Pxx——输出的功率谱估计值;

P——置信概率,代表参数 Pxxc 为 Pxx 的 $P\times100\%$ 置信区间估计。

利用 PSD 函数实现 Bartlett 法,其分段数 L 默认为:

$$L=\text{fix}(数据长度/窗长度)$$

其中 fix 代表数值朝零方向取整。

(2) Welch 法

Welch 法对 Bartlett 法进行了两方面的修正,一是选择适当的窗函数 $w(x)$,并在周期图计算前直接加进去,这样得到的每一段的周期图为:

$$\hat{P}_{\text{PER}}^i(k) = \frac{1}{MU}\left| \sum_{n=0}^{M-1} x^i(n)w(n)W_M^{-kn} \right|^2 \tag{5.36}$$

式中：$U=\dfrac{1}{M}\sum\limits_{n=0}^{M-1}w^2(n)$，为归一化因子。加窗的优点有两个：一是无论什么样的窗函数均可以使谱估计非负；二是在分段时，可使各段之间有重叠，这样会使方差减小。

在 MATLAB 中，函数 PSD 和 Pwelch 都可以实现 Welch 法的功率谱估计，其方法一致，仅参数设置有所区别，例如对于函数 Pwelch，其个数为：

$$[Pxx, Pxxc, F] = Pwelch(x, NFFT, Fs, Window, Noverlap, P, Range, Magunits)$$

参数说明如下：

Range——用来指定频率间隔，若 Range＝'half'，频率间隔为[0, Fs/2]，若 Range＝'whole'，频率间隔为[0, Fs]；

Magunits——用来指定绘图格式，若 Magunits＝'squared'，采用一般绘图格式，若 Magunits＝'db'，采用分贝绘图格式；

其他参数说明同 PSD 函数，但是对于 Pwelch 函数，可以指定参数 Window 为各种窗函数，如矩形窗，Hamming 窗和 Blackman 窗等，参数 Noverlap 可以为非零数。另外，在函数 Pwelch 中，分段数 L 为：

$$L=\mathrm{fix}\left[\frac{\text{数据长度}-\text{Noverlap 值}}{\text{窗长度}-\text{Noverlap 值}}\right]$$

一般而言，由于 Welch 法在分段时，可使各段有重叠，但 Bartlett 法不可以。因此，Welch 法得到的功率谱曲线比 Bartlett 法误差要小，从下面的算例中可以验证该结论。

5.1.5 算例分析

利用 MATLAB 与 VC++混合编程，编制了脉动风模拟程序。分别采用谐波叠加法和 AR 法模拟得到了考虑空间相关的多点水平脉动风和竖向脉动风的模拟结果。模拟过程中，主要参数由表 5.1 给出。

表 5.1 脉动风模拟主要参数

模拟种类	水平脉动风的模拟	竖向脉动风的模拟
目标风速谱模型	Davenport 谱	Panofsky 谱
10 m 高程标准风速(m/s)	30.0	
场地类别	B 类场地	
模拟风速时程时间长度(s)	120	
模拟的时间步长(s)	0.1	
AR 模型阶数 p	6	

算例一：空间五点风速模拟及结果分析

选取某球面网壳模型上的五点，如图 5.1 所示。现取表 5.1 中所示各参数，依据谐波叠加法与 AR 法编制风速模拟的 MATLAB 程序，模拟五点的风速时程，包括水平脉动风和竖向脉动风。下面对模拟结果进行讨论。

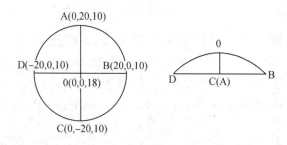

图 5.1　球壳五点编号及坐标(单位:m)

(1) 两种模拟方法精度比较

分别采用 AR 法和结合快速傅立叶变换的谐波叠加法对该五点的水平风速模拟进行模拟,其中 A 点结果示于图 5.2。由该图可看出,对于两种模拟方法,在低频附近,模拟功率谱与目标功率谱均有一定的误差;在高频部分,模拟功率谱与目标功率谱则非常接近,因此证明所编制的程序可以正确的模拟出节点的风速时时程。不过对比两种方法的模拟结果,也可以发现 AR 法的模拟精度相对较差。还应注意的是,采用 AR 法模拟时,时间步长不应小于 0.1 s。时间步长过小时,模拟精度会大大降低,甚至得到错误的模拟结果。

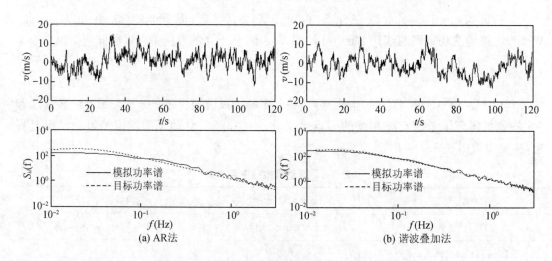

图 5.2　A 点水平脉动风的模拟时程结果及谱分析

(2) 两种功率谱估计方法比较

对模拟的风速时程结果分别采用 Bartlett 法和 Welch 法进行了谱分析,绘制了模拟功率谱和目标功率谱的比较结果。采用 AR 法对 A 点竖向脉动风的模拟结果如图 5.3(a)所示,分别采用 Bartlett 法和 Welch 法进行的谱分析结果如图 5.3(b)、图 5.3(c)所示。可以发现,虽然模拟中 Welch 法和 Bartlett 法的程序都采用了矩形窗函数,但由于 Welch 法在分段时,可使各段之间有重叠,而 Bartlett 法没有,所以 Welch 法得到的曲线要比 Bartlett 法得到的曲线误差小。为此,在接下来的脉动风模拟过程中,均采用 Welch 法进行谱分析。图 5.4给出了其他各点水平脉动风和竖向脉动风的 AR 法模拟结果。

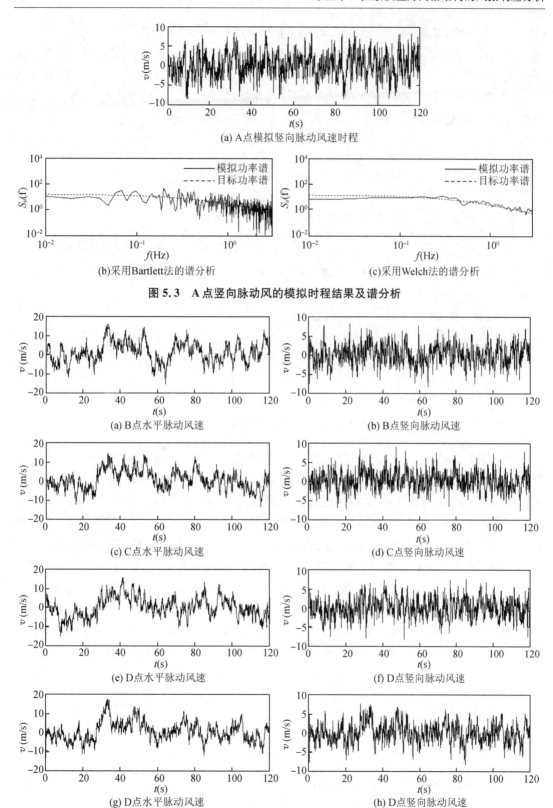

(a) A点模拟竖向脉动风速时程

(b)采用Bartlett法的谱分析

(c)采用Welch法的谱分析

图5.3 A点竖向脉动风的模拟时程结果及谱分析

(a) B点水平脉动风速

(b) B点竖向脉动风速

(c) C点水平脉动风速

(d) C点竖向脉动风速

(e) D点水平脉动风速

(f) D点竖向脉动风速

(g) D点水平脉动风速

(h) D点竖向脉动风速

图5.4 各点模拟竖向脉动风速时程

算例二:某 K6-6 单层网壳节点水平脉动风速模拟及结果分析

采用自编程序,对某 K6-6 型单层球面网壳各节点的水平脉动风速同时进行了模拟。该网壳模型共有节点 127 个,杆件总数为 342,模型及各节点编号如图 5.5 所示,其跨度为 40 m,矢跨比为 0.2,最外环节点周边简支于 10.0 高的平台上。算例一中已主要比较了两种模拟方法的精度情况,下面主要比较两种方法的模拟效率情况。

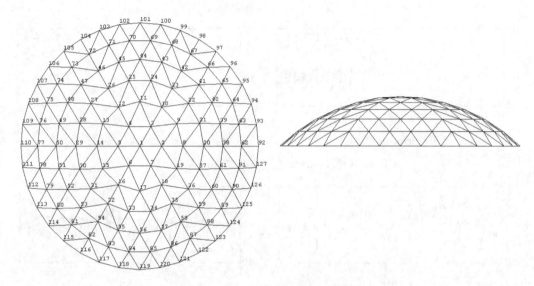

图 5.5　某 K6-6 型单层网壳模型及节点编号

运用编制的 AR 法和结合快速傅立叶变换的谐波叠加法程序对该模型各节点水平风速同时进行了模拟,程序运行稳定。表 5.2 列出了两种方法模拟所耗时间的对比情况,由该表可看出,AR 法模拟程序相对谐波叠加法程序,具有明显的速度优势。图 5.6 和图 5.7 分别给出了节点 14 和节点 75 采用两种方法模拟结果的对比情况,由图中可以看出,结合快速傅立叶变换的谐波叠加法的模拟结果精度相对较高。总的来说,在满足精度要求的前提下,应用 AR 法可以大大节省计算量,提高模拟效率,谐波叠加法虽然相对精度较高,但是模拟效率要低得多。所以在需要对大量节点进行脉动风速的同时模拟时,采用 AR 法可以大大节省模拟时间,虽然其精度相对较低,但事实上用于模拟脉动风速的目标功率谱函数本身就有一定的不确定性,故从精度上讲,采用 AR 法模拟也完全可以满足工程要求[5-8],因此本书后续计算中所用到的脉动风速时程曲线均采用本书编制的 AR 法模拟程序计算得到。

表 5.2　谐波叠加法和 AR 法模拟时间对比

模拟点数目	AR 法(s)	谐波叠加法(s)
5	2.75	90.187
127	1 690	39 961

注:采用 AR 法计算时设定式(5.28)计算的截断误差为 0.5e−8

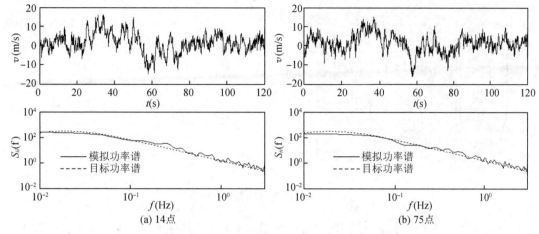

图 5.6 算例二采用 AR 法的模拟水平脉动风速时程及功率谱分析

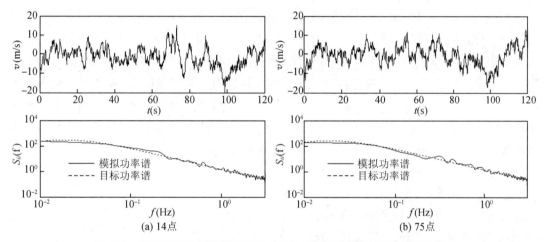

图 5.7 算例二采用谐波叠加法的模拟水平脉动风速时程及功率谱分析

5.2 拉索预应力柱面网壳的风振响应

5.2.1 算例说明及参数分析方案

本节分析对象为一类正放四角锥型预应力双层柱面网壳,纵向支座间设置横向预应力水平拉索,如图 5.8 所示,其中箭头方向为水平风荷载作用方向(x 轴),粗黑线代表预应力拉索,黑色圆点代表约束位置,约束情况如下:两纵边固定铰约束,为使预应力发挥作用,并考虑到橡胶支座的广泛采用,取两纵边 x 方向为弹性约束。为便于分析对照,首先选取一个基本算例模型,并在该基本模型基础上,通过每次变更一个参数(其余参数则与基本模型相同),获得一系列的数值计算模型,通过对这些模型进行计算分析,达到大规模数值分析的目的。

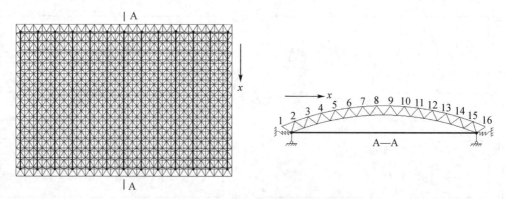

图 5.8　预应力双层柱面网壳模型

基本算例及其 A-A 剖面上弦节点编号如图 5.8 所示,其参数取值如下:跨度(L)取为 50 m,矢跨比(f/L)为 1/6,矢高 8.3 m,网壳厚度(t)取为 1.7 m,长宽比(b/L)取为 1.5,长度(b)为 75 m,结构阻尼比为 0.02,屋面附加均布荷载为 0.5 kN/mm²,除支座节点为特制焊接球节点外,其余均为螺栓球节点,共 791 个节点,3 013 根杆件,13 根水平预应力拉索;拉索截面积为 687 mm²,并施加 200 kN 的预应力;杆件截面依据附加的均布荷载与预应力,采用满应力准则确定。约束条件为:两纵边固定铰约束,约束所有线位移,并考虑 x 向为弹性约束,其弹簧刚度(k)设为 2 000 kN/m,支座高度为 10 m,横向两端不约束;结构处于 B 类场地,10 m 高程基本风速为 30 m/s,假定结构的风振响应满足准定常理论,风荷载体型系数则参照我国《建筑结构荷载规范》(GB 50009—2010)确定。

在分析中考虑的变化参数主要有:

(1) 几何参数:

跨度(L):40 m,<u>50 m</u>,60 m,70 m;

网壳厚度(t):1.5 m,<u>1.7 m</u>,2.0 m,2.2 m;

矢跨比(f/L):1/4,1/5,<u>1/6</u>,1/7;

长宽比(b/L):1.0,1.2,<u>1.5</u>,1.8;

(2) 结构参数:

屋面附加荷载(kN/m²):0.1,0.3,<u>0.5</u>,0.7;

拉索预拉力(kN):<u>200</u>,300;

弹性约束刚度(kN/m):1 600,1 800,<u>2 000</u>,2 500;

(3) 风荷载参数:

基本风速(m/s):20,25,<u>30</u>,35;

支座高度(m):<u>10</u>,20,30;

场地类型:A,<u>B</u>,C,D;

其中带下划线的参数为基本模型所选取的参数,不同跨度下预应力情况列于表 5.3。基于 ANSYS 的 APDL 功能,采用参数化建模,通过相应的参数修改,即可得到满足上述参数变化的各种模型,分别采用 LINK10 和 LINK8 单元模拟预应力拉索和网壳杆件,采用 COMBIN14 弹簧单元模拟 x 方向的弹性约束。

表 5.3　不同跨度下预应力情况

跨度(m)	40	50	60	70
预应力索面积(mm²)	687	687	687	687
预拉力(kN)	150	200	250	300

5.2.2　拉索预应力柱面网壳的自振特性分析

目前在球面网壳中增加拉索并施加预应力的目的,主要是为了改善结构的静力性能。但是应该看到,这种试图在静力性能上的等效带来的是结构边界条件的变化和结构刚度的改变,其结构动力特性并不等效;而结构的风振性能不仅与来流的脉动特性有关,还与结构自身的动力特性密切相关。因此,在进行预应力柱面网壳结构的风振参数分析之前,首先对预应力柱面网壳的自振性能进行了分析,以了解其自振性能与普通柱面网壳的区别,并讨论预应力及施加的预应力大小对该类结构的自振性能的影响情况。

对于预应力网壳的自振特性分析,应主要注意以下两个方面:首先应将设置拉索后的预应力网壳的动力性能和与其静力性能相等效的普通网壳相比较,讨论设置拉索前后的动力性能差异;其次,作为一种预应力结构,从理论上讲,预应力将会对结构刚度产生影响,但是刚度差异在数值上对结构动力性能有多大的影响也需要讨论。因此,在对预应力柱面网壳进行动力分析时,选取以下四个结构模型进行对比分析:① 不设拉索的双层柱面网壳,支撑条件为两纵边支撑,约束所有线位移,且 x 方向为刚性链杆约束,横向两端不约束;② 设置水平拉索的双层柱面网壳,但不考虑预应力;③ 设置水平拉索并考虑预应力的双层柱面网壳,拉索截面积为 687 mm²,并对每根拉索施加 200 kN 的预应力;④ 选取与模型三相同的模型,但对每根拉索施加 300 kN 的预应力。第 2~4 组模型约束条件均与基本算例相同,其他参数取值如下:第 2 组和第 3 组模型均与基本模型相同,第 4 组模型仅预应力大小与基本模型不同,但第 2 组模型在自振分析中不考虑预应力的影响,第 1 组模型其他参数取值与基本模型的网壳部分参数相同。

采用 Lanczos 向量迭代法对上述模型进行自振分析,求出了各模型前 100 阶自振频率,各阶自振频率分布情况如图 5.9 所示,其中各模型前 10 阶振型的自振频率见表 5.4。模型一前 10 阶振型由图 5.10 给出,由于后三个模型各阶振型情况基本相似,故仅给出模型二的前 10 阶振型如图 5.11 所示,由上述各图表可以看出:

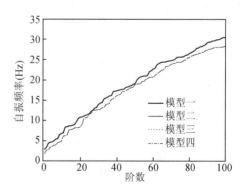

图 5.9　计算模型自振频率分布比较

(1) 模型频谱分布十分密集,振型以水平振型为主,各模型在振型曲面上均具有一定的相似性,其中第一阶振型均明显呈水平振型。

(2) 设置拉索后,模型各阶自振频率在数值上都有一定程度的减小,这主要是由于设置拉索前,网壳的支座考虑 x 方向为刚性链杆约束,而在布置拉索后,考虑 x 方向为弹性约束,约束条件的改变,引起了结构整体刚度的降低。

（3）对设置拉索的三个模型而言，是否考虑预应力及所施加的预应力大小，对结构的自振频率影响不大，变化非常微小，几乎可以忽略，这说明在相同的边界条件下，拉索施加预应力的大小对结构的动力特性影响很小。

表 5.4　计算模型前 10 阶自振频率（Hz）

阶数	1	2	3	4	5	6	7	8	9	10
模型一	2.902	3.361	4.367	4.614	4.687	4.981	5.386	5.515	6.481	6.766
模型二	1.840	2.717	2.728	3.354	3.573	3.840	3.991	4.510	4.652	4.857
模型三	1.840	2.716	2.727	3.352	3.572	3.838	3.989	4.509	4.650	4.857
模型四	1.840	2.716	2.727	3.352	3.572	3.837	3.988	4.509	4.649	4.857

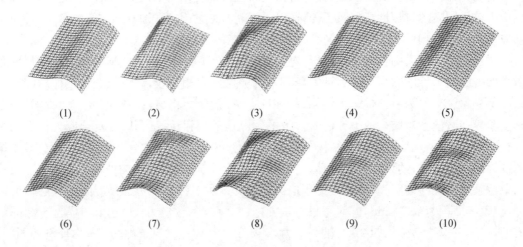

（1）　　　　（2）　　　　（3）　　　　（4）　　　　（5）

（6）　　　　（7）　　　　（8）　　　　（9）　　　　（10）

图 5.10　模型一前 10 阶模态

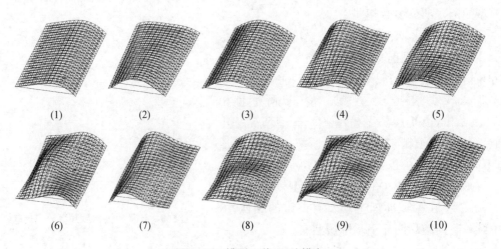

（1）　　　　（2）　　　　（3）　　　　（4）　　　　（5）

（6）　　　　（7）　　　　（8）　　　　（9）　　　　（10）

图 5.11　模型二前 10 阶模态

5.2.3　计算说明及时程分析方法讨论

为了增加预应力拉索中的拉应力,避免其在风荷载作用下出现松弛,本书的风振分析计算均在考虑结构自重作用下进行,风荷载作用下的实际响应则通过总响应扣除自重及预应力共同作用下的响应后得到,即平均风的静力响应是将平均风、预应力和自重作用下的总静力响应扣除后两种作用的静力响应得到的,而在时程分析中,若直接将风荷载时程作用在已作用预应力及自重的结构上,容易将预应力及自重这样的静力荷载作为突加荷载进行时程分析,放大了结构在风荷载作用下的响应,因此为了消除预应力和自重作用作为突加荷载的影响,先对预应力及自重作用按突加荷载进行时程分析,由于阻尼的存在,结构的振动最终将稳定在二者按静力分析时的结果,此时再将风荷载时程输入进行计算,并将总响应时程扣除预应力及自重作用按突加荷载进行时程分析的稳定值,即得到了风荷载作用下的响应时程。

本书采用时域分析方法对结构进行风振响应分析,由于最终需要得到结构的响应风振系数,因此参照下式计算风振系数:

$$\beta_{di} = 1 + \mu \frac{\sigma_{di}}{|\overline{D_i}|} \tag{5.37}$$

$$\beta_{ei} = 1 + \mu \frac{\sigma_{ei}}{|\overline{F_{ei}}|} \tag{5.38}$$

式中:β_{di} 为第 i 个节点的位移风振系数;β_{ei} 为第 i 个节点的内力风振系数;σ_{di} 为第 i 节点自由度方向的脉动位移均方差,$\overline{D_i}$ 为该节点相应自由度方向的平均风静力位移响应,σ_{ei} 为脉动风作用下第 i 单元的内力响应均方差,$\overline{F_{ei}}$ 为该单元在平均风作用下的相应内力响应。μ 为峰值保证因子,我国规范通常取为 $2.0 \sim 2.5$[5.8],本书取为 2.2。由于拉索预应力网壳结构的位移响应以竖向位移为主,内力则以轴力为主,因此,本章中所探讨的风振系数分别指竖向位移风振系数和轴力风振系数。

为了计算结构响应风振系数,首先需要得到脉动风作用下的均方响应和平均风作用下的静风响应,因此,先对平均风荷载作静力分析获得静风响应,再将脉动风荷载输入作时程分析,并进行统计分析,获得脉动风的均方响应,最后按定义计算,即可获得相应的响应风振系数,将这种计算方法暂称为方法一。与此同时,也有一些学者在对响应风振系数进行定义时,认为式(5.37)和(5.38)中分母为结构总风荷载响应的均值,那么,为了计算这种定义下的响应风振系数,实际上只需要将总风荷载时程输入结构进行时程分析,并将结构的响应时程作相应的统计分析,即可获得响应的均值及均方差,然后按定义计算,获得相应的响应风振系数,将这种方法暂称为方法二。

取本章的基本算例进行分析,通过第三章的风荷载模拟程序,获得了各节点的脉动风速时程,结合结构的几何组成,并按转换成风荷载时程,对基本算例进行风振响应分析,求得A-A剖面8号节点的总位移响应时程(按方法一,总位移响应时程为平脉动风的位移响应时程在每个时间点加上平均风荷载的静力位移;按方法二,总位移响应时程即将总风荷载输入后求得的相应位移响应),示于图5.12中,将两条总位移响应时程在每个时间点的相应位移结果求差,所获得的总位移响应差值时程,示于图5.13中。两种方法的统计结果及风振系数值如表5.5所示。

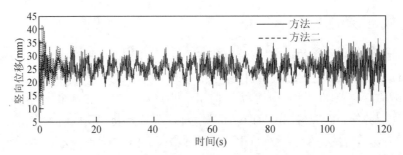

图 5.12　8 号节点采用两种方法计算时总风竖向位移对比

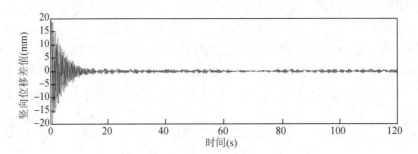

图 5.13　8 号节点采用两种方法计算的竖向位移差值

表 5.5　8 号节点竖向位移风振响应的统计结果比较

方法一			方法二		
位移风 振系数	平均风静力 响应(mm)	脉动风响应 均方差(mm)	位移风 振系数	总风响应 均值(mm)	总风响应均 方差(mm)
1.312	26.73	3.79	1.339	25.53	3.94

　　由图 5.12 和图 5.13 可以看出,两种计算方法的计算结果在时程分析的前 20 s 内差异很大,但在之后长达 100 s 的时程数据中,二者差异很小,几乎可以忽略,而且二者的位移差值时程也是在零上下浮动,说明按方法一计算的平均风静力响应和按方法二计算的总风响应均值相差很小,这些差异,反映在表 5.5 的统计结果中。对按方法一和方法二计算的各项结果进行对比可看出,方法一平均风的静力响应对应方法二总风响应的均值,方法一脉动风响应的均方差对应方法二总风响应的均方差,差异均较小,最后计算得到的风振系数值误差也较小。

　　事实上,由于平均风有很大的周期,本身即相当于静力作用,而脉动风周期很小,引起结构的振动,如忽略二者的差异将其混合在一起输入(即直接输入总风荷载),容易将大周期的平均风作为突加荷载进行动力计算,放大了风荷载的动力效应,从而得到错误的结果,这从图 5.12 中可以明显看出。本算例差异较小的原因有两个。首先,算例中输入的风荷载时程数据量较大,时程持时为 120 s,而由于结构的阻尼存在,这种动力放大效应在前 20 s 内即趋于平稳,相对于整条时程数据而言,这些差异的存在还不足以改变整个响应样本的均方差(即离散程度),前 20 s 的动力放大效应淹没在庞大的样本数据中,但如果所输入的风荷载样本持时较短,则这种动力放大效应就会反映出来,并放大了响应样本的均方差;其次,平均风作为突加荷载进行的时程分析,由于阻尼的存在,最终趋于平稳,并稳定在按静力分析的结果,而脉动风荷载时程样本本身是零均值的,则对于线性结构,其对应的响应样本,也是零均值的,因此,当平均风作为突加荷载的响应趋于平稳后,从理论上来说平均风的静力响应和总风响应的均值应该是相等的。鉴于此,不建议采用方法二进行结构的风振响应分析,后续的风振响应分析均采用方法一进行。

5.2.4　预应力对结构风振响应的影响分析

本节主要比较预应力双层柱面网壳结构的风振性能与普通双层柱面网壳结构的风振性能差别,并比较预应力的大小对结构风振性能的影响。

对结构自振性能的分析可知,由于预应力拉索的引入改变了结构的刚度和边界条件,使得结构的动力性能发生了变化,这一变化也会反映到结构的风振性能上,因此,首先取基本算例及同等条件下的无拉索双层柱面网壳进行了风振响应分析,并将计算结果进行比较。

经过计算,设有预应力水平拉索的基本算例上弦节点竖向位移风振系数 β_d 分布情况如图 5.14(a)所示,各上弦节点在脉动风的均方响应 σ_d 及平均风作用下的竖向位移响应 $\overline{D}$ 分别示于图 5.14(b)及图 5.14(c)。由图 5.14(a)可看出,各节点风振系数分布上具有一定的对称性,数值较均匀,大部分节点的风振系数均在 1.3～1.4 之间。但在结构的两横向端部及四角上,风振系数异常偏大,局部达到了 2.0 甚至更大,使得整个结构的风振系数结果在结构边界附近表现出较大的离散性,参照文献[5.15],可将位移风振系数很大甚至趋近于无穷的点,称之为位移风振系数奇点。位移风振系数奇点的存在是由于风压系数分布的不均匀性,使得结构节点位移曲面为多波曲面,平均风荷载作用时一些节点的位移值接近于零,从而导致在这些节点上风振系数特别大,但由于在这些位置节点的位移值很小(图 5.14(b)和图 5.14(c)),对结构的振动并不起控制作用。因此,为便于分析,抽象出一般规律,本书在剔除奇点后,选用图 5.8 所示 A-A 剖面(横向中剖面)上弦节点的风振系数结果进行比较分析。

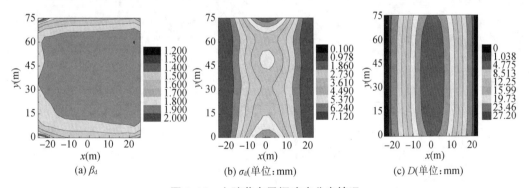

(a) β_d　　　　　　(b) σ_d(单位:mm)　　　　　　(c) D(单位:mm)

图 5.14　上弦节点风振响应分布情况

图 5.15 给出基本算例及同等条件下的无拉索双层柱面网壳上弦节点竖向位移风振系数分布情况,由该图可看出,在无拉索的情况下,结构的竖向位移风振系数分布具有良好的对称性,各节点结果在数值上非常接近,大部分在 1.2～1.3 之间,中心处数值最小,仍然在结构边角处形成数值偏大的奇点。而在设置水平预应力拉索后,结构的竖向位移风振系数更趋向于均匀,但在边角处形成的奇点值也更大。产生这一现象的原因,可以认为是,拉索的设置,改变了结构在两个方向的刚度比,设置拉索后,结构在两个方向的刚度更均匀[5.16]。

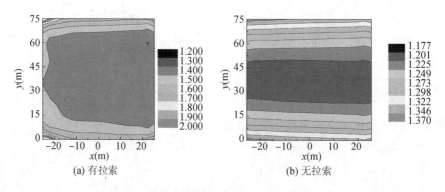

(a) 有拉索   (b) 无拉索

图 5.15　上弦节点竖向位移风振系数分布情况

为比较设置拉索与否对上弦节点竖向位移风振系数值的影响,选取两个模型的 A-A 剖面上弦节点,在图 5.16 中分别示出两个模型相应节点在脉动风作用下的竖向位移均方响应 σ_d 及竖向位移风振系数 β_d。由图 5.16 可看出:① 从脉动风作用下的各节点竖向位移均方响应来看,设置拉索后竖向位移均方响应大大减小,在跨中甚至减小了 30% 左右,这说明预应力水平拉索的设置,提高了结构的刚度,减小了脉动风的响应;② 从风振系数在 A-A 剖面上的分布来看,总体上分布规律相似,设置拉索前,A-A 截面上弦各节点风振系数分布更均匀,而设置拉索后,则在边部两节点(第 1 和 16 节点)出现了较大的离差,迎风面风振系数稍大;③ 从风振系数的数值来看,设置拉索后各节点风振系数值要大于设置拉索前对应各节点的风振系数值,设置拉索前,均在 1.18 左右,而设置拉索后,增大到 1.31 左右,说明设置拉索的预应力网壳结构的平均风位移响应较同等约束条件下的双层柱面网壳小。

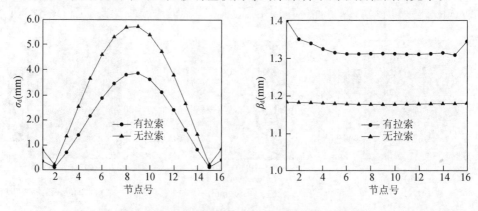

图 5.16　有无拉索时 A-A 剖面上弦节点 σ_d 及 β_d

为比较预应力大小对结构风振性能的影响,分别对基本模型施加 200 kN 和 300 kN 的初始张拉力进行分析,图 5.17 即为两种预应力工况下 A-A 剖面上弦节点在脉动风作用下的竖向位移均方响应 σ_d 及竖向位移风振系数 β_d 的对比情况,从图中可看出,预应力大小对结构的风振响应几乎没有影响。其原因在于,预应力双层柱面网壳的几何非线性影响较弱,与其内力(包括预应力)相关的几何刚度对结构整体刚度的影响较小,从而使得预应力大小的影响很小,因此在进行该类结构的风振响应分析时,可以不考虑预应力大小的影响。

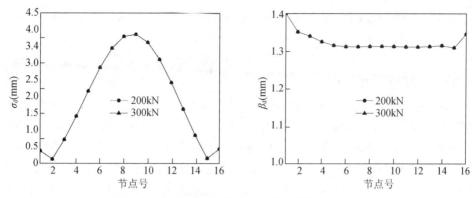

图 5.17 不同预应力下 A-A 剖面上弦节点 σ_d 及 β_d

5.2.5 几何参数对结构风振响应的影响分析

本节主要讨论结构几何参数的变化对结构风振响应性能的影响,考虑了矢跨比、跨度、网壳厚度和长宽比等四类参数的变化,共分析比较了 16 个模型的计算结果。

1) 矢跨比的影响分析

为分析矢跨比的改变对结构风振性能的影响,选取了 $f/L=1/4,1/5,1/6,1/7$ 共四种工况进行了分析,图 5.18 给出了不同矢跨比时上弦节点竖向位移风振系数的分布情况比较,由该图可看出:① 在矢跨比为 1/4 和 1/5 的情况下,迎风面出现了大量的位移风振系数奇点,而随着矢跨比的减小,奇点不管在数值上还是数量上都大幅减少;② 随着矢跨比的减

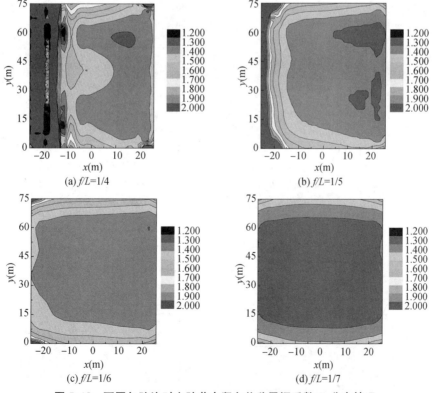

图 5.18 不同矢跨比时上弦节点竖向位移风振系数 β_d 分布情况

小,结构风振系数的分布趋于均匀,均呈现出从两端向中间递减的规律,离散度减小较快,在数值上比较稳定,改变不大。

为了更详细的了解矢跨比变化情况下,结构风振响应的变化情况,对 A-A 剖面上弦节点的风振响应进行了分析,图 5.19 给出了该剖面上弦节点脉动风作用下节点竖向位移均方响应、平均风作用下节点竖向位移响应及竖向位移风振系数随随矢跨比变化而改变的情况,由图可得:① 由于矢跨比的减小,结构刚度减弱,因此平均风作用下各节点竖向位移随矢跨比的减小而增大,在大矢跨比(1/4、1/5)时迎风面竖向位移很小;② 随着矢跨比的改变,脉动风作用下节点的竖向位移均方响应变化规律不明显,有增有减,但幅度都不大;③ 由于受奇点的影响,各节点的竖向位移风振系数随矢跨比变化的规律并不明显,但由于奇点的存在意义不大,抛开奇点的影响,可认为位移风振系数随矢跨比的减小而减小,但减小的幅度不大,矢跨比的改变对结构风振系数的影响较小。

矢跨比为 1/4 和 1/5 时风振系数奇点数量较多,主要是因为在矢跨比为 1/4 时迎风面为压力,按规范规定体型系数为 0.1,矢跨比为 1/5 时,体型系数为零,而在结构顶部和背风面则受到垂直于结构表面的"吸力"作用,这种复杂的竖向风荷载作用必然导致迎风面在平均风作用下的位移响应较小,在矢跨比为 1/4 时整个迎风面在平均风作用下的位移都非常小,这一点从图 5.19(b)也可以看出,此外从图 5.19(a)还可看出各种矢跨比情况下,脉动风作用下节点的竖向位移均方响应变化很小,综合起来,就形成了大量的位移风振系数奇点,而由于矢跨比为 1/5 时平均风作用下的竖向位移相对矢跨比为 1/4 时增大较多,因此前者形成的奇点数也相对较少。

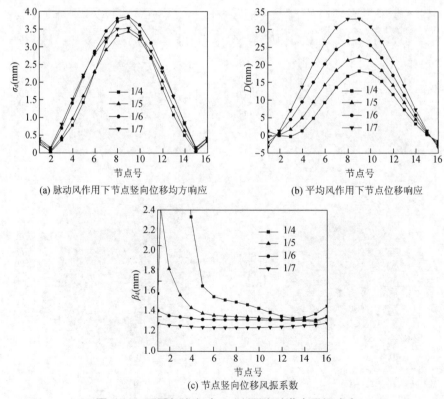

(a) 脉动风作用下节点竖向位移均方响应   (b) 平均风作用下节点位移响应

(c) 节点竖向位移风振系数

图 5.19　不同矢跨比时 A-A 剖面上弦节点风振响应

2）跨度的影响分析

在其他条件均相同的条件下,图 5.20 给出了四种跨度工况下结构上弦节点竖向位移风振系数的分布情况(由于长跨比均为 1.5,故四个算例网壳长度各不相同)。由该图可看出,随着网壳跨度的增加,结构不同位置的竖向位移风振系数离差度有增大的趋势,从分布上讲,四种工况下均在四个角点形成了风振系数较大的奇点,随着跨度的增加,在迎风面一侧约束点附近奇点有增多的趋势,各工况下,竖向位移风振系数均从四周向中间趋于减小;从数值上来看,40 m 跨竖向位移风振系数大部分在 1.4～1.5 之间,50 m 跨时大部分在 1.3～1.4 之间,60 m 跨时大部分在 1.2～1.3 之间,而在 70 m 跨时则分布较凌乱,由于在迎风面一侧,出现了较多的奇点,风振系数离散性较大。

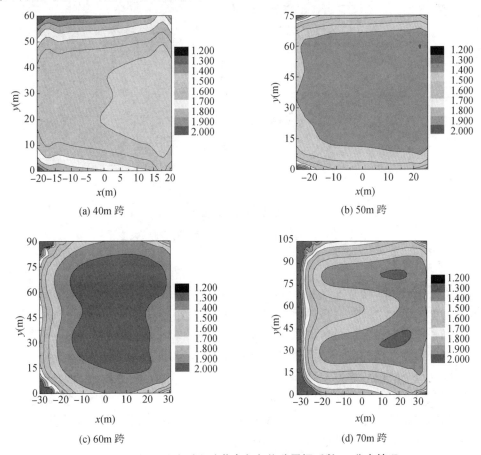

(a) 40m 跨　　　　　　　　　　(b) 50m 跨

(c) 60m 跨　　　　　　　　　　(d) 70m 跨

图 5.20　不同跨度时上弦节点竖向位移风振系数 β_d 分布情况

由于四种工况下网壳的长度尺寸各不相同,选取各模型 A-A 剖面上弦节点风振响应进行比较,并示于图 5.21 中,由该图可看出:① 由于结构整体刚度随着跨度的增大而减小,结构在脉动风作用下的竖向位移均方响应及平均风作用下的竖向位移响应均有不同程度的增加,70 m 跨的模型相对其他模型而言两种位移增加的幅度都很大,说明 70 m 跨时结构的刚度降低的幅度较大;② 从竖向位移风振系数的角度来看,由于在迎风面平均风作用下节点位移响应及脉动风作用下节点竖向位移均方响应均很小,60 m 跨和 70 m 跨的模型在迎风面形成了较大的奇点,而在背风面的风振系数随跨度的增加有增有减,但变化幅度较小。

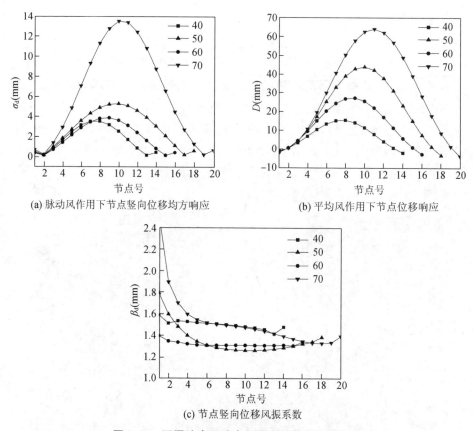

(a) 脉动风作用下节点竖向位移均方响应

(b) 平均风作用下节点位移响应

(c) 节点竖向位移风振系数

图 5.21 不同跨度下跨中剖面上弦节点风振响应

3）网壳厚度的影响分析

选取了厚度 t 取值为 1.5 m、1.7 m、2.0 m 和 2.2 m 共四种工况进行分析，图 5.22 给出了四种工况下上弦节点竖向位移风振系数的分布情况比较，由该图可以看出：① 四种工况下位移风振系数在数值上均呈现出从边部向中间递减的规律，总体上分布均较均匀，四角及迎风面约束点附近奇点的数量随厚度的增加逐渐减少，这主要是因为随着网壳厚度的减小，上述部位脉动风竖向位移均方差减小较快，而平均风位移响应则改变缓慢，由于二者在数值上均较小，不起控制作用，因此可以忽略奇点的影响；② 四种工况下位移风振系数分布均匀情况各不相同，除厚度为 $t=1.7$ m 的工况外，其他工况均在网壳中部形成了数值较小的条带，四种工况下大部分位置的风振系数值均稳定在 1.3~1.4 之间，变化较小。

图 5.23 给出了不同网壳厚度情况下 A-A 剖面上弦节点风振响应的对比情况，从图中可以发现：① 随着网壳厚度的增加，结构刚度随之增加，脉动风作用下的竖向位移均方响应值和平均风作用下的竖向位移响应均同步减小，减小的幅度在迎风面和背风面较小，但在结构中部则较大，这主要是由于在同一矢跨比下，结构中部风荷载体型系数较大，承担的风荷载较多，因此对结构刚度的改变更敏感；② 抛开迎风面风振系数奇点的影响，从风振系数的角度来看，由于在网壳厚度发生改变时，脉动风作用下的竖向位移均方响应值和平均风作用下的竖向位移响应均同步变化，因此表现在结构竖向位移风振系数上，则变化较小。

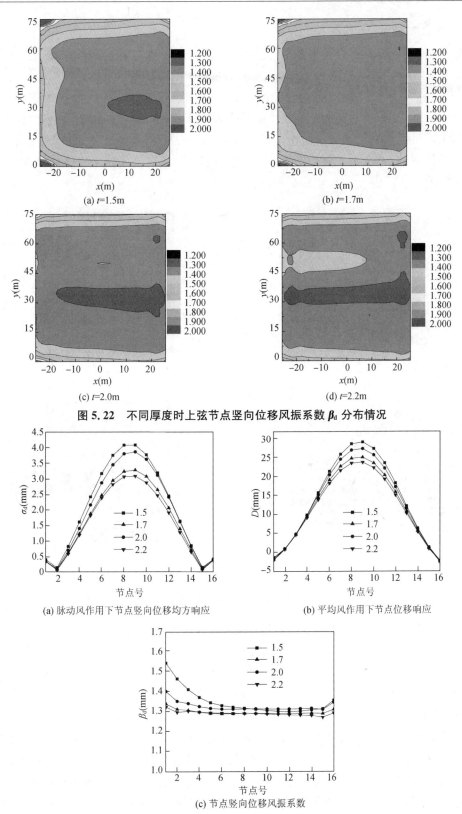

(a) t=1.5m

(b) t=1.7m

(c) t=2.0m

(d) t=2.2m

图 5.22 不同厚度时上弦节点竖向位移风振系数 β_d 分布情况

(a) 脉动风作用下节点竖向位移均方响应

(b) 平均风作用下节点位移响应

(c) 节点竖向位移风振系数

图 5.23 不同网壳厚度时 A-A 剖面上弦节点风振响应

4）长宽比的影响分析

双层柱面网壳特别适合于覆盖矩形形状的房屋空间,因此基于不同的功能要求及场地限制,结构的长宽比取值范围较大,本书选取了 $b/L=1.0$、1.2、1.5、1.8 共四种长跨比参数工况进行分析。图 5.24 给出了四种工况下结构上弦节点竖向位移风振系数的分布情况。从图中可看出:① 各种长宽比情况下风振系数值均表现出从边部向中间减小的趋势,均在角点及横向两端处形成了奇点;而在长宽比为 1.2 和 1.8 时,奇点数量非常多;② 除长宽比为 1.5 时位移风振系数大部分在 1.3～1.4 之间以外,其他各长宽比工况下的位移风振系数均大于该范围。

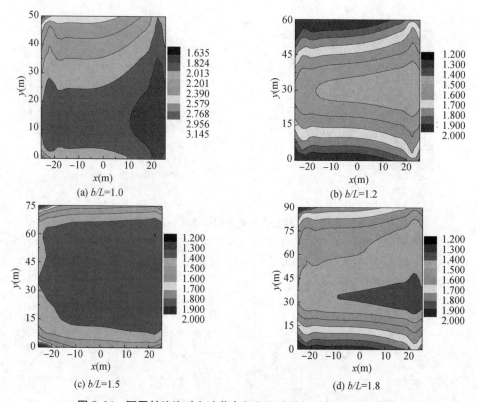

图 5.24　不同长跨比时上弦节点竖向位移风振系数 β_d 分布情况

分别取各模型 A-A 剖面的上弦节点的风振响应情况进行比较分析,示于图 5.25。由该图可看出:① 随着长宽比的增大,脉动风作用下的节点位移均方响应与平均风作用下的节点位移响应变化规律相似,均是先减小,后增加,但脉动风作用下的位移均方响应变化幅度更大;② 由于脉动风作用下的位移均方响应变化幅度更大,结构中部的竖向位移风振系数亦表现出随长宽比增加而先减小后增加的规律,长宽比为 1.5 时最小。

上述现象的产生可作如下解释:在长宽比接近于 1.0 的情况下,结构表现为双向受力,而采用本书两端约束的支座条件,尽管设置了预应力拉索,但仍弱化了结构在非约束方向的刚度,使得结构位移响应偏大;而当长宽比达到 1.5 及以上时,结构接近为单向受力,采用两端约束及正放四角锥形式的网格传力更直接,刚度更好,结构变形比较均匀,但长宽比也不能太大,通常设计中若长宽比过大也一般会在适当的位置增加加劲肋,这样即相当于减小网壳的长宽比。因此本书主要讨论了长宽比为 1.5 的模型。

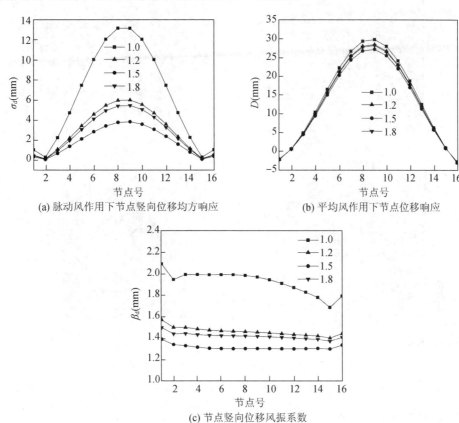

(a) 脉动风作用下节点竖向位移均方响应

(b) 平均风作用下节点位移响应

(c) 节点竖向位移风振系数

图 5.25 不同长跨比时跨中剖面上弦节点风振响应

5.2.6 结构参数对结构风振响应的影响分析

本节主要探讨结构参数的变化对结构风振响应性能的影响,考虑了屋面附加荷载和 x 向弹性支座约束刚度等两类参数的变化,共分析比较了 8 个模型的计算结果。

1) 屋面附加荷载的影响分析

屋面的附加荷载在分析中等效为附着在节点上的等效质量块,在 ANSYS 中采用 MASS21 单元来模拟,由于屋面附加荷载改变的同时未考虑杆件截面尺寸等其他刚度条件相应发生变化,因此,随着屋面附加荷载的改变,结构的质量矩阵将发生相应改变,从而影响到结构的自振频率和动力特性,使得结构的一阶自振频率随屋面荷载的增加而降低。在考虑屋面附加荷载的影响时,按附加荷载(面载)的大小,考虑了四种工况:$0.1\ \text{kN/m}^2$、$0.3\ \text{kN/m}^2$、$0.5\ \text{kN/m}^2$、$0.7\ \text{kN/m}^2$。图 5.26 为四种工况下结构上弦节点竖向位移风振系数的分布情况。

由图 5.26 可看出,① 屋面附加荷载为 $0.1\ \text{kN/m}^2$ 时节点竖向位移风振系数分布较离散,在结构边缘形成的风振系数奇点较多,随着屋面荷载的增加,奇点数减少,位移风振系数分布更加均匀;② 抛开奇点的影响,屋面附加荷载的变化对竖向位移风振系数在数值上影响很小,大部分节点均在 $1.30\sim1.40$ 范围内。

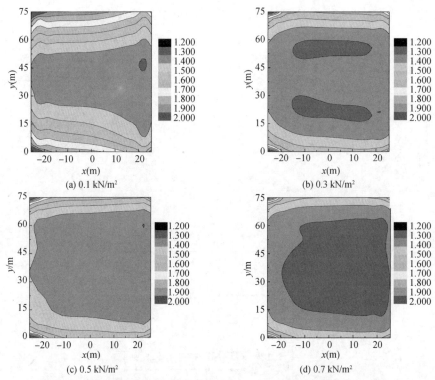

图 5.26　不同屋面附加荷载时上弦节点竖向位移风振系数 β_d 分布情况

选取 A-A 剖面上弦节点的位移风振响应进行分析，示于图 5.27 中，由该图可看出：

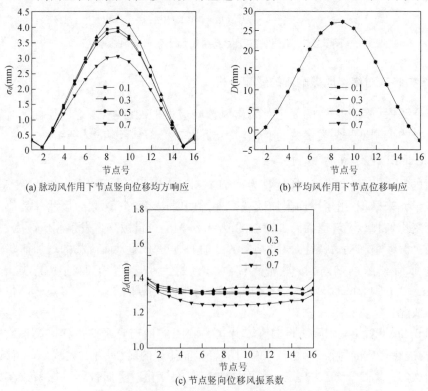

图 5.27　不同屋面附加荷载时 A-A 剖面上弦节点风振响应

① 随着屋面附加荷载的增加,脉动风作用下的竖向位移均方响应先增大后减小,在屋面附加荷载为 0.3 kN/m² 时最大,这说明屋面附加荷载变化而引起结构的动力特性变化对结构在脉动风作用下的位移均方响应的影响规律较复杂;② 由于屋面附加荷载的改变未改变结构的静力特性,在四种工况下平均风的竖向位移响应没有发生变化;③ 综合起来,由于平均风的竖向位移响应相对较大,反映在竖向位移风振系数上,结构的竖向位移风振系数随屋面附加荷载的变化而变化的幅度较小。

2) 支座弹性约束刚度的影响分析

拉索预应力网壳结构的支座应具有多功能作用。它不仅能承受屋盖上部的竖向和水平荷载,还要求张拉时能移动,建成后能承受各种荷载及地震、温度作用下产生的不同方向的位移,而橡胶支座往往能满足这些功能要求,因此应用十分广泛,本节对支座弹性约束刚度变化的讨论即是当选择不同刚度规格的橡胶支座时对结构的风振性能有何影响。依照弹性约束刚度的不同,选取了四种工况:1 600 kN/m、1 800 kN/m、2 000 kN/m 和 2 500 kN/m。图 5.28 为四种工况下结构上弦节点竖向位移风振系数的分布情况,由该图可看出,四种工况下,竖向位移风振系数分布规律非常一致,数值上也相差无几,说明弹簧约束刚度的变化对结构的风振性能影响很小。这一点从图 5.29 中也可以看出,脉动风作用下的竖向位移均方响应和平均风作用下的竖向位移响应及竖向位移风振系数都改变很小。

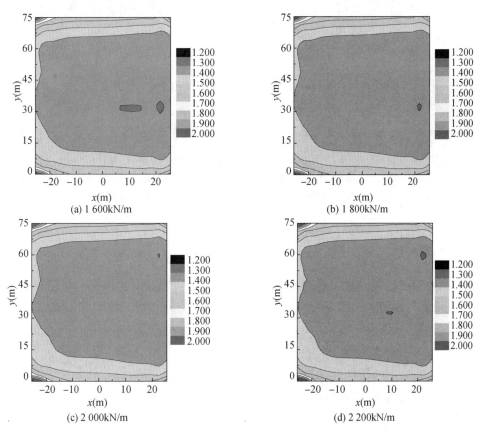

图 5.28　不同约束刚度时上弦节点竖向位移风振系数 β_d 分布情况

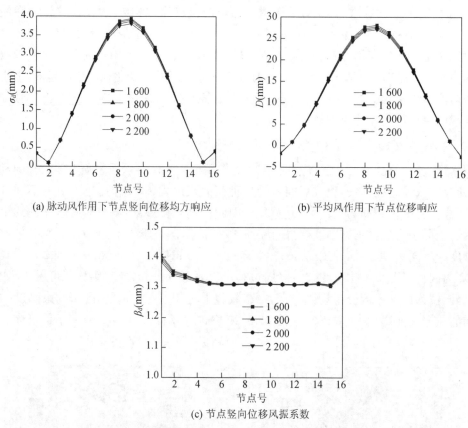

(a) 脉动风作用下节点竖向位移均方响应　　　(b) 平均风作用下节点位移响应

(c) 节点竖向位移风振系数

图 5.29　不同约束刚度时时 A-A 剖面上弦节点风振响应

这一现象可作如下解释：首先，预应力拉索的存在，释放了大量的支座水平推力，因此弹簧约束刚度的改变对平均风作用下的竖向位移响应影响非常小；其次，由于双层柱面网壳自身的水平刚度较强，加上预应力拉索的存在，更增强了结构的水平刚度，因此支座水平方向弹簧约束刚度的改变对结构的自振性能影响不大，从而对结构在脉动风作用下的竖向位移均方响应影响也很小。综合上述现象和原因，可以认为支座弹性约束刚度的改变对结构的风振性能影响很小。

5.2.7　风荷载参数对结构风振响应的影响分析

本节主要探讨各类风荷载参数的变化对预应力双层柱面网壳结构风振响应性能的影响，考虑了基本风速、支座高度、场地类型等参数的变化对结构风振性能的影响，共分析比较了 11 个模型的计算结果。

1）基本风速的影响分析

当基本风速发生变化时，结构各节点对应的平均风速均发生变化，从而使各节点所承受的平均风压力和脉动风压力均发生变化，这种变化势必使得结构的风振响应发生变化，因此按基本风速大小分类，讨论分析了四种基本风速工况：20 m/s、25 m/s、30 m/s 和 35 m/s。图 5.30 给出了四种基本风速工况下结构上弦节点竖向位移风振系数的分布情况。

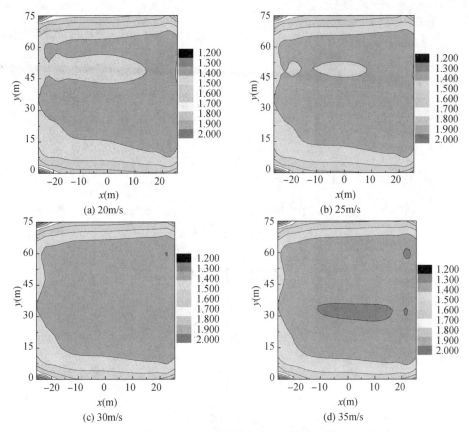

图 5.30　不同基本风速时上弦节点竖向位移风振系数 β_d 分布情况

由图 5.30 可以看出：① 由于仅改变了作用在结构上的风荷载,而结构在几何及刚度上均未发生变化,风振系数分布规律比较一致,四种工况下均在结构四个角部形成了一些风振系数奇点,而在结构中部则分布较均匀,随着基本风速的增加,分布趋于更均匀;② 从风振系数数值来看,四种工况均表现为从两端向中间减小,并随着基本风速的增加,数值有变小的趋势,但变化很小。

结构在 A-A 剖面的上弦节点位移风振情况示于图 5.31,由该图可知:① 由于随着基本风速的增加,结构所承受的脉动风压及平均风压均在增大,因此结构在脉动风作用下的位移均值响应和平均风作用下的位移响应均增大,且增大的速度也比较一致;② 两种位移响应同步增大的现象反映在节点的竖向位移风振系数上,变化十分微小,尽管随着基本风速的增加,位移风振系数有所减小,但最大变化幅度在 3% 以内。

2) 支座高度的影响分析

支座高度的变化也将导致结构各节点所承受的平均风压及脉动风压发生变化,为探讨支座高度发生变化的情况下结构风振响应的变化情况,根据结构支撑高度的不同,选择了三种工况进行分析:10 m、20 m 和 30 m。图 5.32 给出了三种工况下结构上弦节点竖向位移风振系数的分布情况,由此图可以看出:① 随着支座高度的增加,结构竖向位移风振系数的分布趋于均匀,离散程度有所降低,结构角部及两端的风振系数奇点数量明显减少;② 从数值上来看,抛开位移风振系数奇点,风振系数随支座高度的增加有减小的趋势。

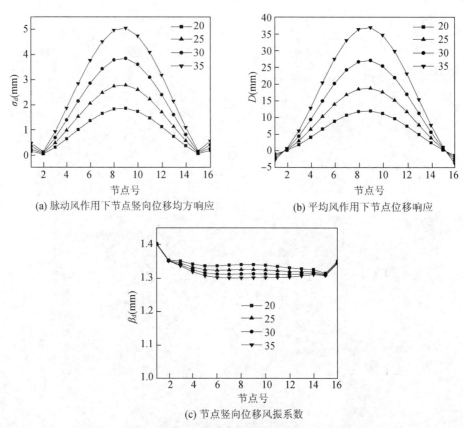

(a) 脉动风作用下节点竖向位移均方响应　　　　(b) 平均风作用下节点位移响应

(c) 节点竖向位移风振系数

图 5.31　不同基本风速时 A-A 剖面上弦节点风振响应

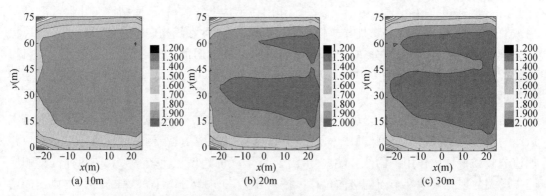

(a) 10m　　　　　　(b) 20m　　　　　　(c) 30m

图 5.32　支座高度不同时上弦节点竖向位移风振系数 β_d 分布情况

　　图 5.33 给出了 A-A 剖面上弦节点的位移风振响应情况,从中可看出:① 平均风作用下的节点竖向位移响应随支座高度的增高而增大,而脉动风作用下节点的竖向位移均方响应随支座高度的增加仅有微小的变化,几乎可以认为没有变化;② 受两种位移响应变化的影响,各节点位移风振系数随支座高度的增加而减小,从支撑高度为 10 m 到支撑高度变为 30 m,减小幅度在 6% 左右,影响较小,这一点结合位移风振系数的定义及两种位移的变化规律也可以推断。

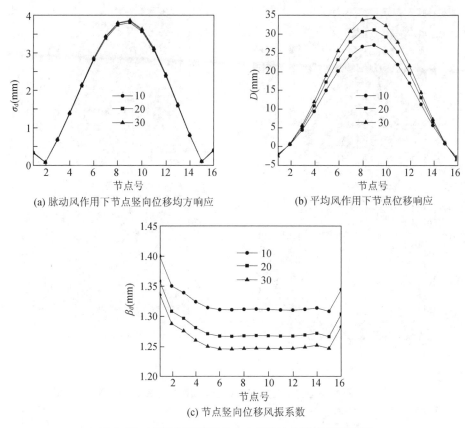

(a) 脉动风作用下节点竖向位移均方响应　　(b) 平均风作用下节点位移响应

(c) 节点竖向位移风振系数

图 5.33　支座高度不同时 A-A 剖面上弦节点风振响应

3) 场地类型的影响分析

结构承受的风荷载大小不仅与基本风速有关,还与结构所处的场地类型相关,我国荷载规范按地面粗糙度的不同将场地类型分为 A、B、C 和 D 四类,从 A 类场地到 D 类场地,地面粗糙度系数逐渐增大,梯度风高度逐渐增大,即在同一建筑高度,当基本风速相同时,其平均风速是降低的,因此,平均风的作用相对变弱,但与此同时,随着地面粗糙度的增大,近地面的湍流作用更加明显,脉动风的作用相对增强。在此,按四种地貌分类,选取了四种工况进行分析:A、B、C 和 D。四种工况下结构上弦节点竖向位移风振系数的分布情况如图 5.34 所示。

由图 5.34 可看出:在四种场地类型情况下,竖向位移风振系数在结构上层节点上的分布规律完全一致,抛开四种工况下均存在的数值奇点的影响,从数值上看,当场地类型从 A—B—C—D 变化时,节点竖向位移风振系数逐渐增大,A、B 两类场地类型下,位移风振系数改变量较小,大部分均在 1.2～1.3 之间,C 类场地类型下,位移风振系数大部分在 1.41～1.58 之间,D 类场地类型下,位移风振系数则大部分增加到 1.63～1.90 之间,增长较快。图 5.35 给出了 A-A 剖面上弦节点的风振响应结果,由该图可以看出:① 平均风作用下的节点位移响应和脉动风作用下的节点竖向位移均方响应随场地类型的变化有相似的变化规律,只是平均风作用下的节点位移响应由地貌 A—B—C—D 的变化依次减小且减小幅度较大,而脉动风作用下的节点位移均方响应也由地貌 A—B—C—D 的变化依次减小,但减小幅度较小;② 各节点位移风振系数均随着地貌由 A—B—C—D 的变化依次增大。

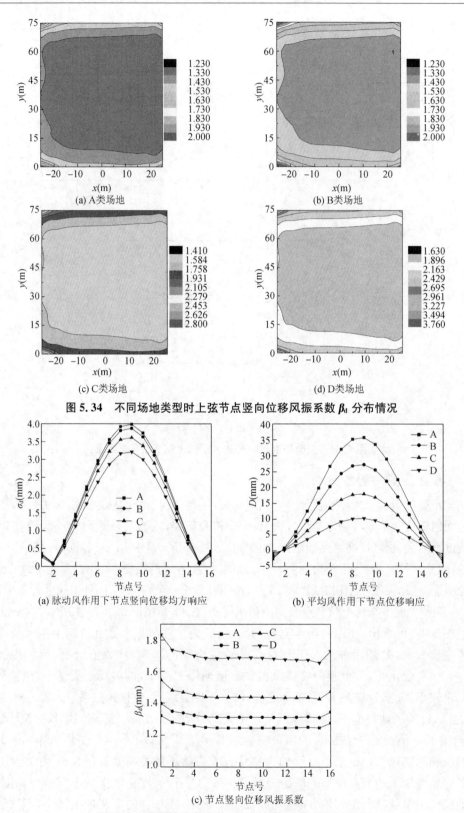

(a) A类场地

(b) B类场地

(c) C类场地

(d) D类场地

图 5.34　不同场地类型时上弦节点竖向位移风振系数 β_d 分布情况

(a) 脉动风作用下节点竖向位移均方响应

(b) 平均风作用下节点位移响应

(c) 节点竖向位移风振系数

图 5.35　不同场地类型时 A-A 剖面上弦节点风振响应

5.3 拉索预应力球面网壳的风振响应

5.3.1 算例说明及参数分析方案

本节分析对象为一类 K6 型拉索预应力双层球面网壳结构,如图 5.36 所示,其中粗黑线代表预应力拉索,箭头方向为水平风荷载作用方向(x 向)。为便于分析对照,选取一个基本算例模型,并在该基本模型基础上,通过每次变更一个参数(其余参数则与基本模型相同),获得了一系列的数值计算模型,通过对这些模型进行计算分析,达到大规模数值分析的目的。

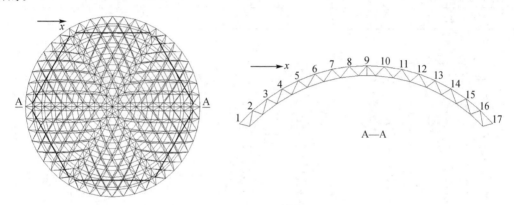

图 5.36 预应力双层球面网壳模型

基本算例参数取值如下:跨度(L)取为 50 m,矢跨比(f/L)为 1/5,矢高 10 m,结构阻尼比为 0.02,屋面附加均布荷载为 0.5 kN/mm²,选用 K6-8 型网壳,节点为焊接球节点,共 434 个节点,1 807 根杆件,杆件截面通过满应力法确定;布索方式选取图 5.37(a)所示的第一种布索方式,拉索截面积为 687 mm²,并施加 300 kN 的预应力;边界条件设为周边竖向位移约束,同时在六条主肋的上弦边节点设置三个水平 x 和 y 方向的约束,同时考虑两个水平方向的约束为弹性约束,弹性约束刚度为 2 000 kN/m,支座高度为 10 m;结构处于 B 类场地,10 m 高程基本风速为 30 m/s,假定结构的风振响应满足准定常理论,风荷载体型系数则参照我国《建筑结构荷载规范》(GB 50009—2010)计算确定。

本节在分析中考虑的变化参数主要有:

(1) 几何参数:

跨度:40 m,<u>50 m</u>,60 m,70 m;

矢跨比:1/4,<u>1/5</u>,1/6,1/7;

网壳厚度(t):1.5 m,<u>1.7 m</u>,2.0 m,2.2 m;

(2) 结构参数:

屋面附加荷载(kN/m²):0.3,<u>0.5</u>,0.7,0.9;

布索方式:图 5.37 所示的<u>布索方式一</u>,布索方式二,布索方式三;

拉索预拉力(kN):<u>300</u>,400;

弹性约束刚度(kN/m):1 800,<u>2 000</u>,2 200,2 400;

(3) 风荷载参数:

基本风速(m/s):20,25,<u>30</u>,35;

支座高度(m):<u>10</u>,20,30;

场地类型:A,<u>B</u>,C,D。

不同跨度下网格形式及预应力情况列于表5.6。

表5.6　不同跨度网格形式及预应力情况

跨度(m)	40	50	60	70
网格形式	K6-6	K6-8	K6-10	K6-12
预应力索面积(mm²)	687	687	687	687
预拉力(kN)	200	300	400	500

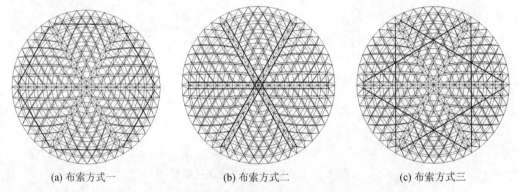

(a) 布索方式一　　　　(b) 布索方式二　　　　(c) 布索方式三

图5.37　Kiewitt型(K6)拉索预应力双层球面网壳的三种布索方式

5.3.2　拉索预应力双层球面网壳的自振特性分析

在进行预应力球面网壳结构的风振参数分析之前,首先对拉索预应力球面网壳的自振性能进行了分析,并对结构的自振频率和振型作了相应探讨,以了解其自振性能与普通球面网壳的区别,并讨论预应力拉索的设置及施加的预应力大小对该类结构的自振性能的影响情况。

参照第四章的分析方法,选取了四个结构模型进行了对比分析:① 不设拉索的普通双层球面网壳,但支撑条件为周边三向刚性约束;② 设置预应力拉索,但不考虑预应力;③ 设置预应力拉索,并施加300 kN的初内力;④ 设置预应力拉索,并施加400 kN的初内力。后三个模型约束条件同基本算例,各模型网壳部分的参数及预应力拉索布索方式、拉索截面尺寸均同基本算例。

采用Lanczos向量迭代法进行自振分析的求解,获得各模型前100阶自振频率,各模型各阶自振频率分布情况如图5.38所示,并列表示出各模型前10阶自振频率,如表5.7所示。此外,模型一前10

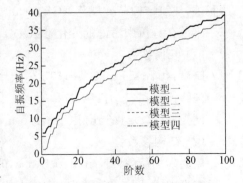

图5.38　计算模型自振频率分布比较

阶振型示于图 5.39,由于后三个模型各阶振型具有良好的对应行,故仅给出模型三前 10 阶振型并示于图 5.40,由上述图表可以看出,各模型的自振分析对比结果规律同预应力柱面网壳结构的自振分析对比结果规律具有较大的相似性,如设置拉索后,由于水平约束的减弱,使得结构刚度降低,一阶自振频率相对普通双层球面网壳减小,而是否考虑预应力或者施加的预应力大小则对一阶自振频率影响很小;在振型方面,各模型第一阶振型均为水平振型,而后各阶振型中,水平振型和竖向振型交替出现。

表 5.7 计算模型前 10 阶自振频率(Hz)

阶数	1	2	3	4	5	6	7	8	9	10
模型一	6.042	6.042	7.288	7.885	7.885	9.658	10.077	10.246	11.843	11.843
模型二	1.337	1.337	1.859	4.171	5.730	5.730	7.490	7.490	9.517	9.865
模型三	1.337	1.337	1.859	4.172	5.730	5.730	7.488	7.488	9.518	9.860
模型四	1.337	1.337	1.860	4.172	5.730	5.730	7.487	7.487	9.518	9.858

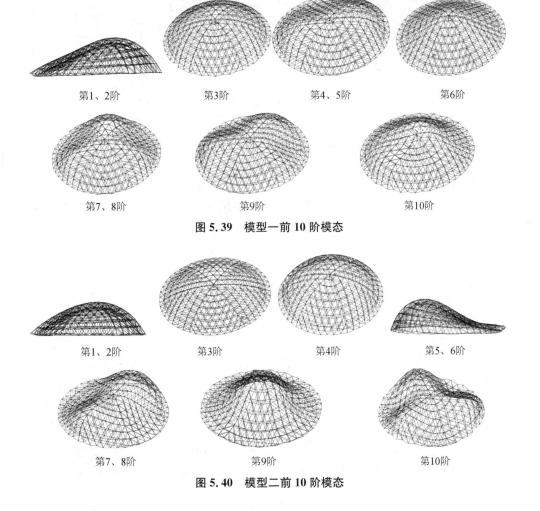

第1、2阶　　第3阶　　第4、5阶　　第6阶

第7、8阶　　第9阶　　第10阶

图 5.39 模型一前 10 阶模态

第1、2阶　　第3阶　　第4阶　　第5、6阶

第7、8阶　　第9阶　　第10阶

图 5.40 模型二前 10 阶模态

5.3.3　预应力对结构风振响应的影响分析

本节比较了预应力双层球面网壳结构的风振性能与普通双层球面网壳结构的风振性能,并比较了预应力的大小对预应力双层球面网壳结构风振性能的影响。

图 5.41 所示为基本算例及同等条件下(但约束条件为周边三向约束)未设拉索的普通双层球面网壳上弦节点竖向位移风振系数的分情况。由该图可知,无论是否设置预应力拉索,结构上弦竖向位移风振系数分布均较均匀,靠近中部风振系数值较大,而靠近边界处风振系数则相对较小;设置预应力拉索后,结构上弦各节点竖向位移风振系数相对设置预应力拉索前,减小较为明显。

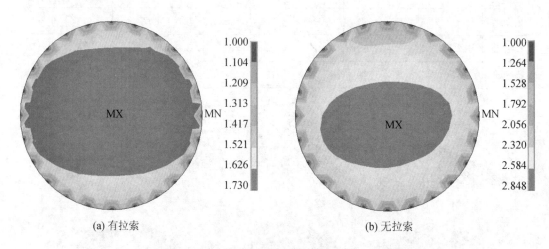

(a) 有拉索　　　　　　　　　　(b) 无拉索

图 5.41　上弦节点竖向位移风振系数 β_d 分布情况

上述规律还反映在图 5.42 所示的 A-A 主肋上弦各节点竖向风振响应上,由图 5.42 可看出,设置预应力拉索后,上弦各节点的平均风竖向位移响应增加较明显,这主要是由于设置预应力拉索前结构为周边三向约束,而设置预应力拉索后,水平约束为弹性约束,且平均风的掀起作用抵消肋部分预应力效应;而由图 5.42(a)可以看出,设置预应力拉索前后,由于结构整体刚度的降低,脉动风的响应增大,但变化幅度相对较小。因此,由于设置预应力拉索后平均风位移响应增加更多,预应力球面网壳的节点竖向位移风振系数数值要小于同等条件的普通球面网壳结构,说明预应力球面网壳对脉动风效应的敏感性要小于普通球面网壳结构。

对本节的基本算例分别施加 300 kN 和 400 kN 的预应力,并进行风振分析。图 5.43 给出了两种预应力工况下上弦节点竖向位移风振系数的分布情况;图 5.44 给出了两个计算模型 A-A 剖面主肋上弦节点的风振响应情况。从图 5.43 和图 5.44 可以看出,预应力大小对结构的风振响应几乎没有影响,这与预应力双层柱面网壳结构的风振响应受预应力大小的影响结论是一致的,其原因也是一致的,因此对预应力双层柱面网壳结构及预应力双层球面网壳结构进行风振响应分析时,均可不考虑预应力大小的影响。

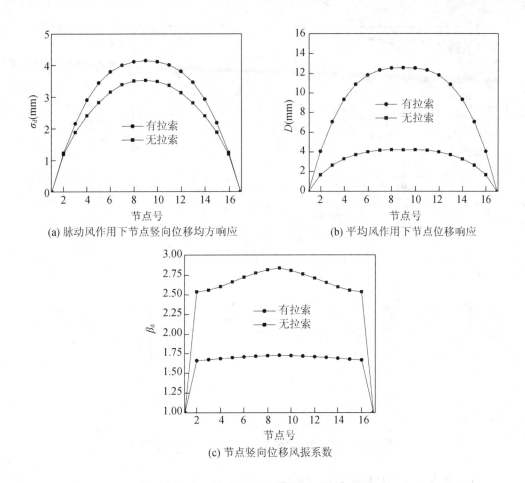

(a) 脉动风作用下节点竖向位移均方响应　　(b) 平均风作用下节点位移响应

(c) 节点竖向位移风振系数

图 5.42　有无拉索时 A-A 剖面上弦节点风振响应

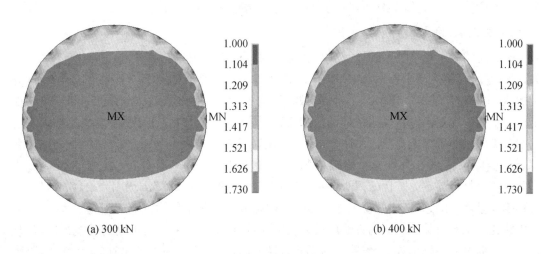

(a) 300 kN　　　　　　　　　　　　　　(b) 400 kN

图 5.43　不同预应力时上弦节点竖向位移风振系数 β_d 分布情况

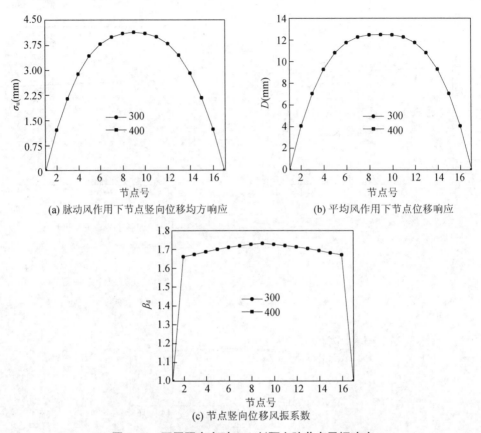

(a) 脉动风作用下节点竖向位移均方响应　　　(b) 平均风作用下节点位移响应

(c) 节点竖向位移风振系数

图 5.44　不同预应力时 A-A 剖面上弦节点风振响应

5.3.4　几何参数对结构风振响应的影响分析

结合预应力双层球面网壳结构的几何组成,本节讨论的几何参数主要包括矢跨比、跨度和网壳厚度等三类参数,共分析对比了 12 个计算模型的结果。

1) 矢跨比的影响分析

矢跨比的大小直接关系到风荷载在结构上的分布情况,因此首先对其进行讨论,本节令矢跨比改变,分析了四个模型:$f/L=1/4$、$1/5$、$1/6$、$1/7$。参照我国荷载规范,对于球面网壳结构,在本书讨论的小矢比情况下,风荷载在结构上的分布均是对称的。图 5.45 给出了四个模型上弦节点竖向位移风振系数的分布情况,图 5.46 所示为该四个模型 A-A 剖面主肋上弦节点的风荷载响应情况。由图 5.45 可看出,总体上在四种小矢跨比情况下,结构上弦节点的竖向位移风振系数分布均较均匀,随着矢跨比的减小,其分布也趋于越均匀。由图 5.46 可看出,随着矢跨比的减小,由于结构竖向刚度的减弱,平均风作用下的各节点竖向位移响应呈增大的趋势;而脉动风作用下的结构各节点竖向位移均方响应则先增大后减小,在矢跨比为 1/6 时脉动风的均方响应最大,说明结构在 1/6 矢跨比时的动力性能最弱,表现在结构竖向位移风振系数上,矢跨比为 1/6 时最大,而在其他三种矢跨比时,变化较小,最大相差在 10% 左右。

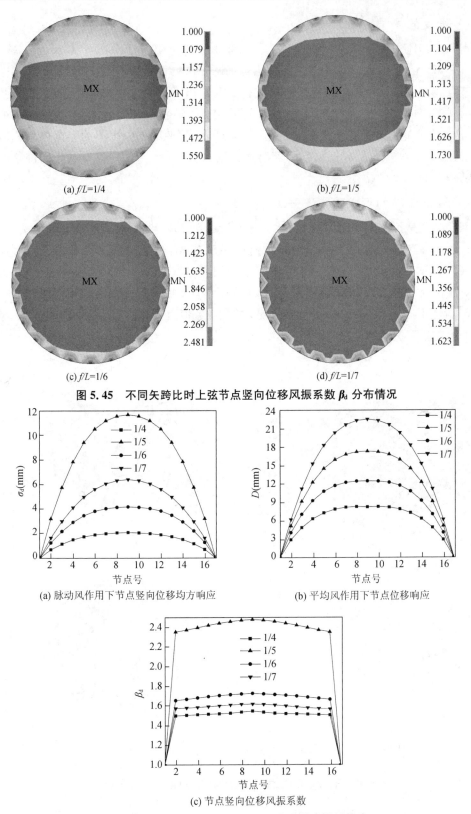

(a) f/L=1/4

(b) f/L=1/5

(c) f/L=1/6

(d) f/L=1/7

图 5.45　不同矢跨比时上弦节点竖向位移风振系数 β_d 分布情况

(a) 脉动风作用下节点竖向位移均方响应

(b) 平均风作用下节点位移响应

(c) 节点竖向位移风振系数

图 5.46　不同矢跨比时 A-A 剖面上弦节点风振响应

2）跨度的影响分析

本节在其他条件不变的情况下，选取了跨度分别为 40 m（K6-6）、50 m（K6-8）、60 m（K6-10）和70 m（K6-12）的四个双层预应力球面网壳进行了分析。图 5.47 所示为四个模型上弦节点竖向位移风振系数的分布情况，图 5.48 给出了四个模型 A-A 剖面主肋上弦节点的风荷载响应情况。由图 5.47 和图 5.48 可看出：① 随着跨度的增加，由于结构刚度的减小，结构各节点在脉动风作用下的竖向位移均方响应及平均风作用下的竖向位移响应均明显增加；② 结构竖向位移风振系数随着跨度的增大分布趋于均匀，各节点竖向位移风振系数则随跨度的增大而减小。

3）网壳厚度的影响分析

网壳厚度是预应力柱面网壳设计的一个主要参数，本节选取了厚度 t 取值为 1.5 m、1.7 m、2.0 m 和 2.2 m 共四种工况进行分析，图 5.49 给出了四种工况下上弦节点竖向位移风振系数的分布情况比较，图 5.50 给出了不同网壳厚度情况下 A-A 剖面上弦节点风振响应的对比情况。由图 5.49 可以看出，四种工况下结构上弦节点竖向位移风振系数分布均十分均匀，随着网壳厚度的增加，也越趋于更均匀，从数值上看，随着网壳厚度的增加，竖向位移风振系数呈现递减的规律。

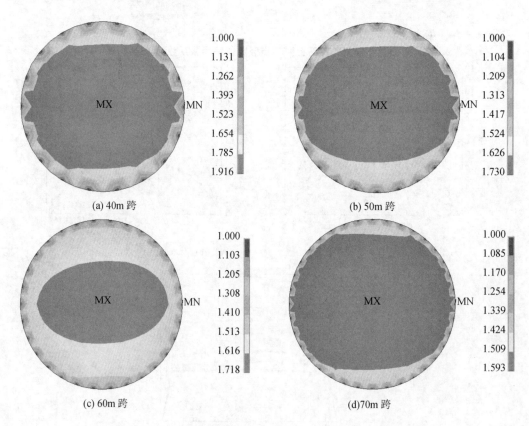

图 5.47　不同跨度时上弦节点竖向位移风振系数 β_d 分布情况

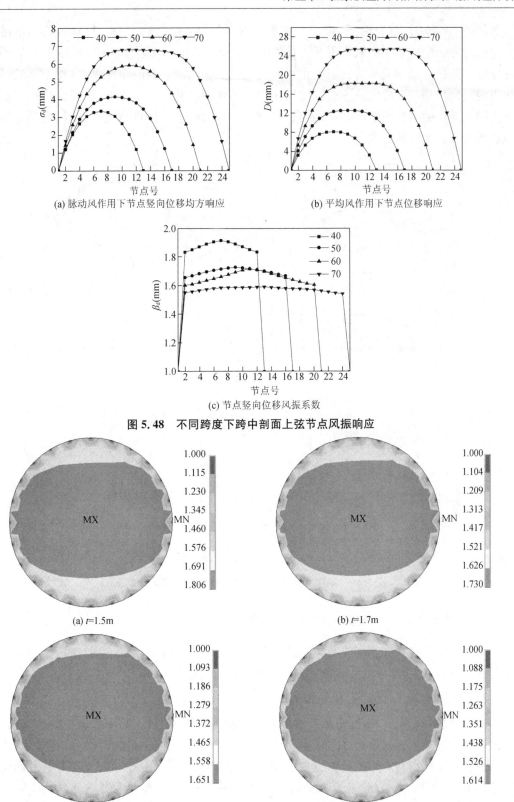

(a) 脉动风作用下节点竖向位移均方响应

(b) 平均风作用下节点位移响应

(c) 节点竖向位移风振系数

图 5.48　不同跨度下跨中剖面上弦节点风振响应

(a) t=1.5m

(b) t=1.7m

(c) t=2.0m

(d) t=2.2m

图 5.49　不同厚度时上弦节点竖向位移风振系数 β_d 分布情况

从图 5.50 中可以发现：① 随着网壳厚度的增加,结构刚度的增加,脉动风作用下的竖向位移均方响应值和平均风作用下的竖向位移响应均减小,但前者减小得更加明显,说明网壳厚度的变化对结构的动力性能变化影响更大;② 从风振系数的角度来看,由于脉动风作用下的竖向位移均方响应减小较平均风作用下的竖向位移响应减小要快,竖向位移风振系数随网壳厚度的增加而有所减小,说明对于预应力球面网壳,厚度越大时,结构对脉动风效应的敏感度有所降低。

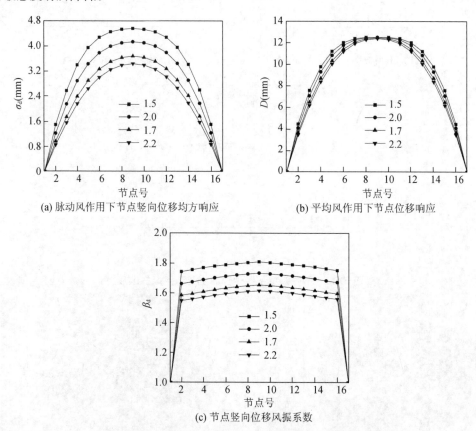

(a) 脉动风作用下节点竖向位移均方响应

(b) 平均风作用下节点位移响应

(c) 节点竖向位移风振系数

图 5.50　不同网壳厚度时 A-A 剖面上弦节点风振响应

5.3.5　结构参数对结构风振响应的影响分析

本节对影响结构风振响应的各类结构参数进行了比较分析,所讨论的结构参数包括屋面附加荷载、预应力拉索的布索方式和支座弹性约束刚度等,共 11 个计算模型。

1) 屋面附加荷载的影响分析

从前面的分析可知,屋面附加荷载的变化,改变了结构的自振频率和动力特性,使得结构的一阶自振频率随屋面荷载的增加而降低。由于轻屋盖在实际工程中更广泛应用,本节在考虑屋面附加荷载对结构风振性能的影响时,按附加荷载(面载)的大小,考虑了四种工况:0.3 kN/m²、0.5 kN/m²、0.7 kN/m²、0.9 kN/m²。图 5.51 为四种工况下结构上弦节点竖向位移风振系数的分布情况,图 5.52 为各计算模型 A-A 主肋上弦节点的风荷载响应情况。由图 5.51 可看出,随着屋面附加荷载的增加,结构上弦节点竖向位移风振系数先增加,

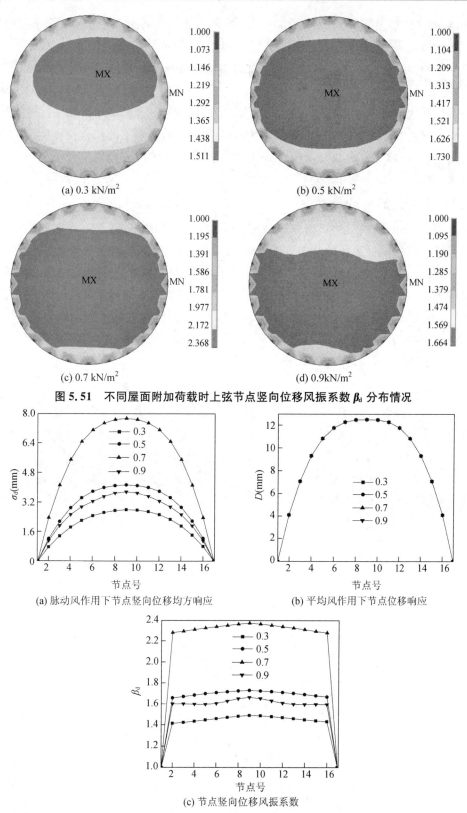

(a) 0.3 kN/m²

(b) 0.5 kN/m²

(c) 0.7 kN/m²

(d) 0.9kN/m²

图 5.51　不同屋面附加荷载时上弦节点竖向位移风振系数 β_d 分布情况

(a) 脉动风作用下节点竖向位移均方响应

(b) 平均风作用下节点位移响应

(c) 节点竖向位移风振系数

图 5.52　不同屋面附加荷载时 A-A 剖面上弦节点风振响应

后减小,在屋面附加荷载为 $0.7\ kN/m^2$ 时最大;从分布上看,随着屋面附加荷载的增加,风振系数的分布趋于更加均匀。由图 5.52 可看出,随着屋面附加荷载的增加,脉动风作用下的竖向位移均方响应先增大后减小,在屋面附加荷载为 $0.7\ kN/m^2$ 时最大,而由于屋面附加荷载的大小并不影响平均风的静力响应,四种工况下的平均风竖向位移响应不变,因此反映在各节点竖向位移风振系数上,随着屋面附加荷载的增加而先增加后减小。这说明屋面附加荷载变化而引起结构的动力特性变化对结构在脉动风作用下的位移均方响应的影响规律较复杂,相对于预应力柱面网壳,屋面附加荷载的变化对预应力球面网壳结构风振系数的影响要大一些。

2) 布索方式的影响分析

采用图 5.37 所示的三种布索方式,分别进行风振分析,图 5.53 为三种布索方式下结构上弦节点竖向位移风振系数的分布情况,图 5.54 为各模型 A-A 剖面主肋上弦各节点的风振响应比较。由图 5.53 可看出,三种布索方式情况下,竖向位移风振系数的分布均较均匀,分布规律类似;由图 5.54 可看出,采用第一和第二种布索方式时脉动风作用下的竖向位移均方响应、平均风作用下的竖向位移响应及上弦节点竖向位移风振系数均较接近,采用第二种布索方式时各结果稍小,采用第三种布索方式时各结果都要小一些,但反映在竖向位移风振系数上,相对第一种布索方式,其最大差距在 7% 以内。

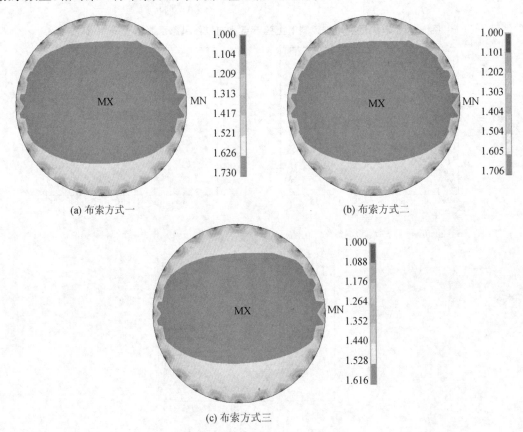

(a) 布索方式一

(b) 布索方式二

(c) 布索方式三

图 5.53　不同布索方式时上弦节点竖向位移风振系数 β_{d} 分布情况

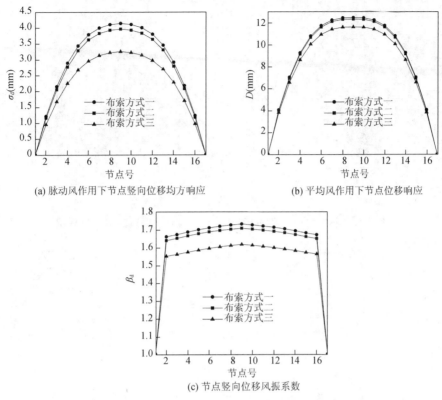

(a) 脉动风作用下节点竖向位移均方响应　　　(b) 平均风作用下节点位移响应

(c) 节点竖向位移风振系数

图 5.54　不同布索方式时 A-A 剖面上弦节点风振响应

3) 支座弹性约束刚度的影响分析

依弹性约束刚度的不同,选取了四种工况进行分析:1 800 kN/m、2 000 kN/m、2 200 kN/m 和 2 400 kN/m。图 5.55 为四种工况下结构上弦节点竖向位移风振系数的分布情况,图 5.56 为各模型 A-A 剖面主肋上弦各节点的风振响应比较。由图 5.55 可看出,四种工况下,竖向位移风振系数分布规律非常一致,各节点对应的竖向位移风振系数在数值上也相差无几,说明弹簧约束刚度的变化对结构的风振性能影响很小。这一点从图 5.56 中也可以看出,脉动风作用下的竖向位移均方响应和平均风作用下的竖向位移响应及竖向位移风振系数都改变很小,说明支座弹性约束刚度的改变对结构的风振性能影响很小。

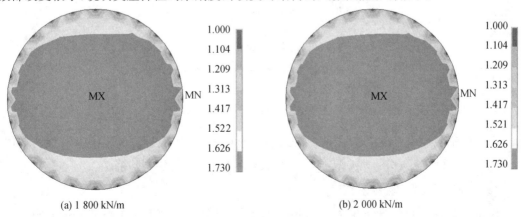

(a) 1 800 kN/m　　　　　　　　　　　　　　(b) 2 000 kN/m

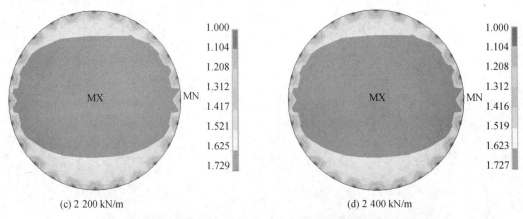

(c) 2 200 kN/m   (d) 2 400 kN/m

图 5.55　不同约束刚度时上弦节点竖向位移风振系数 β_d 分布情况

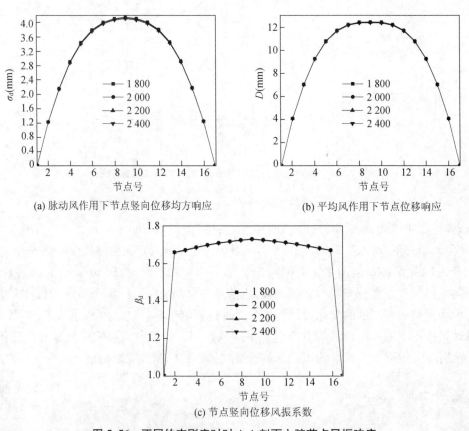

(a) 脉动风作用下节点竖向位移均方响应   (b) 平均风作用下节点位移响应

(c) 节点竖向位移风振系数

图 5.56　不同约束刚度时时 A-A 剖面上弦节点风振响应

5.3.6　风荷载参数对结构风振响应的影响分析

本节讨论各类风荷载参数对预应力双层球面网壳结构风振响应的影响,探讨的参数包括基本风速、支座高度和场地类型等,共分析比较了 11 个计算模型的结果。

1) 基本风速的影响分析

对于基本风速的影响分析,按基本风速的大小,计算了以下四种工况:20 m/s、25 m/s、

30 m/s、35 m/s。四种工况下结构上弦各节点竖向位移风振系数的分布情况如图 5.57 所示,图 5.58 给出了四种工况下结构 A-A 剖面主肋上弦节点的风荷载响应情况。由图 5.57 可看出,在四种工况下结构各节点竖向位移风振系数变化很小,分布也很一致,而由图 5.58 可看出,随着基本风速的增大,脉动风作用下的竖向位移均方响应和平均风作用下的竖向位移响应增大,但由于二者增大的比例相近,使得结构各节点竖向位移风振系数几乎没有变化,其变化可以忽略比计。由于基本风速的变化仅改变了风荷载的大小,而与结构的具体性质无关,因此这一结论与拉索预应力双层柱面网壳的结论相似。

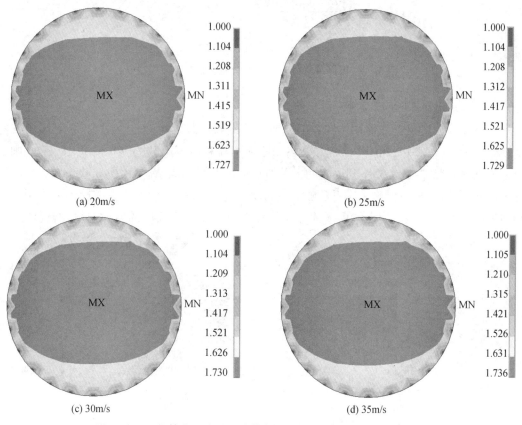

(a) 20m/s   (b) 25m/s

(c) 30m/s   (d) 35m/s

图 5.57 不同基本风速时上弦节点竖向位移风振系数 β_d 分布情况

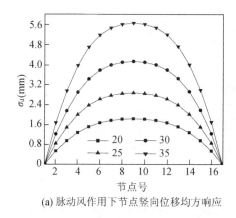

(a) 脉动风作用下节点竖向位移均方响应

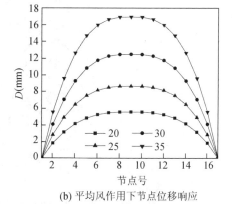

(b) 平均风作用下节点位移响应

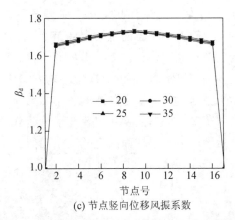

(c) 节点竖向位移风振系数

图 5.58   不同基本风速时 A-A 剖面上弦节点风振响应

2）支座高度的影响分析

支座高度的变化也将导致结构各节点所承受的风荷载发生变化。图 5.59 给出了支座高度分别为 10 m、20 m 和 30 m 时结构各节点竖向位移风振系数的分布情况,图 5.60 则给出了该三种工况下结构 A-A 剖面主肋上弦节点的风荷载响应情况,由图 5.59 和图 5.60 可看出,结构各节点竖向位移风振系数随支座高度的增大而减小,而各节点在脉动风作用下的竖向位移均方响应和平均风作用下的竖向位移响应均随支座高度的增加而增加,说明脉动

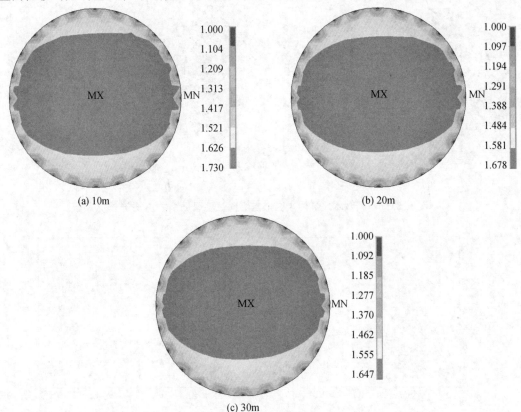

图 5.59   支座高度不同时上弦节点竖向位移风振系数 β_d 分布情况

风的竖向位移均方响应较平均风竖向位移响应随支座高度的增加而增加的速度要慢些;从竖向位移风振系数的角度看,尽管其随支座高度的增大而减小,但从支座高度为 10 m 到支座高度变为 30 m,减小幅度在 5%左右,影响较小。

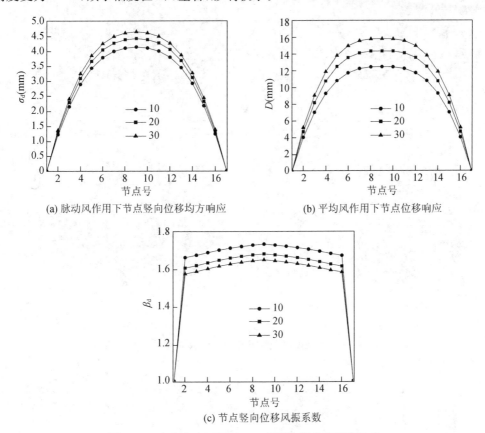

(a) 脉动风作用下节点竖向位移均方响应　　　(b) 平均风作用下节点位移响应

(c) 节点竖向位移风振系数

图 5.60　支座高度不同时 A-A 剖面上弦节点风振响应

3）场地类型的影响分析

地面的粗糙度对近地风的强弱影响较大。一般而言,随着地面粗糙度的增加,当基本风速相同时,平均风的作用相对变弱,脉动风的作用相对增强。由于场地类型的改变也仅改变了输入结构的风荷载大小,而与结构的具体性质无关,因此此场地类型的对预应力双层球面网壳结构的风振响应影响和对预应力双层柱面网壳结构的风振响应影响应该是一致的。

图 5.61 给出了规范规定的四类场地情况下,结构各节点竖向位移风振系数的分布情况,图 5.62 给出了各工况下结构 A-A 剖面主肋上弦节点的风荷载响应情况。由图 5.61 可知,当场地类型从 A—B—C—D 变化时,竖向位移风振系数有增大的趋势,且偏大的竖向位移风振系数所占的范围也有所扩大;由图 5.62 可看出,平均风作用下的节点位移响应和脉动风作用下的节点竖向位移均方响应随场地类型由 A—B—C—D 的变化依次减小,但脉动风下结构节点竖向位移均方响应减小的速度要小,说明场地越粗糙,风的动力效应相对愈大,表现在竖向位移风振系数上,各节点位移风振系数均随着地貌由 A—B—C—D 的变化依次增大。

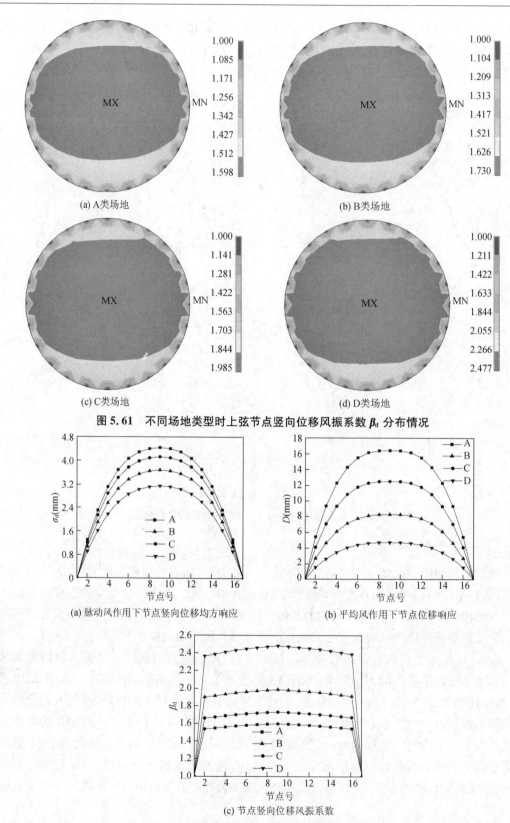

(a) A类场地

(b) B类场地

(c) C类场地

(d) D类场地

图 5.61　不同场地类型时上弦节点竖向位移风振系数 β_d 分布情况

(a) 脉动风作用下节点竖向位移均方响应

(b) 平均风作用下节点位移响应

(c) 节点竖向位移风振系数

图 5.62　不同场地类型时 A-A 剖面上弦节点风振响应

5.4　拉索预应力网格结构的整体风振系数

在前两节中,通过运用随机模拟时程分析方法,结合自编程序模拟的风荷载,对大量算例进行了分析,得到了拉索预应力柱面网壳结构和拉索预应力球面网壳结构的风振响应一般规律,并给出了各节点竖向位移风振系数变化的规律。但是,由于拉索预应力网格结构节点众多,每个节点都有一个风振系数,不便于工程设计中采用。本节按照基于结构最大动响应的整体风振系数方法,给出了可适用于拉索预应力网格结构设计的整体风振系数概念。通过参数计算和分析,给出了结构整体风振系数随各参数变化的规律。

5.4.1　拉索预应力网格结构整体风振系数的概念

拉索预应力网格结构往往节点杆件数量较多,若对每个节点和杆件均采用不同的风振系数值去设计,显然是十分不现实的。另一方面,从结构设计角度来说,人们关心的往往是那些对结构起控制作用的点,即最大响应点,因此,有必要将风振系数的计算结果进行综合,对整个结构选取一个控制的风振系数,在保证安全的前提下体现一定的经济性和方便性。实际上,前述计算结果表明,风振系数在结构上的分布相对均匀,而且风振系数在不同位置上的分布也没有明显的分区性,因此对整个结构选取一个控制的风振系数是可行的。

对于高层及高耸结构,风振控制点十分明显,如位移控制点往往出现在结构的顶部,内力控制点往往出现在结构的底部。但对于预应力网壳结构这样的一种大跨度空间结构,其响应控制点的寻找则困难得多。一个最直观的做法,是直接从计算得到的一系列响应风振系数中选择一个最大值作为结构的整体风振系数,即取整体风振系数 $\beta^* = \max\{\beta_1, \beta_2, \cdots,$ $\beta_n\}$,但实际上,由于风振系数反映的是一个比值的概念,最大风振系数点往往出现在结构位移(内力)较小处,即所谓的风振系数奇异点,所以选择一个风振系数最大值点显得毫无意义,而要完全剔除这些风振系数奇异点,也往往难有一个标准,所以这种方法过于保守。

还有一种方法[5.17]是先通过比较各节点(单元)的总响应,通过比较获得总响应最大点,然后将该响应最大点的风振系数作为结构的整体风振系数,包括整体位移风振系数和整体内力风振系数。这种做法通过总响应最大,获得相应的整体风振系数,但反过来,应用到设计中,往往还是会放大总响应,偏于保守,因为总响应最大节点(单元)对应的平均风响应并不一定最大,而通过对每个节点(单元)的平均风响应乘以该方法的整体风振系数,则所获得的最大响应显然有可能大于实际的最大总响应。

此外,文献[5.18]引入包络的概念,采用以最大动响应和最大平均风响应为控制指标的整体位移风振系数 β_d^* 和整体内力风振系数 β_e^* 的概念,其具体计算方法为:

$$\beta_d^* = \frac{\{\beta_{di} \times |\overline{D}_i|\}_{\max}}{\{|\overline{D}_i|\}_{\max}} \tag{5.39}$$

$$\beta_e^* = \frac{\{\beta_{di} \times |\overline{F}_{ei}|\}_{\max}}{\{|\overline{F}_{ei}|\}_{\max}} \tag{5.40}$$

式中,$\{|\overline{D}_i|\}_{\max}$ 和 $\{\beta_{di} \times |\overline{D}_i|\}_{\max}$ 分别为平均风荷载作用下的节点位移最大值和总风荷载作

用下节点总位移最大值;$\{|\bar{F}_{ei}|\}_{max}$和$\{\beta_{di}\times|\bar{F}_{ei}|\}_{max}$分别为平均风作用下单元应力最大值和总风荷载作用下单元总应力最大值。式(5.39)及式(5.40)既包含了节点及单元的最大动响应信息,又避免了对风振系数选取的过分保守,可以准确捕捉到结构的最大总响应,因而是比较合理的,尽管对结构某些部位来说,$\beta_d^*(\beta_e^*)$可能比实际计算的要小,但由于其相应的总响应和平均风响应较小,对结构的设计不起控制作用,因此并不影响整个结构的安全度。

对于本章研究的拉索预应力网壳结构,从位移风振系数的分布来看,除去边角位置形成的风振系数超大的奇点(由于对应的响应小,对结构不起控制作用),分布往往都较均匀,大部分节点的位移风振系数变化离散度较小,基本上为一稳定值,因此可以对整个结构按式(5.39)求得结构的整体位移风振系数,然后直接采用该整体位移风振系数来计算结构的等效静力风荷载,对平均风荷载进行放大,则可大大简化结构的抗风设计。下面分别通过预应力柱面网壳及预应力球面网壳算例来证明这一思路的合理性。

选取本书第5.2节的基本算例(拉索预应力双层柱面网壳)进行分析。按式(5.39)可求得该算例结构整体位移风振系数为1.452。由图5.63可看出,结构平均风位移响应较大的节点对应的位移风振系数绝大多数都在1.452附近或以下,既保证了结构的安全度,又避免了结构整体风振系数的盲目取大。在该图中也可以更直观地发现平均风作用下位移较小的点形成了一些风振系数奇点,显然这些点是对结构不起控制作用的。另外,通过结构整体风振系数的方法求得的结构位移响应在大部分情况下都较结构实际的位移响应要大,而实际结构的最大位移响应与采用整体风振系数的方法求得的最大位移响应则是相等的,因此证实了采用结构整体位移风振系数的方法是合适的。

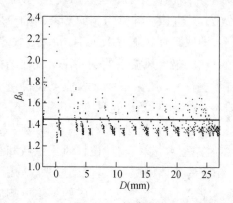
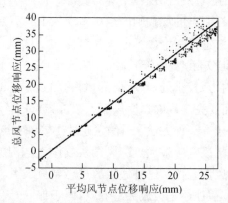

图 5.63　拉索预应力双层柱面网壳整体位移风振系数(粗直线表示)

现在取所求得的整体位移风振系数(1.452),对结构的平均风荷载进行放大,获得结构的等效静风荷载,通过静力分析,即可获得等效静风荷载作用下的结构各节点位移响应和各单元的内力响应,由于是线性分析,通过对平均风作用下的位移按整体位移风振系数放大所求得的总位移响应与将平均风荷载按整体位移风振系数放大的等效静风荷载作用下的总位移响应是没有区别的,现在主要比较各单元的实际总内力响应与等效静风荷载作用下的内力响应差异,因此图5.64给出了算例结构 A-A 剖面上弦及下弦单元(单元按从左至右重新进行编号)在两种方法计算下的轴向应力响应,由该图可以看出,按本书等效静风计算的总轴向应力响应相对于结构实际的轴向应力响应,前者在响应较大处相对偏大,在响应较小处偏小,误差在6%以内,所以可以看出,采用整体风振系数的处理方法,对预应力柱面网壳单元的内力而言,不仅精度较好,而且还稍偏安全。

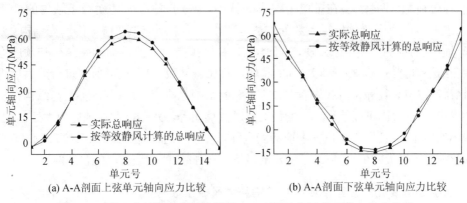

(a) A-A剖面上弦单元轴向应力比较　　　(b) A-A剖面下弦单元轴向应力比较

图5.64　预应力柱面网壳基本算例 A-A 剖面上下弦单元轴向应力比较

选取本书第5.3节的基本算例(拉索预应力双层球面网壳)进行分析,求得该算例结构整体位移风振系数为1.721。由图5.65可得到与拉索预应力双层柱面网壳结构位移风振系数分析相同的结论:既保证安全性,又不至于使整体风振系数取值过大,表明该方法对预应力球面网壳结构也是适用的。

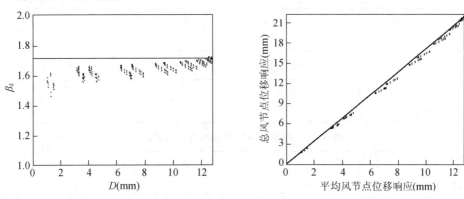

图5.65　预应力双层球面网壳整体位移风振系数(粗直线表示)

图5.66所示为拉索预应力球面网壳基本算例 A-A 剖面下弦单元的实际轴向应力总风响应和按整体风振系数放大平均风荷载后得到的等效静风荷载计算得到的轴向应力总响应

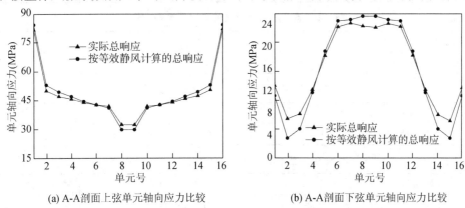

(a) A-A剖面上弦单元轴向应力比较　　　(b) A-A剖面下弦单元轴向应力比较

图5.66　预应力球面网壳基本算例 A-A 剖面上下弦单元轴向应力比较

比较情况。由该图可以看出,按等效静风荷载计算的轴向应力响应相对于实际的总风轴应力响应,在轴应力大处偏大,在轴应力偏小处偏小,规律与预应力柱面网壳结构的计算规律相一致,进一步说明了整体风振系数的方法也适用于拉索预应力双层球面网壳结构。

通过以上的算例分析可以发现,对于本书讨论的预应力双层球面网壳结构和预应力双层柱面网壳结构,将按式(5.39)计算得到的整体位移风振系数,对平均风荷载进行放大后得到等效静风荷载,按该等效静风荷载作静力分析求解的结构总响应(位移和内力),与结构在实际的总风响应相比,一方面可以使得二者的最大总风位移相等,另一方面,在轴应力大处偏大,在轴应力偏小处偏小,保证了结构风振响应的安全性,而由于该整体位移风振系数只是各节点位移风振系数中一个偏大的值,也体现了一定的经济性,因此证明了该方法的合理性。

5.4.2　各类参数变化对拉索预应网格结构整体风振系数的影响

1) 预应力柱面网壳结构整体风振系数随各参数的变化规律

按照式(5.49)的方法,根据第5.2节的参数分析结果,可以求出预应力柱面网壳结构在不同参数条件下的整体风振系数,如表5.8~表5.17所示。

表5.8　矢跨比对整体风振系数的影响

矢跨比	1/4	1/5	1/6	1/7
整体风振系数	1.581	1.452	1.452	1.272

表5.9　跨度对整体风振系数的影响

跨度(m)	40	50	60	70
整体风振系数	1.718	1.452	1.274	1.742

表5.10　网壳厚度对整体风振系数的影响

网壳厚度(m)	1.5	1.7	2.0	2.2
整体风振系数	1.462	1.452	1.418	1.410

表5.11　长宽比对整体风振系数的影响

长宽比	1.0	1.2	1.5	1.8
整体风振系数	2.360	1.887	1.452	1.801

表5.12　屋面附加荷载对整体风振系数的影响

附加荷载(kN/m²)	0.1	0.3	0.5	0.7
整体风振系数	1.712	1.432	1.452	1.319

表5.13　支座弹性刚度对整体风振系数的影响

支座刚度(kN/m)	1 600	1 800	2 000	2 200
整体风振系数	1.458	1.456	1.452	1.448

表5.14　基本风速度对整体风振系数的影响

基本风速(m/s)	20	25	30	35
整体风振系数	1.524	1.485	1.452	1.424

表 5.15 场地类型对整体风振系数的影响

场地类型	A	B	C	D
整体风振系数	1.332	1.452	1.693	2.184

表 5.16 支座高度对整体风振系数的影响

支座高度(m)	10	20	30
整体风振系数	1.452	1.397	1.365

表 5.17 预应力大小对整体风振系数的影响

预应力大小(kN)	200	300
整体风振系数	1.452	1.452

由以上各表可以看出:

(1) 预应力大小(表 5.17)对结构的整体风振系数几乎没有影响,随着 x 向弹性约束刚度(表 5.13)的增加,结构整体风振系数减小,但变化幅度很小,故可忽略这两个参数对结构整体风振系数的影响。

(2) 屋面附加荷载的变化(表 5.12)对结构的整体风振系数有一定影响,大体上随着附加荷载的增加整体风振系数减小。

(3) 结构整体风振系数随网壳厚度(表 5.10)的增大而减小,当厚度较大时,减幅逐渐减小。

(4) 跨度(表 5.9)和长宽比(表 5.11)等参数的变化对结构整体风振系数的影响较复杂,出现了整体风振系数随之先减后增的现象,即在跨度为 60 m 和长宽比为 1.5 时,结构的整体风振系数最小。

(5) 矢跨比(表 5.8)的改变对结构的整体风振系数有一定的影响,基本上随着矢跨比的减小而减小,当矢跨比很小时,减小很快。

(6) 结构所在的场地类别(表 5.15)对结构的整体风振系数影响较大,当场地类别从A~D变化时,结构的整体风振系数有显著的增加。

(7) 基本风速(表 5.14)和支座所在高度(表 5.16)的变化对结构的整体风振系数都有一定的影响,结构整体风振系数分别随基本风速和支座所在高度的增大而减小。

2) 预应力球面网壳结构整体风振系数随各参数的变化规律

按照式(5.49)的计算方法,根据第 5.3 节的参数分析结果,可以求出预应力双层球面网壳结构在不同参数条件下的整体风振系数,如表 5.18~表 5.27 所示。

表 5.18 矢跨比对整体风振系数的影响

矢跨比	1/4	1/5	1/6	1/7
整体风振系数	1.501	1.721	2.480	1.623

表 5.19 跨度对整体风振系数的影响

跨度(m)	40	50	60	70
整体风振系数	1.912	1.721	1.683	1.569

表 5.20 网壳厚度对整体风振系数的影响

网壳厚度(m)	1.5	1.7	2.0	2.2
整体风振系数	1.774	1.721	1.652	1.614

表 5.21 屋面附加荷载对整体风振系数的影响

附加面载(kN/m²)	0.3	0.5	0.7	0.9
整体风振系数	1.512	1.721	2.355	1.656

表 5.22 支座弹性刚度对整体风振系数的影响

支座刚度(kN/m)	1 800	2 000	2 200	2 400
整体风振系数	1.722	1.721	1.720	1.718

表 5.23 基本风速度对整体风振系数的影响

基本风速(m/s)	20	25	30	35
整体风振系数	1.718	1.720	1.721	1.727

表 5.24 场地类型对整体风振系数的影响

场地类型	A	B	C	D
整体风振系数	1.589	1.721	1.977	2.471

表 5.25 支座高度对整体风振系数的影响

支座高度(m)	10	20	30
整体风振系数	1.721	1.668	1.635

表 5.26 布索方式对整体风振系数的影响

布索方式	布索方式一	布索方式二	布索方式三
整体风振系数	1.721	1.700	1.606

表 5.27 预应力大小对整体风振系数的影响

预应力大小(kN)	300	400
整体风振系数	1.721	1.721

由以上各表可看出:

(1) 整体风振系数随矢跨比(表5.18)的减小先增大后减小,在矢夸比为1/6时最大;随屋面附加荷载(表5.21)的增加先增大后减小,在屋面附加荷载为 0.7 kN/m² 时整体风振系数最大。

(2) 整体风振系数随跨度(表5.19)的增加而减小。

(3) 整体风振系数随网壳厚度(表5.20)的增加而减小,但当网壳厚度较大时,整体风振系数的减幅减小,说明网壳厚度增加到一定程度时,对结构风振敏感性的改变影响变小。

(4) 预应力(表5.27)的大小及支座弹性刚度(表5.22)的改变对整体风振系数的影响微

弱；在布索方式(表5.26)的影响方面,前两种布索方式的整体风振系数差异很小,第三种布索方式的整体风振系数略小。

(5) 在风荷载参数方面,基本风速(表5.23)的变化及支座高度的变化对整体风振系数的影响较小,整体风振系数随基本风速的增加略有增大,随支座高度(表5.25)的增大略有减小;场地类型(表5.24)的改变对整体风振系数的影响较大,当地貌类型从 A—B—C—D 类变化时,整体风振系数增大较明显。

本章参考文献

[5.1]　黄本才.结构抗风分析原理及应用[M].上海:同济大学出版社,2001

[5.2]　Cook N J. The designer's guide to wind loading of building structures[M]. London; Boston: Butterworths, 1985

[5.3]　Kolousek V. Wind effects on civil engineering structures[M]. Elsevier Press, 1984

[5.4]　Shinozuka M, Jan C M. Digital simulation of random processes and its application[J]. Journal of Sound and Vibration, 1972, 25(1): 111 - 128

[5.5]　Iwatani Y. Simulation of multidimensional wind fluctuations having any arbitrary power spectra and cross spectra [J]. J. Wind Engrg. , No. 11,Tokyo, Japan, 1982: 5 - 18

[5.6]　Iannuzzi A, Spinelli P. Artificial wind generation and structural response [J]. Journal of Structural Engineering, ASCE, 1987, 113(12): 2382 - 2398

[5.7]　Samaras E, Shinozuka M, Tsurui A. ARMA representation of random process [J]. Journal of Eng. Mech. , ASCE, 1985, 111(3): 449 - 461

[5.8]　建筑结构荷载规范(GB 50009—2010).北京:中国计划出版社,2010

[5.9]　沈世钊,徐崇宝,赵臣,等.悬索结构设计[M].第 2 版.北京:中国建筑工业出版社,2006

[5.10]　王之宏.风荷载的模拟研究[J].建筑结构学报,1994,15(1):44 - 52

[5.11]　胡雪莲,李正良,晏致涛.大跨度桥梁结构风荷载模拟研究[J].重庆建筑大学学报,2005,27(3):63 - 67

[5.12]　张立新.索穹顶结构成形关键问题和风致振动[D].上海:同济大学,2001

[5.13]　曾宪武,韩大建.大跨度桥梁风场模拟方法对比研究[J].地震工程与工程振动,2004,24(1):135 - 140

[5.14]　邹鲲,袁俊泉,龚享铱.MATLAB 6. x信号处理[M].北京:清华大学出版社,2002

[5.15]　李燕.单层网壳抗风设计实用计算方法[D].上海:上海交通大学,2005

[5.16]　周臻,孟少平,吴京.预应力双层柱面网壳的风振响应与整体风振系数研究[J].工程力学,2011,28(10):124 - 132

[5.17]　陆峰.大跨度平屋面结构的风振响应和风振系数研究[D].杭州:浙江大学,2001

[5.18]　陈波,武岳,沈世钊.张拉膜结构抗风设计[J].工程力学,2006,23(7):65 - 71

第六章 拉索预应力网格结构的施工误差可靠性分析

拉索预应力网格结构在施工过程中,由于存在各种外界因素的干扰,实际建成的结构与理论计算时采用的理想模型可能存在一定差异(施工误差),如:节点空间位置偏差、构件初始初弯曲、支座位置偏差、索长误差等。这些施工误差势必会对结构的可靠度造成一定影响。本章以弦支穹顶结构为分析对象,研究了结构在位移、强度和稳定失效模式下的可靠度,分析了施工误差中节点位置偏差大小对结构可靠度的影响,并进行了参数化分析,最后针对拉索预应力网格结构节点数目较多的特点,给出了一种基于屈曲模态随机线性组合的节点位置偏差模拟方法。

6.1 基于有限元的概率设计技术

6.1.1 基于有限元的概率设计(PDS)简介

考虑实际工程中的不确定因素,有限元分析的任何一个方面或输入数值都是一个离散性分布的参数,即某种程度上都是具有不确定性的。为了研究不确定因素对于产品性能和质量的影响,必须利用概率设计技术进行研究分析。概率设计技术是用来评估输入参数的不确定性对于系统输出的影响行为及其特性。如果将有限元分析技术与概率设计技术相结合就是基于有限元的概率技术。大型通用有限元软件 ANSYS 中就提供了这样的分析模块,称之为 PDS 技术(Probabilistic Design System)[6.1]。采用 ANSYS 进行可靠性分析,可以解决以下问题[6.2]:

(1)根据模型中输入参数的不确定性计算待求结果变量的不确定程度。

(2)确定由输入参数不确定性引起响应参数的不确定性及相应的失效概率数值。

(3)已知容许失效概率确定结构行为的容许范围,如最大变形、最大应力等。

(4)判断对输出结果和失效概率影响最大的参数,计算输出结果相对于输入参数的灵敏度。

图 6.1 给出了概率设计过程中数据流程图。

ANSYS 基于有限元的概率设计分析过程主要有以下几个步骤,但是需要根据不同问题的具体情况作小的改动。

(1)创建概率设计中需要的分析文件,分析文件必须包含完整的仿真分析工程,主要包括以下内容:① 参数化有限元建模(PREP7);② 求解(SOLUTION);③ 提取数据并存储到指定的参数中,供概率设计过程中用于随机输入参数和随机输出参数(POST1/POST26)。

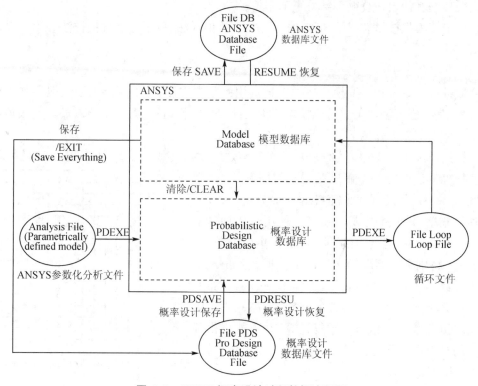

图 6.1　ANSYS 概率设计过程数据流程图

（2）在 ANSYS 环境中执行分析文件包含的命令流，初始化概率设计，建立概率设计的有限元分析数据库和所有参数。

（3）进入 PDS 处理器并指定所用的分析文件。

（4）定义随机输入参数以及输入参数之间的相关性。

（5）定义随机输出参数。

（6）选择概率设计工具或方法。

（7）执行概率设计分析指定的仿真循环。

（8）拟合响应表面（若使用蒙特卡罗模拟技术，忽略该步）。

（9）观察概率设计结果。

6.1.2　概率设计方法——蒙特卡罗模拟技术

蒙特卡罗模拟技术是利用随机有限元方法进行可靠性分析时常用的传统方法。它可以模拟实际问题的真实特征。在进行结构可靠性分析时，每一个仿真循环代表建造一个结构，该结构承受一系列特定的荷载和边界条件的作用。

蒙特卡罗模拟技术的优点主要有以下几个方面：

① 对于任何实际物理模型都不需要输入参数的假设性条件，它对有限元模型有很好的适应性；

② 蒙特卡罗模拟是概率设计基准和有效性验证唯一合适的方法；

③ 在模拟过程中，可以采用并行计算，因为每个独立的仿真循环是完全独立的，任何一

组仿真循环与其他组仿真循环结果毫不相关。

蒙特卡罗模拟技术有以下 3 种抽样方法:直接抽样法、拉丁超立方抽样法和用户自定义抽样法。

(1)直接抽样法

直接抽样法是蒙特卡罗模拟技术中最常用的基本方法,可以直接用于模拟各种工程的真实过程,易于理解和使用。可以模拟结构在现实中的任何行为,一个仿真循环代表该零件在某个特定荷载系列作用下的行为。

直接抽样法并不是最有效的方法,它的缺点之一就是效率不高,因为要进行大量的循环。

直接抽样法的另一个确定是对抽样过程没有"记忆"功能。例如,假设有两个随机输入参数 V_1 和 V_2,服从均匀分布,分布范围从 $0\sim1.0$。使用直接抽样法生成 15 个样本,可能会得到两个或更多集中的数据,见图 6.2。特别是用圆圈标注的两个数据。若出现随机输入参数采样点的集中问题,如样本中数据分布并不均匀地分布于整个输入参数的空间上,那些集中的数据点在仿真循环中相当于重复计算,并不能提供任何更多的有效参考价值。

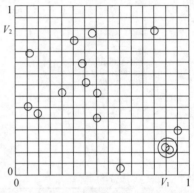

图 6.2 V_1 和 V_2 有两个集中的样本数据点

(2)拉丁超立方抽样法

拉丁超立方抽样技术比直接抽样法更先进、更有效。它和直接抽样法的唯一区别是它具有抽样"记忆"功能,可以避免直接抽样法数据点集中而导致的仿真循环重复问题。同时,它强制抽样过程中抽样点必须离散分布于整个抽样空间。在一般情况下,对于同一问题要得到相同精度的结果,拉丁超立方抽样法要比直接抽样法少的仿真循环次数。利用该方法生成 15 个样本,会避免发生数据集中的情况,见图 6.3。

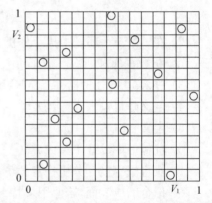

图 6.3 V_1 和 V_2 的样本数据点分布较合理

(3)用户自定义抽样法

用户自定义抽样意味着样本数据点由用户自己提供,ANSYS 程序并不根据问题进行样本自动计算。用户自定义方法必须准备一个抽样数据文件,它包含所需的样本,其内容格式是一个二维数值矩阵,列数据代表定义的随机变量数目,行数据代表需要的循环次数,数据必须是 ASCⅡ 码格式。

PDS 读入指定抽样文件时,首先检查该指定的文件是否存在,然后检查它的完整性和有效性。有效性检查的依据是各随机变量的分布函数类型和最小最大边界等。当文件中随机变量数据不符合规定时,将会出错并提供错误信息。

6.1.3 概率设计方法——响应面法

响应面法中可以选择三种抽样方法:中心合成设计抽样法、Box-Behnken 矩阵抽样法和用户自定义抽样法。

响应面法假设随机输入变量对于随机输出变量的影响可以用数学函数来表达。因此，响应面法在随机输入变量空间中定位采样点，使得近似函数最有效；通常，函数是一个二次多项式那么拟合函数 $\hat{Y}$ 可以表示为：

$$\hat{Y} = c_0 + \sum_{i=1}^{NRV} c_i x_i + \sum_{i=1}^{NRV} \sum_{j=1}^{NRV} c_{ij} x_i \cdot x_j \tag{6.1}$$

式中：c_0 是常数项，$c_i, i=1,\cdots,NVR$ 是线性项系数，$c_{ij}, i=1,\cdots,NVR, j=1,\cdots,NVR$ 是二次项系数。为了得到这些系数要使用回归分析，通常是用最小二乘法来确定。因此，响应面法包含两个步骤：① 进行仿真循环计算对应随机输入变量空间样本点的随机输出变量的数据；② 进行回归分析确定近似函数。

响应面法的基本思路是，一旦确定了这个近似函数，就可以用它来代替循环去处理有限元模型。要进行有限元分析可能需要几分钟或者几小时的计算时间，而计算近似函数只需要几分之一秒的时间。因此，使用近似函数，就可以对响应参数进行成千上万次的计算。

在拟合的近似函数符合要求的情况下，响应面法有以下优点：① 通常比蒙特卡罗模拟技术需要的循环次数少；② 可以进行非常低概率的分析，这是蒙特卡罗模拟技术一般不能实现的，除非进行非常大量的分析循环；③ 拟合系数表示近似函数的可靠程度，或者说表示与实际响应数值的近似程度；拟合系数能够在近似函数精度较差时提醒用户重新定义；④ 单个循环之间是相互独立的，这使得响应面法也可以采用并行计算。

不过响应面法也有自身的确定，主要有以下两点：① 需要的循环次数取决于随机输入变量的个数。如果有太多的随机输入变量（几百个或几千个），此时采用响应面法就不太合适了；② 不适用于随机输出变量与随机输入变量的函数不平滑的情况。

在响应面法中，一般可采取以下两种抽样方法：

（1）中心合成设计抽样法

中心合成设计抽样包括一个中心点，N 个轴线点和位于 2^{N-f} 阶乘个 N 维超立方体的顶点。这里，N 是随机输入变量的数目，f 是中心合成设计阶乘因子表达式中的一个参数。当 $f=0$ 时称作完全分解设计，$f=1$ 是半分解设计，其他依次类推。随着随机输入变量数目的增加，PDS 将会逐步增大阶乘因子参数 f，这样始终确保仿真循环数目总是合理的。程序总是自动计算阶乘因子 f 的数值，所以 v 分解设计总是需要的，并且由于其近似函数的二次项之间并不存在任何界限和关联，从而确保在评估二次项系数时获得非常合理的精度。如图 6.4 所示是一个有 3 个随机输入变量的样本点位置示意图。

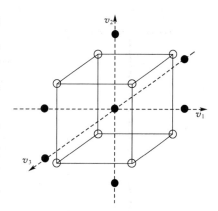

图 6.4 有 3 个随机输入变量的中心合成设计抽样样本点位置示意图

（2）Box-Behnken 矩阵抽样法

Box-Behnken 矩阵抽样包括一个中心点和 N 维超立方体的每边中心点。如图 6.5 所示是一个有 3 个随机输入变量的样本点位置示意图。

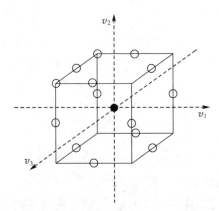

图6.5　有3个随机输入变量的Box-Behnken抽样样本点位置示意图

6.1.4　平面张弦梁结构可靠性分析实例

图6.6所示,为一个跨度为100 m的平面张弦梁结构。刚性曲梁和撑杆的弹性模量均为$E=2.01\times10^8$ kN/m²,下悬索的弹性模量为$E=1.9\times10^8$ kN/m²。曲梁的截面为工字型,见图6.7。随机变量为工字曲梁的翼缘厚度t_1、t_2和腹板厚度t_3,撑杆和下悬索截面面积A_i以及外荷载P,其统计参数见表6.1。下悬索施加的初始预应力值为350 kN。

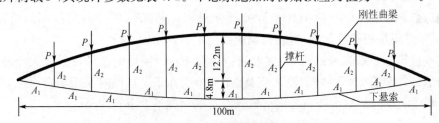

图6.6　平面张弦梁结构的计算简图

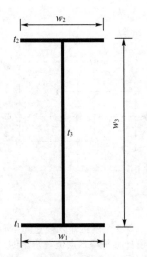

图6.7　曲梁工字型截面的几何参数

表6.1　随机变量的统计参数

随机变量	单位	平均值	标准差	分布类型
t_1	mm	20	0.75	正态
t_2	mm	20	0.75	正态
t_3	mm	12	0.45	正态
A_1	mm²	4732	47.32	对数正态
A_2	mm²	726	7.26	对数正态
P	kN	100	25	极值Ⅰ型

考虑其正常使用情况,若最大允许变形$[u]$,可建立如下极限状态方程:

$$Z=[u]-u_u(t_1,t_2,t_3,A_1,A_2,P)=0 \tag{6.2}$$

其中,u_0 与随机变量的函数关系不能明确表示。试计算该结构在上述失效模式下的失效概率及可靠指标。

应用 ANSYS 中的 APDL 语言编制了相应的计算程序,建立的结构有限元计算模型见图 6.8。

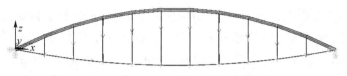

图 6.8　平面张弦梁结构有限元计算模型

在随机变量均为平均值时,结构的竖向位移分布图见图 6.9。

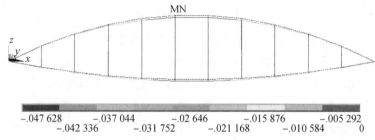

-.047 628　　　　-.037 044　　　　-.02 646　　　　-.015 876　　　　-.005 292
　　-.042 336　　　　-.031 752　　　　-.021 168　　　　-.010 584　　　　0

图 6.9　结构在随机变量取平均值时的竖向位移(Z 向)分布图

分别采用蒙特卡罗模拟技术和响应面法对该平面张弦梁结构进行可靠性分析,并得到了相应的结构在该失效模式下的失效概率 P_f 以及可靠指标 β。

在采用蒙特卡罗模拟技术时,每个随机变量的抽样次数为 2 000 次,相应地对结构进行了 2 000 次有限元分析计算。抽样方法采用的是拉丁超立方法,避免了直接抽样法数据点集中而导致的仿真循环重复问题,提高了抽样效率;采用响应面法时,由于有 6 个随机输入变量,所以先对结构进行了 45 次有限元分析计算,并根据这 45 次抽样计算结果拟合回归得到结构在该失效模式下的响应面方程,并在该拟合的响应面上进行了 100 000 次蒙特卡罗模拟。抽样方法采用的是中心符合设计法,拟合的响应面方程为完全二次多项式。

蒙特卡罗模拟技术和响应面法计算得到的结构最大位移失效概率 P_f 以及可靠指标 β 的对比结果见表 6.2。

表 6.2　蒙特卡罗模拟技术和响应面法可靠度计算结果对比

失效限值	失效概率 P_f(%)		可靠指标 β	
	蒙特卡罗模拟技术	响应面法	蒙特卡罗模拟技术	响应面法
$[u]=0.09$ m	0	0	5	5
$[u]=0.08$ m	0.163 9%	0.1866%	2.88	2.85
$[u]=0.07$ m	2.475 9%	2.4268%	1.99	2.01
$[u]=0.06$ m	14.314 2%	13.6494%	1.10	1.11
$[u]=0.05$ m	41.315 3%	41.5838%	0.21	0.21

6.2 基本随机变量的参数统计

工程结构设计是基于荷载效应 S 和结构抗力 R 的关系进行的,因此所有的设计参数都包括在荷载效应 S 和结构抗力 R 当中。结构确定性分析中的设计参数即相当于结构不确定性分析中的基本随机变量。自然地,在对结构进行可靠性分析时,基本随机变量亦包含荷载效应 S 和结构抗力 R 两部分。本章主要研究的目的之一是考察结构施工误差对弦支穹顶可靠性的影响,因此优先介绍施工误差这部分的内容。施工误差可能属于荷载效应 S,也可能属于结构抗力 R,这要根据施工误差的具体类别进行判定。

6.2.1 施工误差

根据结构的设计、施工和制造经验可知,结构的施工误差是不可避免的,只能控制在一定的范围之内。自然地,拉索预应力网格结构也存在施工误差,一般包括:支座位置安装偏差、节点位置安装偏差、索长误差、杆件长度误差以及杆件初弯曲初偏心等。本章主要研究的施工误差为节点位置安装误差和索长误差。

(1)节点位置安装偏差

由于施工技术、施工设备以及施工人员的专业素质不可能达到完美的程度,所以节点在安装时出现空间位置上的偏差是不可避免的。当节点位置偏差超过施工允许偏差时认为施工质量是不满足要求的,要调整到施工允许偏差范围内。施工质量验收时会对每个节点进行测量,从而保证不会出现超过施工允许偏差范围的节点。《网壳结构技术规程》(JGJ 61—2003)[6.3]中规定:网壳结构在拼装完成后,应检查网壳曲面形状的安装偏差,其容许偏差不应大于跨度的 1/1 500 或 40 mm。

虽然节点的安装偏差被限制在了一定的范围之内,但是它是随机分布的,它的分布形式也无法预测。无论节点安装偏差分布如何复杂,从概率统计观点上看,每个节点的安装偏差近似地符合正态分布。也就是说,每个节点的实际安装位置与设计位置越接近其可能性越大。文献[6.4]基于这个观点,提出了一种随机缺陷分析法。该方法假定实际工程中的每个节点在坐标轴三个方向的最大允许安装误差为 $\pm R$。若随机变量 X 服从标准正态分布,则每个节点的误差随机变量为 $RX/2$。取二倍均方差作为节点误差的最大值,节点安装误差随机变量的取值范围是 $[-R, +R]$。唐敢[6.5]等人对 6 个试验模型和南通体育会展中心体育馆钢屋盖实际结构的节点位置偏差实测数据进行了较为系统的概率统计及假设检验分析,并得到结论:随机缺陷分析方法中假定结构每个节点的位置偏差符合二倍均方差范围内的正态分布是可以接受的。北京工业大学的相关学者[6.6]~[6.7]对节点的施工偏差进行了研究,他们对 2008 奥运会羽毛球馆弦支穹顶结构在上层网壳施工完成后对节点的定位偏差进行了测量(误差分布的直方图见图 6.10),并得到如下结论:节点的水平方向上的偏差分布接近于均匀分布;节点的竖向偏差分布接近于正态分布。依照节点误差越大对结构越不利的逻辑,认为节点位置安装误差服从均匀分布。

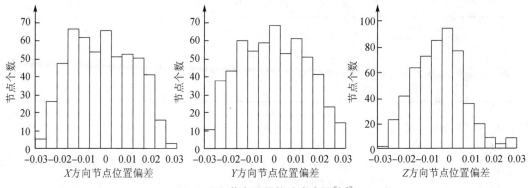

图 6.10　节点位置偏差直方图[6.7]

在本章中,节点位置偏差的分布类型采用了文献[6.5]中的方法,即节点位置偏差服从二倍均方差范围内的正态分布。

（2）索长误差

钢索制作误差在实际制作中是不可避免的。对于结构中长度一定的定长索而言,索长制作误差的存在势必影响到结构的预应力分布情况,因此分析索长制作误差对弦支穹顶结构的影响很重要[6.8]。

索的加工长度偏差是很多较小的影响因素综合起来的结果,如温度变化,震动、切割角度的变化,工具磨损,轴承磨损和原材料性质变化等。如果每一种小的误差独立,且为正或负的概率相等,根据林德伯格－莱维中心极限定理,则总的误差服从近似正态分布[6.9]。

根据概率统计理论,对于服从正态分布 $N \sim (\mu, \sigma^2)$ 的随机误差变量,误差落在 $[\mu - 3\sigma, \mu + 3\sigma]$ 的概率为 99.74%。其中:μ 为误差的平均值,σ^2 为误差的方差。因此当索长误差控制在 $[a, b]$ 之间时,则有:

$$\mu = \frac{a+b}{2} \tag{6.3}$$

$$\sigma = \frac{1}{6}(b-a) \tag{6.4}$$

式中:a、b 为允许索长误差的上限和下限。这样就可以保证有 99.74% 的索长误差会落在 $[a, b]$ 的范围内。

根据我国《索结构技术规程》中规定,成品拉索的交货长度与设计长度相比可允许的偏差要求满足表 6.3 的要求。

表 6.3　拉索长度允许偏差

钢索长度 L(m)	允许偏差 ΔL(mm)
≤50	±15
50<L≤100	±20
>100	L/5 000

参照《索结构技术规程》对拉索制作长度偏差的上述规定,依式（6.3）和（6.4）可以得到拉索偏差分布的均值和方差,见表 6.4。

表 6.4　拉索长度偏差差分布特性

钢索长度 L(m)	平均值 μ(mm)	标准差 σ(mm)
$\leqslant 50$	0	5
$50 < L \leqslant 100$	0	6.77
>100	0	$L/15\ 000$

6.2.2　荷载的统计特性

荷载的统计分析与结构设计所规定的设计基准期 T 有关。设计基准期是进行结构可靠度分析时，考虑各项基本变量与时间关系并结合结构使用期选用的基准时间。我国工程结构中各有关专业，对设计基准期都作了规定。一般工业民用建筑的设计基准期为 50 年。

一般情况下，荷载是随时间变化而变化的，从概念上讲，荷载应该用随机过程模型。对于任意特定时刻 $t=t_0$，荷载并非定值，存在变异。在一个确定的设计基准期 T 内，对荷载随机过程作一次连续观测，所获得的依赖于观测时间的数据就称为随机过程的一个样本函数。荷载随时间变化的样本函数，如图 6.11。

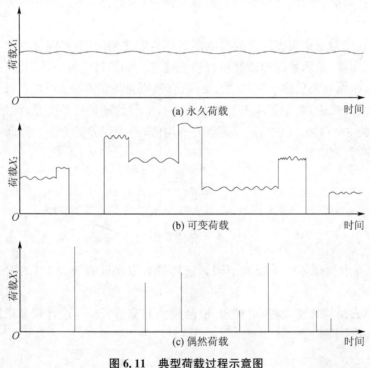

图 6.11　典型荷载过程示意图

每个随机过程都是由大量的样本函数构成的。荷载随机过程的样本函数是十分复杂的，它随荷载的种类不同而异。

目前对各类荷载随机过程的样本函数及其性质了解甚少。对于常见的楼面活荷载、风荷载、雪荷载等，为了简化起见，采用了平稳二项随机过程概率模型，即将它们的样本函数统一模型化为等时段矩形波函数，矩形波幅值的变化规律采用荷载随机过程 $\{Q(t), t \in [0, T]\}$ 中任意时点荷载的概率分布函数 $F_Q(x) = P\{Q(t_0) \leqslant x, t_0 \in [0, T]\}$ 来描述。

对于永久荷载,其值在设计基准期内基本不变,从而随机过程就转化为与时间无关的随机变量$\{G(t)=G,t\in[0,T]\}$,所以样本函数的图像是平行于时间轴的一条直线。此时,荷载一次出现的持续时间$\tau=T$,在设计基准期内的时段数$r=T/\tau=1$,而且在每一时段内出现的概率$p=1$。

对于可变荷载(住宅、办公楼等楼面活荷载及风、雪荷载等),其样本函数的共同特点是荷载一次的持续时间$\tau<T$,在设计基准期内的时段数$r>1$,且在T内至少出现一次,所以平均出现次数$m=pr\geqslant1$。不同的可变荷载,其统计参数τ、p以及任意时间点荷载的概率分布函数$F_Q(x)$都是不同的。

结构可靠度计算方法是以随机变量的概率模型为基础的,为了将荷载用于可靠度分析与设计,必须将荷载的随机过程模型转换为随机变量模型。其转换原则为:取设计基准期$[0,T]$内荷载的最大值Q_T来代表荷载,即

$$Q_T = \max_{0\leqslant t\leqslant T} Q(t) \tag{6.5}$$

T已定,故是一个与时间参数t无关的随机变量。

任意时点荷载的概率分布函数$F_Q(x)$是结构可靠度分析的基础。它应根据实测数据,运用χ^2检验或K-S检验方法,选择典型的概率分布如正态、对数正态、伽马、极值型Ⅰ、极值型Ⅱ、极值型Ⅲ等来拟合,检验的显著性水平统一取0.05。显著性水平是指所假设的概率分布类型为真而经检验被拒绝的最大概率。

荷载的统计参数,如平均值、标准差、变异系数等,应根据实测数据,按数理统计学的参数估计方法确定。当统计资料不足而一时又难以获得时,可根据工程经验经适当的判断确定。

根据《建筑结构可靠度设计统一标准》,各种荷载的概率分布函数如下:

(1)恒荷载

$$F_{GT} = \frac{1}{0.074G_K\sqrt{2\pi}}\int_{-\infty}^{x}\exp\left[-\frac{(u-1.06G_K)^2}{0.011G_K^2}\right]\mathrm{d}u \tag{6.6}$$

记为$N\sim(1.06G_K,0.074G_K)$,即恒荷载服从正态分布,式中为恒荷载标准值。

$$\left.\begin{array}{l}\mu_G=1.06G_K\\\sigma_G=0.070G_K\end{array}\right\} \tag{6.7}$$

式中:μ_G为恒载平均值;σ_G为恒载标准差。

(2)民用楼面持久性活荷载

① 办公楼

$$\left.\begin{array}{l}F_{LiT}(x)=\exp\left\{-\exp\left[-\dfrac{x-0.352L_K}{0.092L_K}\right]\right\}\\\mu_{LiT}=0.406L_K\\\sigma_{LiT}=0.292L_K\end{array}\right\} \tag{6.8}$$

式中:L_K为楼面活荷载标准值。

② 住宅

$$
\left.
\begin{aligned}
F_{LiT}(x) &= \exp\left\{-\exp\left[-\frac{x-0.423L_K}{0.084L_K}\right]\right\} \\
\mu_{LiT} &= 0.471L_K \\
\sigma_{LiT} &= 0.229L_K
\end{aligned}
\right\}
\tag{6.9}
$$

（3）风荷载

近似认为年最大风荷载每年出现一次,对于 50 年设计基准期可得荷载概率分布函数如下:

① 按风向时:

$$
\left.
\begin{aligned}
F_{WT} &\approx \exp\left\{-\exp\left[-\frac{x-0.912W_K}{0.151W_K}\right]\right\} \\
\mu_{WT} &= 0.999W_K \\
\sigma_{WT} &= 0.193W_K
\end{aligned}
\right\}
\tag{6.10}
$$

式中:W_K 为风荷载标准值。

② 不按风向时

$$
\left.
\begin{aligned}
F'_{WT} &\approx \exp\left\{-\exp\left[-\frac{x-1.012W_K}{0.167W_K}\right]\right\} \\
\mu'_{WT} &= 1.109W_K \\
\sigma'_{WT} &= 0.193W_K
\end{aligned}
\right\}
\tag{6.11}
$$

（4）雪荷载

$$
\left.
\begin{aligned}
F_{ST} &\approx \exp\left\{-\exp\left[-\frac{x-1.024S_{OK}}{0.199S_{OK}}\right]\right\} \\
\mu_{ST} &= 1.139S_{OK} \\
\sigma_{ST} &= 0.225S_{OK}
\end{aligned}
\right\}
\tag{6.12}
$$

式中:S_{OK} 为雪荷载标准值。

整理后常遇荷载的统计参数即概率分布类型[6.10]见表 6.5。

表 6.5　常遇荷载的统计参数及概率分布类型

荷载种类		概率分布类型	设计基准期内平均出现次数 m	设计基准期最大荷载	
				平均值/标准值	变异系数
恒荷载 G		正态	1	1.060	0.070
持久性楼面活荷载 L	办公楼	极值Ⅰ型	5	0.406	0.292
	住宅	极值Ⅰ型	5	0.471	0.229
风荷载 W	按风向	极值Ⅰ型	50	0.999	0.193
	不按风向	极值Ⅰ型	50	1.109	0.193
雪荷载 S		极值Ⅰ型	50	1.139	0.225

本章中考虑的荷载包括恒荷载和活荷载,没有考虑诸如地震作用等的偶然荷载。恒荷

载主要指结构主体、屋面板及其附属管道、设备等设施的自重;活荷载主要指屋面活荷载。

6.2.3　抗力的统计特性

结构的抗力一般与结构的材料属性、构件的几何尺寸等因素有关。

(1) 弹性模量 E

根据材料的力学性能试验和数据统计处理可以得到材料的弹性模量 E,它的离散性较小。试验结果表明弹性模量近似服从正态分布,变异系数 δ_E 为 $0.02 \sim 0.03^{[6.11]}$。

(2) 钢管外直径 D

通过现场测量以及对生产厂家的调研发现,钢管的外径 D 服从正态分布,且一般能得到较为充分的满足。它的变异系数 δ_D 为 $0.002\,966$,变异性很小,在实际应用中可作为常量使用。

(3) 钢管壁厚 t

通过现场测量以及对生产厂家的调研表明,钢管壁厚 t 总是比标准值小。对实测的数据统计分析可知,钢管的壁厚 t 的分布规律是正态分布。

$$均值为:\mu_t = \frac{t_h}{1 + 1.645\delta_t} \tag{6.13}$$

$$变异系数为:\delta_t = 0.04 \tag{6.14}$$

$$均方差为:\sigma_t = \mu_t \times \delta_t \tag{6.15}$$

式中:t_h 为设计选用的钢管壁厚的标准值。

(4) 索的横截面积 A

索的横截面积与索的直径有关,索的直径一般服从正态分布,故索的横截面积也服从正态分布,变异系数 δ_A 一般取为 $0.000\,6$。

6.3　结构失效模式的定义

不同的结构有不同的破坏模式,如混凝土框架结构的破坏模式是出现足够多的塑性铰,结构变为机构,此时认为结构发生破坏[6.10]。对于杆系结构,破坏模式比较复杂,其失效模式可以归纳为以下几种类型[6.11]:

(1) 形成机构

① 完全机构:即在结构中形成的塑性铰数 n 等于其超静定次数 $s+1$。

② 局部机构:即在结构中形成的塑性铰数 n 小于其超静定次数 $s+1$。

③ 超完全机构:即在结构中形成的塑性铰数 n 大于其超静定次数 $s+1$。

(2) 未形成机构

① 个别截面脆性破坏。结构在出现若干个塑性铰后(未形成机构),其中一铰(或数铰)即因其塑性转角达到极限值而脆性破坏。

② 结构未出现塑性铰,即结构整体或局部失稳破坏。

③ 结构变形达极限允许值或材料应力大最大许可应力值。

拉索预应力网格结构通常是超静定的,失效模式有很多种,因此首先要解决的问题就是确定结构会发生的失效模式。近年来,世界各国学者相继开展了识别结构主要失效模式方面的研究,并提出了多种算法,如:荷载增量法、网络搜索法、分支—约界法、β 约界法、枚举法、优化准则法等。这些算法都需要进行多次变结构重分析,通过判别结构刚度矩阵的行列式是否为 0 来判别结构是否失效,计算量大,耗时长,不易操作,在大、中型结构可靠度分析中的效果不理想。

本章在计算结构的失效概率时,主要基于强度、位移和稳定三种失效模式进行的,是一种单失效模式下的失效概率,并不是结构的体系失效概率。这样就避开了需要耗费大量时间计算搜寻结构主要失效模式的难点,有效减少了计算量,也与目前规范的要求相符。

(1)位移失效模式:定义结构的最大位移 u_{max} 值超过允许的位移值 $[u]$ 时,结构失效。由于弦支穹顶结构的施工要经过放样态、预应力平衡态和荷载平衡态三个过程,本章中结构的最大位移 u_{max} 是指结构从预应力平衡态到荷载平衡态发生的位移。

(2)强度失效模式:定义结构上部单层网壳中杆件的最大应力 f_{max},或撑杆、拉杆中的最大应力 f_{max} 超过允许的应力值 $[f]$ 时,结构失效。

(3)稳定失效模式:定义结构的稳定系数 k 小于规定的稳定系数 $[k]$ 时,结构失效。

一般情况下,$[u]$、$[f]$ 和 $[k]$ 应根据所求结构可靠度类别由相关规范确定。

6.4 弦支穹顶算例分析

本节以弦支穹顶为典型算例,依据 6.1 节~6.3 节的方法,分析拉索预应力网格结构的可靠性。

6.4.1 算例 1

在该算例中,仅考虑施工误差为基本随机变量。如图 6.12 所示,有一个跨度为 35.4 m,矢高为 4.6 m 的凯威特型弦支穹顶结构。上层单层网壳采用了铸钢节点,所以单层网壳杆件之间的连接简化为了刚性连接。单层网壳的杆件在承受轴力之外还承受一定的弯矩和剪力作用,故在 ANSYS 有限元建模时采用了 beam4 单元。撑杆和单层网壳之间认为是铰接,撑杆采用 link8 单元模拟。索具有只拉不压的特性,采用 link10 单元进行模拟。支座采用橡胶支座,径向释放,环向和竖向完全约束。

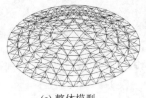 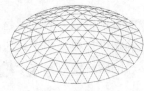 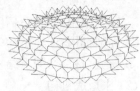

(a) 整体模型　　　　　　　　(b) 上部单层网壳　　　　　　　　(c) 下部索杆体系

图 6.12　弦支穹顶结构模型

(1)材料属性设定

在实际工程中,弦支穹顶采用的基本材料有两种:一种是建筑型钢,一种为拉索。在有限元模型中用到的材料参数见表6.6。

表6.6　材料参数表

材料	弹性模量(N/m²)	泊松比	密度(kg/m³)	屈服强度(N/m²)	线膨胀系数
建筑型钢	2.06e11	0.3	7 850	300	1.2e−5
拉索	1.9e11	0.3	7 850	1 320	1.2e−5

（2）几何参数设定

在有限元模型中上部单层网壳结构和下部索撑结构的几何参数分别见表6.7和表6.8。

表6.7　上部单层网壳构件的几何参数

构件规格	截面面积(m²)	Z轴惯性矩(m⁴)	Y轴惯性矩(m⁴)	Z轴厚度(m)	Y轴厚度(m)	构件位置
钢管 P133×6	2.2417e−3	4.837e−6	4.837e−6	0.133	0.133	径向杆件
钢管 P133×6	2.2417e−3	4.837e−6	4.837e−6	0.133	0.133	环向杆件

表6.8　下部索撑结构构件的几何参数

构件规格	截面面积(m²)	初始缺陷	构件位置
钢丝束	2.1775e−3	5.54e−3	第1圈环索
钢丝束	2.1775e−3	4.54e−3	第2圈环索
钢丝束	2.1775e−3	3.54e−3	第3圈环索
钢丝束	2.8293e−3	2.54e−3	第4圈环索
钢丝束	2.8293e−3	1.54e−3	第5圈环索
钢管 P89×4	1.050 2e−3	0	全部撑杆
钢拉杆	1.612 0e−3	0	全部拉杆

（3）荷载及荷载组合

本算例中采用了2种荷载:屋面恒载 1 kN/m²、屋面活载 0.8 kN/m²。荷载组合:1.2×恒载＋1.4×活载。荷载布置方式为满跨布置。

（4）随机输入变量

在该算例中,随机输入变量只考虑施工误差,包括节点位置安装偏差和索长误差。

① 节点位置安装偏差:

《网壳结构技术规程》(JGJ 61—2003)[6.3]中规定:网壳结构在拼装完成后,应检查网壳曲面形状的安装偏差,其容许偏差不应大于跨度的1/1 500或40 mm。根据该规定可知,该模型的节点安装偏差的限值为35.4/1 500＝0.023 6 m＝23.6 mm,且认为节点位置偏差服从二倍均方差范围内的正态分布。设节点在 X 方向上的偏差偏差范围为[$\Delta X_D, \Delta X_T$],则节点在该方向上偏差的平均值和方差分别为:

$$\mu_{\Delta X} = \frac{\Delta X_D + \Delta X_T}{2} \tag{6.16}$$

$$\sigma_{\Delta X} = \frac{1}{4}(\Delta X_T - \Delta X_D) \tag{6.17}$$

② 索长误差:

根据我国《索结构技术规程》中规定,成品拉索的交货长度与设计长度相比可允许的偏差要求满足表 6.9 的要求。由此可以得到各圈索的索长误差,见表 6.9。

表 6.9　各圈索的索长误差

索的位置	索长 L(m)	索长误差 ΔL(mm)
第 1 圈	18.46	±15
第 2 圈	38.09	±15
第 3 圈	57.16	±20
第 4 圈	75.74	±20
第 5 圈	93.75	±20

索长误差也服从正态分布,其平均值和方差为:

$$\mu_{\Delta L} = \frac{\Delta L_D + \Delta L_T}{2} \tag{6.18}$$

$$\sigma_{\Delta L} = \frac{1}{6}(\Delta L_T - \Delta L_D) \tag{6.19}$$

索长误差最后会转化成预应力索的初应变,因此,索长误差从本质意义上讲是一种预应力的偏差。

(5)可靠性分析方法选择

ANSYS 中的 PDS 模块提供了两种方法可用于结构的可靠性分析,分别是蒙特卡罗模拟技术和响应面法。蒙特卡罗模拟技术适用性较强,几乎在任何情况下都可选用该方法;响应面法适用于随机输入变量不多的情况,如中心合成抽样(CCD 抽样)要求随机输入变量不得大(几百个或上千个),使用响应面法就不太现实了。

本算例中模拟节点位置偏差的数目有 91 个,每个节点要模拟 X、Y、Z 三个方向上的偏差,这就需要 91×3=273 个随机输入变量。当考虑施工误差只有节点位置偏差时,应选用蒙特卡罗模拟技术;此外还有 5 圈环索的索长误差,需要 5 个随机变量,因此,当考虑施工误差只有索长误差时可选用响应面法。

对该弦支穹顶结构进行可靠性分析,需使用 APDL 语言编制相应的计算程序。结构的有限元计算模型见图 6.13。

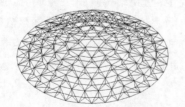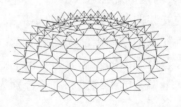

图 6.13　结构有限元计算模型

节点位置偏差:蒙特卡罗模拟技术

选取节点 1 在 X 方向偏差模拟过程的采样点和直方图,以便检查其分布规律是否与假设的分布规律相符,见图 6.14 和图 6.15。

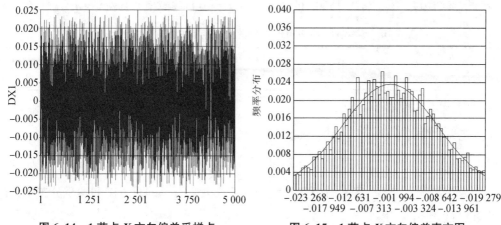

图 6.14 1 节点 *X* 方向偏差采样点   图 6.15 1 节点 *X* 方向偏差直方图

在采用蒙特卡罗模拟技术时,每个随机变量的抽样次数为 5 000 次,相应地对结构进行了 5 000 次有限元分析计算。

1) 位移失效模式

在位移失效模式下,可以建立结构的功能函数如下

$$Z=[u]-u \tag{6.20}$$

式中:$[u]$ 为允许最大位移。经过分析得到结构的最大位移 u 的直方图和累积分布函数图分别见图 6.16 和图 6.17。

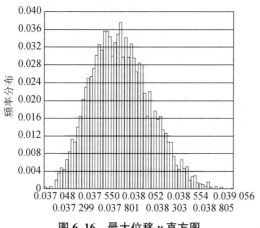

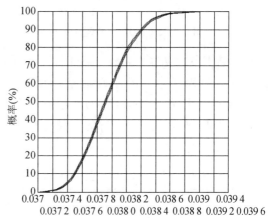

图 6.16 最大位移 *u* 直方图   图 6.17 最大位移 *u* 累积分布函数

由结构最大位移 u 的直方图可以看出,u 近似服从正态分布,平均值 μ_u 为 0.037 931 m,标准差 σ_u 为 0.000 347 37 m。在给定了允许最大位移 $[u]$ 的情况下,便可以得到相应的失效概率 P_f 和可靠指标 β。失效概率 P_f 由 PDS 模块计算得到;因为 u 近似服从正态分布,所以可靠指标 β 可近似按式(6.21)计算。

$$\beta=\frac{\mu_Z}{\sigma_Z} \tag{6.21}$$

最后得到结构在$[u]=0.039$ m时的失效概率P_f和可靠指标β,见表6.10。

表 6.10　结构在$[u]=0.039$ m 时的失效概率P_f和可靠指标β

失效限值	失效概率 $P_f(\%)$	可靠指标 β
$[u]=0.039$ m	0.129 0%	3.08

2）强度失效模式

在强度失效模式下,可以建立结构的功能函数如下

$$Z=[f]-f \tag{6.22}$$

其中,$[f]$为允许最大应力。经过分析得到结构杆件最大应力f的直方图和累积分布函数图分别见图6.18和图6.19。

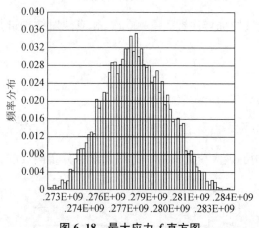

图 6.18　最大应力 f 直方图

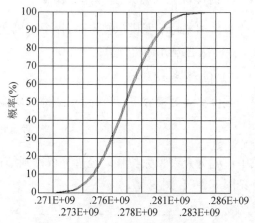

图 6.19　最大应力 f 累积分布函数

由结构最大应力f的直方图可以看出,f近似服从正态分布,平均值μ_f为278.69 MPa,标准差σ_f为2.183 1 MPa。在给定了允许最大应力$[f]$的情况下,便可以得到相应的失效概率P_f和可靠指标β。失效概率P_f由PDS模块计算得到;因为f近似服从正态分布,所以可靠指标β可近似按式(6.21)计算。最后得到结构在$[f]=284.0$ MPa时的失效概率P_f和可靠指标β,见表6.11。

表 6.11　结构在$[f]=284.0$ MPa 时的失效概率P_f和可靠指标β

失效限值	失效概率 $P_f(\%)$	可靠指标 β
$[f]=284.0$ MPa	0.509 2%	2.63

3）稳定失效

在稳定失效模式下,可以建立结构的功能函数如下

$$Z=k-[k] \tag{6.23}$$

其中,$[k]$为稳定系数限值。在本例中,采用的稳定系数为特征值稳定系数。

经过分析得到结构特征值稳定系数k的直方图和累积分布函数图分别见图6.20和图6.21。

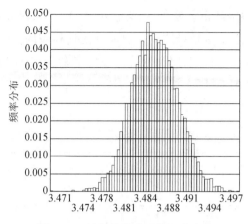

图 6.20　特征值稳定系数 k 直方图

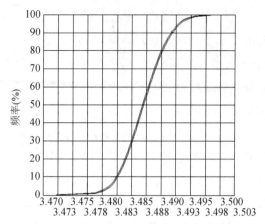

图 6.21　特征值稳定系数 k 累积分布函数

由结构特征值稳定系数 k 的直方图可以看出，k 近似服从正态分布，平均值 μ_k 为 3.487，标准差 σ_k 为 0.003 619。在给定了规定的稳定系数 $[k]$ 的情况下，便可以得到相应的失效概率 P_f 和可靠指标 β。失效概率 P_f 由 PDS 模块计算得到；因为 k 近似服从正态分布，所以可靠指标 β 可近似按式（6.21）计算。

最后得到结构在 $[k]=3.48$ 时的失效概率 P_f 和可靠指标 β，见表 6.12。

表 6.12　结构在 $[k]=3.48$ 时的失效概率 P_f 和可靠指标 β

失效限值	失效概率 P_f（%）	可靠指标 β
$[k]=3.48$	2.375 7%	1.93

索长误差：响应面法

只考虑索长误差时，由于有 5 个随机输入变量，所以先对结构进行了 27 次有限元分析计算，并根据这 27 次抽样计算结果拟合回归得到结构在位移、强度和稳定三种失效模式下的响应面，并在该拟合的响应面上进行了 5 000 次蒙特卡罗模拟，再经过数理统计分析便可得到结构在各失效模式下的失效概率和可靠指标。

1）位移失效模式

经过分析得到结构的最大位移 u 的直方图和累积分布函数图分别见图 6.22 和图 6.23。

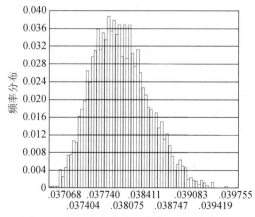

图 6.22　最大位移 u 直方图

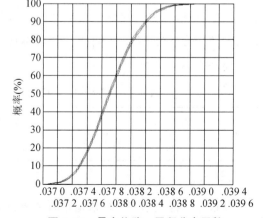

图 6.23　最大位移 u 累积分布函数

由结构最大位移 u 的直方图可以看出，u 近似服从正态分布，平均值 μ_u 为 0.038 154 m，标准差 σ_u 为 0.000 462 3 m。在给定了允许最大位移 $[u]$ 的情况下，便可以得到相应的失效概率 P_f 和可靠指标 β。失效概率 P_f 由 PDS 模块计算得到；因为 u 近似服从正态分布，所以可靠指标 β 可近似按式（6.21）计算。最后得到结构在 $[u]=0.039$ m 下的失效概率 P_f 和可靠指标 β，见表 6.13。

表 6.13　结构在 $[u]=0.039$ m 时的失效概率 P_f 和可靠指标 β

失效限值	失效概率 P_f(%)	可靠指标 β
$[u]=0.039$ m	4.270 0%	1.80

2) 强度失效模式

经过分析得到结构杆件的最大应力 f 的直方图和累积分布函数图分别见图 6.24 和图 6.25。

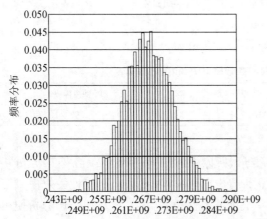

图 6.24　最大应力 f 直方图　　　　图 6.25　最大应力 f 累积分布函数

由结构最大应力 f 的直方图可以看出，f 近似服从正态分布，平均值 μ_f 为 270.50 MPa，标准差 σ_f 为 6.813 9 MPa。在给定了允许最大应力 $[f]$ 的情况下，便可以得到相应的失效概率 P_f 和可靠指标 β。失效概率 P_f 由 PDS 模块计算得到；因为 f 近似服从正态分布，所以可靠指标 β 可近似按式（6.21）计算。最后得到结构在 $[f]=284.0$ MPa 时的失效概率 P_f 和可靠指标 β，见表 6.14。

表 6.14　结构在 $[f]=284.0$ MPa 时的失效概率 P_f 和可靠指标 β

失效限值	失效概率 P_f(%)	可靠指标 β
$[f]=284.0$ MPa	2.402 0%	0.92

3) 稳定失效模式

经过分析得到结构特征值稳定系数 k 的直方图和累积分布函数图分别见图 6.26 和图 6.27。

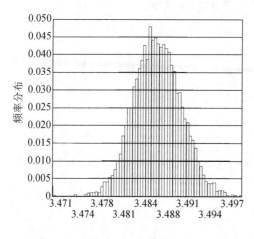

图 6.26　特征值稳定系数 k 直方图

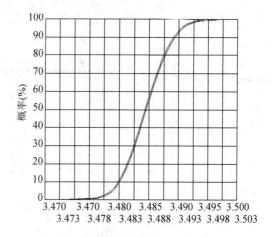

图 6.27　特征值稳定系数 k 累积分布函数

由结构特征值稳定系数 k 的直方图可以看出，k 近似服从正态分布，平均值 μ_k 为 3.489 9，标准差 σ_k 为 0.077 13。在给定了规定的稳定系数 $[k]$ 的情况下，便可以得到相应的失效概率 P_f 和可靠指标 β。失效概率 P_f 由 PDS 模块计算得到；因为 k 近似服从正态分布，所以可靠指标 β 可近似按式(6.21)计算。

最后得到结构在 $[k]=3.48$ 时的失效概率 P_f 和可靠指标 β，见表 6.15。

表 6.15　结构在 $[k]=3.48$ 时的失效概率 P_f 和可靠指标 β

失效限值	失效概率 $P_f(\%)$	可靠指标 β
$[k]=3.48$	4.535 0%	0.13

经过上述分析计算可知，节点位置偏差和索长误差均会对结构的可靠度产生影响，为了定量地描述节点位置偏差和索长误差对结构可靠度的影响程度，分别对结构在位移失效、强度失效和稳定失效三种失效模式下的失效概率进行了对比，见表 6.16。由对比结果可知，索长误差对结构可靠度的影响要大于节点位置偏差的影响。

表 6.16　结构在各失效模式下失效概率对比

失效模式	节点位置偏差下失效概率	索长误差下失效概率
位移失效	0.129 0%	4.270 0%
强度失效	0.509 2%	2.402 0%
稳定失效	2.375 7%	4.535 0%

6.4.2　算例 2

该算例的各种参数同算例 1，只是除施工误差外，与荷载和结构抗力相关的参数也认为是随机变量。表 6.17 给出了该算例中的随机输入变量以及各变量的分布类型。

表 6.17　随机变量的统计参数及其分布类型

随机变量	变量含义	分布类型	均值	标准差
ΔX	X 方向上节点位置偏差	截断正态	0 m	0.011 8 m
ΔY	Y 方向上节点位置偏差	截断正态	0 m	0.011 8 m
ΔZ	Z 方向上节点位置偏差	截断正态	0 m	0.011 8 m
ΔL_1	第1圈环索索长误差	正态	0 m	0.005 m
ΔL_2	第2圈环索索长误差	正态	0 m	0.005 m
ΔL_3	第3圈环索索长误差	正态	0 m	0.006 77 m
ΔL_4	第4圈环索索长误差	正态	0 m	0.006 77 m
ΔL_5	第5圈环索索长误差	正态	0 m	0.006 77 m
LOAD-G	恒荷载	正态	$1.06 \times g$ N/m²	$0.07 \times g$ N/m²
LOAD-Q	活荷载	极值Ⅰ型	$0.406 \times q$ N/m²	$0.292 \times q$ N/m²
E_1	钢材的弹性模量	正态	2.06e11 N/m²	0.6e10 N/m²
E_2	拉索的弹性模量	正态	1.9e11 N/m²	0.6e10 N/m²
D_1	上部网壳杆件外径	正态	0.203 m	6.09e−5 m
D_2	撑杆外径	正态	0.219 m	6.57e−5 m
W_1	上部网壳杆件壁厚	正态	$0.006/(1+1.645 \times 0.04)$ m	2.4e−4 m
W_2	撑杆壁厚	正态	$0.009/(1+1.645 \times 0.04)$ m	3.6e−4 m
A_1	第1圈环索面积	正态	2 809e−6 m²	1.685 4e−6 m²
A_2	第2圈环索面积	正态	2 809e−6 m²	1.685 4e−6 m²
A_3	第3圈环索面积	正态	2 809e−6 m²	1.685 4e−6 m²
A_4	第4圈环索面积	正态	2 809e−6 m²	1.685 4e−6 m²
A_5	第5圈环索面积	正态	4 657e−6 m²	2.794 2e−6 m²
A_6	径向拉杆截面面积	正态	5 024e−6 m²	3.014 4e−6 m²

基本随机变量:施工误差、荷载和结构抗力

由于随机输入变量有 292 个,故在分析方法的选择上依然采用了蒙特卡罗模拟技术,抽样次数为 5 000 次。此外,由于 ANSYS 的 PDS 模块中没有极值Ⅰ型分布类型,故活荷载近似地采用了高斯分布。

(1) 位移失效模式

经过分析得到结构的最大位移 u 的直方图和累积分布函数图分别见图 6.28 和图 6.29。

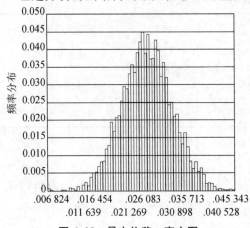

图 6.28　最大位移 u 直方图

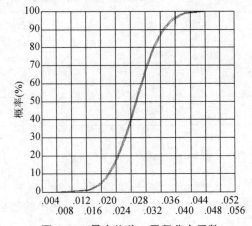

图 6.29　最大位移 u 累积分布函数

由结构最大位移 u 的直方图可以看出，u 近似服从正态分布，平均值 μ_u 为 0.0294 0 m，标准差 σ_u 为 0.005 806 m。最后得到结构在 $[u]=0.039$ m 时的失效概率 P_f 和可靠指标 β，见表 6.18。

表 6.18 结构在 $[u]=0.039$ m 时的失效概率 P_f 和可靠指标 β

失效限值	失效概率 $P_f(\%)$	可靠指标 β
$[u]=0.039$ 0 m	4.986 8%	1.65

（2）强度失效模式

经过分析得到结构构件的最大应力 f 的直方图和累积分布函数图分别见图 6.30 和图 6.31。

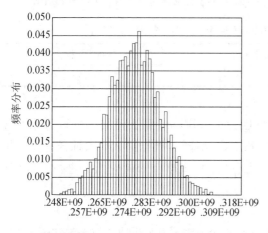

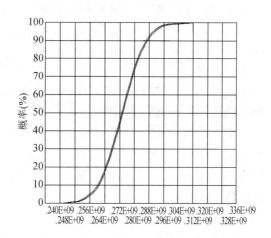

图 6.30 最大应力 f 直方图   图 6.31 最大应力 f 累积分布函数

由结构最大应力 f 的直方图可以看出，f 近似服从正态分布，平均值 μ_f 为 281.37 MPa，标准差 σ_f 为 10.340 0 MPa。在最后得到结构在 $[f]=284.0$ MPa 时的失效概率 P_f 和可靠指标 β，见表 6.19。

表 6.19 结构在 $[f]=284.0$ MPa 时的失效概率 P_f 和可靠指标 β

失效限值	失效概率 $P_f(\%)$	可靠指标 β
$[f]=284.0$ MPa	39.496 8%	0.26

（3）稳定失效模式

经过分析得到结构特征值稳定系数 k 的直方图和累积分布函数图分别见图 6.32 和图 6.33。

由结构特征值稳定系数 k 的直方图可以看出，k 近似服从正态分布，平均值 μ_k 为 3.732 8，标准差 σ_k 为 0.145 50。最后得到结构在 $[k]=3.48$ 时的失效概率 P_f 和可靠指标 β，见表 6.20。

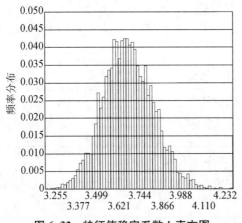

图 6.32 特征值稳定系数 k 直方图

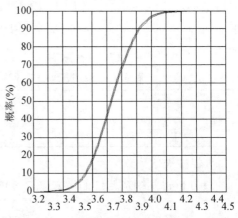

图 6.33 特征值稳定系数 k 累积分布函数

表 6.20 结构在$[k]$=3.48 时的失效概率 P_f 和可靠指标 β

失效限值	失效概率 P_f(%)	可靠指标 β
$[k]$=3.48	3.851 3%	1.73

基本随机变量:荷载和结构抗力

不考虑施工误差时,有 14 个随机输入变量,因此可采用响应面法对结构进行可靠性分析。当采用中心合成抽样方法时,需要进行 285 次有限元计算,根据这 285 次抽样计算结果拟合回归得到结构在某种失效模式下的响应面方程,并在该拟合的响应面上进行了 5 000 次蒙特卡罗模拟。

(1) 位移失效模式

经过分析得到结构的最大位移 u 的直方图和累积分布函数图分别见图 6.34 和图 6.35。

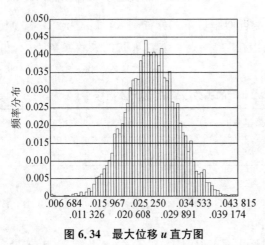

图 6.34 最大位移 u 直方图

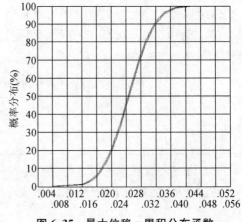

图 6.35 最大位移 u 累积分布函数

由结构最大位移 u 的直方图可以看出,u 近似服从正态分布,平均值 μ_u 为 0.028 681 m,标准差 σ_u 为 0.005 656 m。最后得到结构在$[u]$=0.039 m 下的失效概率 P_f 和可靠指标 β,见表 6.21。

表 6.21　结构在[u]=0.039 m 时的失效概率 P_f 和可靠指标 β

失效限值	失效概率 P_f(%)	可靠指标 β
[u]=0.039 m	3.659 9%	1.90

（2）强度失效模式

经过分析得到结构构件的最大应力 f 的直方图和累积分布函数图分别见图 6.36 和图 6.37。

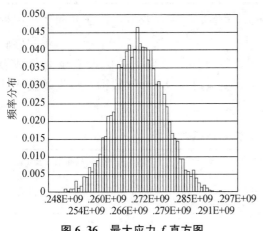

图 6.36　最大应力 f 直方图

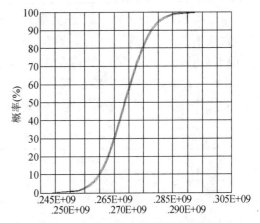

图 6.37　最大应力 f 累积分布函数

由结构最大应力 f 的直方图可以看出，f 近似服从正态分布，平均值 μ_f 为 273.73 MPa，标准差 σ_f 为 7.057 4 MPa。在最后得到结构在[f]=284.0 MPa 时的失效概率 P_f 和可靠指标 β，见表 6.22。

表 6.22　结构在[f]=284.0 MPa 时的失效概率 P_f 和可靠指标 β

失效限值	失效概率 P_f(%)	可靠指标 β
[f]=284.0 MPa	7.344 5%	1.46

（3）稳定失效模式

经过分析得到结构特征值稳定系数 k 的直方图和累积分布函数图分别见图 6.38 和图 6.39。

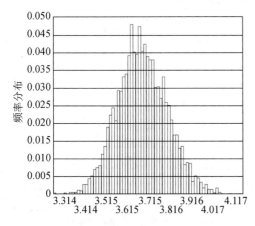

图 6.38　特征值稳定系数 k 直方图

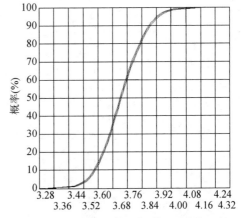

图 6.39　特征值稳定系数 k 累积分布函数

由结构特征值稳定系数 k 的直方图可以看出，k 近似服从正态分布，平均值 μ_k 为 3.728 5，标准差 σ_k 为 0.118 43。最后得到结构在 $[k]=3.48$ 时的失效概率 P_f 和可靠指标 β，见表 6.23。

表 6.23　结构在 $[k]=3.48$ 时的失效概率 P_f 和可靠指标 β

失效限值	失效概率 $P_f(\%)$	可靠指标 β
$[k]=3.48$	1.423 8%	2.10

当基本随机变量为施工误差、荷载和结构抗力等参数时，结构在位移、强度和稳定三种失效模式下的失效概率分别为 4.986 8%、39.496 8% 和 3.851 3%；当基本随机变量为荷载和结构抗力等参数时，结构结构在位移、强度和稳定三种失效模式下的失效概率分别为 3.659 9%、7.344 5% 和 1.423 8%。由此可知，在考虑施工误差之后，结构在各失效模式下的失效概率会变大，结构的可靠度会降低，见表 6.24。

表 6.24　结构在各失效模式下失效概率对比

失效模式	考虑施工误差时的失效概率	不考虑施工误差时的失效概率	考虑使用误差后结构可靠度变化情况
位移失效	4.986 8%	3.659 9%	降低
强度失效	39.496 8%	7.344 5%	降低
稳定失效	3.851 3%	1.423 8%	降低

6.5　节点位置偏差对结构可靠度的影响

为了研究施工误差中节点位置偏差大小对弦支穹顶结构可靠性的影响，对节点位置偏差进行了参数化分析。规范规定的偏差限值为 $L/1\,500$ 或 40 mm，其中 L 为结构短方向上的跨度。本文中分别取 $L/1400$、$L/1200$、$L/1000$、$L/800$ 和 $L/600$ 作为节点位置偏差的限值，见表 6.25，对弦支穹顶结构进行了可靠性分析。在可靠性分析方法的选择上，依然选择了蒙特卡罗模拟技术。

表 6.25　不同节点位置偏差对应的限值

类型		偏差范围(mm)
	X 方向	$[-25.3,+25.3]$
$L/1\,400$	Y 方向	$[-25.3,+25.3]$
	Z 方向	$[-25.3,+25.3]$
	X 方向	$[-29.5,+29.5]$
$L/1\,200$	Y 方向	$[-29.5,+29.5]$
	Z 方向	$[-29.5,+29.5]$
	X 方向	$[-35.4,+35.4]$
$L/1\,000$	Y 方向	$[-35.4,+35.4]$
	Z 方向	$[-35.4,+35.4]$

续表 6.25

类型		偏差范围(mm)
L/800	X 方向	[−44.3,+44.3]
	Y 方向	[−44.3,+44.3]
	Z 方向	[−44.3,+44.3]
L/600	X 方向	[−59.0,+59.0]
	Y 方向	[−59.0,+59.0]
	Z 方向	[−59.0,+59.0]

6.5.1　位移失效模式

在位移失效模式下,各节点位置偏差限值下的结构最大位移 u 的直方图见图 6.40。

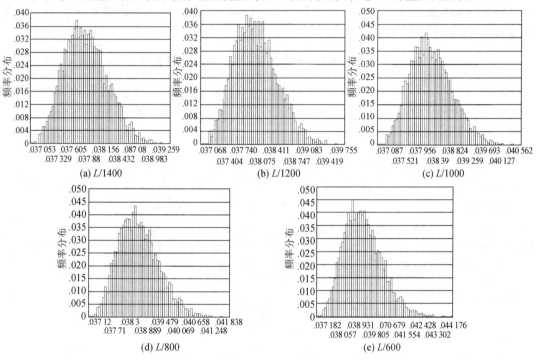

图 6.40　不同节点位置偏差限值下结构最大位移 u 直方图

由图 6.40 可知,结构的最大位移近似服从正态分布,在不同节点位置偏差限值下,结构最大位移 u 的平均值和标准差见表 6.26。

表 6.26　不同节点位置偏差限值下结构 u 的平均值和标准差

节点位置偏差限值	平均值 μ_u	标准差 σ_u
L/1 400	0.038 008	0.000 376 93
L/1 200	0.038 180	0.000 447 67
L/1 000	0.038 491	0.000 564 77
L/800	0.038 943	0.000 746 49
L/600	0.039 743	0.001 076 40

最后得到结构在$[u]=0.039$ m 时的失效概率 P_f 和可靠指标 β,见表 6.27。

表 6.27　不同节点位置偏差限值下结构在$[u]=0.039$ m 时的失效概率 P_f 和可靠指标 β

节点位置偏差限值	$[u]=0.039$ m	
	失效概率 $P_f(\%)$	可靠指标 β
$L/1\ 400$	0.598 9%	2.63
$L/1\ 200$	4.273 7%	1.83
$L/1\ 000$	18.435 1%	0.90
$L/800$	43.749 0%	0.08
$L/600$	73.449 5%	-1.62

6.5.2　强度失效模式

依据 6.4.1 类似的方法,可得到不同节点位置偏差限值下,结构杆件最大应力 f 平均值和标准差,如表 6.28 所示。

表 6.28　不同节点位置偏差限值下结构 f 的平均值和标准差

节点位置偏差限值	平均值 μ_f	标准差 σ_f
$L/1\ 400$	279.19	2.210 9
$L/1\ 200$	280.15	2.276 4
$L/1\ 000$	281.50	2.374 9
$L/800$	282.90	2.584 6
$L/600$	284.66	3.140 1

结构在$[f]=284.0$ MPa 时的失效概率 P_f 和可靠指标 β,如表 6.29 所示。

表 6.29　不同节点位置偏差限值下结构在$[f]=284.0$ MPa 时的失效概率 P_f 和可靠指标 β

节点位置偏差限值	$[f]=284.0$ MPa	
	失效概率 $P_f(\%)$	可靠指标 β
$L/1\ 400$	1.009 3%	2.18
$L/1\ 200$	4.706 2%	1.69
$L/1\ 000$	14.565 9%	1.05
$L/800$	31.762 0%	0.43
$L/600$	55.916 1%	-0.21

6.5.3　稳定失效模式

不同节点位置偏差限值下,结特征值稳定系数 k 平均值和标准差见表 6.30。

表 6.30　不同节点位置偏差限值下结构特征值稳定系数 k 的平均值和标准差

节点位置偏差限值	平均值 μ_k	标准差 σ_k
$L/1\ 400$	3.486 9	0.003 895
$L/1\ 200$	3.486 8	0.004 499
$L/1\ 000$	3.486 5	0.005 602
$L/800$	3.486 0	0.007 217
$L/600$	3.485 0	0.010 140

最后得到结构在特征值稳定系数$[k]=3.48$时的失效概率P_f和可靠指标β,见表 6.31。

表 6.31 不同节点位置偏差限值下结构在特征值稳定系数$[k]=3.48$时的失效概率P_f和可靠指标β

节点位置偏差限值	$[k]=3.48$	
	失效概率P_f(%)	可靠指标β
$L/1\,400$	4.424 0%	1.77
$L/1\,200$	6.608 8%	1.51
$L/1\,000$	11.804 4%	1.16
$L/800$	20.788 7%	0.83
$L/600$	31.605 9%	0.49

6.6 不同矢跨比下的参数化分析

为了研究施工误差中节点位置偏差对不同矢跨比弦支穹顶结构可靠性的影响,对弦支穹顶算例的矢跨比进行了参数化分析,见图 6.41 和表 6.32。

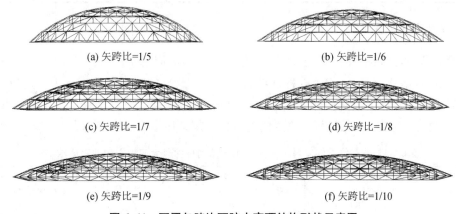

(a) 矢跨比=1/5　　　　　　　　　(b) 矢跨比=1/6

(c) 矢跨比=1/7　　　　　　　　　(d) 矢跨比=1/8

(e) 矢跨比=1/9　　　　　　　　　(f) 矢跨比=1/10

图 6.41 不同矢跨比下弦支穹顶结构形状示意图

表 6.32 不同矢跨比对应的矢高

矢跨比类型	矢高 m
1/5	7.080
1/6	5.900
1/7	5.057
1/8	4.425
1/9	3.933
1/10	3.540

在该节内容的研究中,随机输入变量仅考虑了节点位置偏差,且节点位置偏差限值取为$L/1\,500$,即$[-26.6\ \text{mm},+23.6\ \text{mm}]$。

6.6.1　位移失效模式

在没有考虑节点位置偏差时，不同矢跨比下结构的最大位移 u_0 见表 6.33 所示，由表 6.31 可知，在相同荷载作用下，结构的最大位移 u_0 随矢跨比的减小而增大。为了比较节点位置偏差对不同矢跨比下结构最大位移的影响，取各矢跨比下结构最大位移的平均值 u 与 u_0 比较。两者相差越大，说明节点位置偏差对相应矢跨比结构的影响越大。

表 6.33　节点位置偏差对不同矢跨比下结构最大位移影响的对比结果

矢跨比	不考虑节点位置偏差时结构最大位移 u_0	考虑节点位置偏差后结构最大位移的平均值 u	u_0 与 u 的相对差值 $(u-u_0)/u_0$	考虑节点位置偏差后结构位移大于 u_0 的概率
1/5	0.023 09 m	0.023 59 m	2.165 4%	100%
1/6	0.028 23 m	0.028 89 m	2.337 9%	100%
1/7	0.030 44 m	0.031 17 m	2.398 1%	100%
1/8	0.038 55 m	0.039 54 m	2.568 1%	100%
1/9	0.043 61 m	0.044 79 m	2.705 8%	100%
1/10	0.048 52 m	0.049 89 m	2.823 6%	100%

6.6.2　强度失效模式

在没有节点位置偏差时，不同矢跨比下结构杆件最大应力 f_0 见表 6.34 所示，由表 6.34 可知，在相同荷载作用下，结构上部杆件最大应力随矢跨比的减小而减小。为了比较节点位置偏差对不同矢跨比下结构杆件最大应力的影响，取各矢跨比下结构最大应力平均值 f 与 f_0 比较。两者相差越大，说明节点位置偏差对相应矢跨比结构的影响越大。

表 6.34　节点位置偏差对不同矢跨比下结构杆件最大应力影响的对比结果

矢跨比	不考虑施工误差时结构杆件最大应力 f_0	考虑施工误差后结构杆件最大应力的平均值 f	f_0 与 f 的相对差值 $(f-f_0)/f_0$	考虑施工误差后结构杆件应力大于 f_0 的概率
1/5	310.46 MPa	318.12 MPa	2.467 3%	99.979 8%
1/6	284.95 MPa	292.52 MPa	2.656 6%	100%
1/7	282.41 MPa	290.17 MPa	2.747 8%	100%
1/8	267.54 MPa	275.31 MPa	2.904 2%	100%
1/9	255.36 MPa	263.43 MPa	3.160 2%	100%
1/10	243.25 MPa	251.23 MPa	3.280 6%	100%

6.6.3　稳定失效模式

在没有节点位置偏差时，不同矢跨比下结构特征值稳定系数 k 见表 6.35 所示，由表 6.35 可知，在相同荷载作用下，结构特征值稳定系数随矢跨比的减小而增大。但是由于在考虑节点位置偏差和不考虑节点位置偏差的情况下，结构的特征值稳定系数变化较小，此时需比较考虑节点位置偏差后结构特征值稳定系数小于 k_0 的概率来判断结构矢跨比对施工误差的敏感性，其概率值越大，说明节点位置偏差对相应矢跨比结构的影响越大。

表 6.35　节点位置偏差对不同矢跨比下结构特征值稳定系数影响的对比结果

矢跨比	不考虑施工误差时结构特征值稳定系数 k_0	考虑施工误差后结构特征值稳定系数的平均值 k	考虑施工误差后结构特征值稳定系数小于 k_0 的概率
1/5	2.861	2.861	50.766 4%
1/6	3.176	3.176	51.539 1%
1/7	3.282	3.281	52.331 0%
1/8	3.539	3.539	52.737 6%
1/9	3.714	3.714	54.157 1%
1/10	3.893	3.893	57.615 0%

6.7　节点位置偏差模拟方法

在之前的算例中,当考虑节点位置偏差为基本随机变量计算结构可靠度时,由于节点数目较多,需要定义的随机变量也较多,远远超过了 20 个,因此在计算方法上只能采用蒙特卡罗模拟技术。蒙特卡罗模拟技术虽然可以解决随机变量较多时结构的可靠度分析问题,但是它需要对结构进行成千上万次的有限元计算,当结构比较复杂,节点单元数量较多时,需要耗费的计算时间将会很长。对于实际工程结构,节点数目少则上千个,多则上万个,此时若采用蒙特卡罗模拟技术来计算结构可靠度,将会导致计算量过大。因此必须寻求新的节点位置偏差模拟方法,以达到大幅缩减随机变量数目并使用响应面法计算结构可靠度的目的。

拉索预应力网格结构节点位置偏差的模拟方法一般有两种:随机模型和一致缺陷模型。随机模型就是采用随机变量对每个节点的三个方向按照节点位置偏差的分布规律进行模拟,这种模拟方法最切合实际。但是当节点数量较多时,需要成千上万个随机变量进行模拟。此时,对结构进行考虑节点偏差的可靠度计算分析时,只能采用蒙特卡罗技术进行模拟,而蒙特卡罗模拟技术需要花费很长的计算时间;一致缺陷模型以结构一阶特征值屈曲模态模拟结构的节点位置偏差,该方法简单,对结构进行考虑节点位置偏差的可靠度计算分析时,计算时间短,但是该方法不能考虑节点位置偏差的随机性。基于此,可采用随机模型与一致缺陷模型相结合的方法,即基于屈曲模态随机线性组合的方法来模拟节点位置偏差。这种方法既能减少随机变量的数量,又能考虑节点偏差的随机性,在此基础上有效融合响应面法与蒙特卡罗模拟技术的优势计算结构考虑节点位置偏差的可靠度,极大地提高了计算效率。该方法的数学模型如下所示:

$$\left.\begin{array}{l} \Delta X = \alpha_1 \varphi_{X_1} + \alpha_2 \varphi_{X_2} + \cdots + \alpha_n \varphi_{X_n} \\ \Delta Y = \alpha_1 \varphi_{Y_1} + \alpha_2 \varphi_{Y_2} + \cdots + \alpha_n \varphi_{Y_n} \\ \Delta Z = \alpha_1 \varphi_{Z_1} + \alpha_2 \varphi_{Z_2} + \cdots + \alpha_n \varphi_{Z_n} \end{array}\right\} \tag{6.24}$$

式中:$\Delta X, \Delta Y, \Delta Z$ 为各节点在 x, y, z 方向上的偏差向量;$\alpha_1, \alpha_2, \cdots, \alpha_n$ 为 n 个服从正态分布规律的随机系数;$\varphi_{X_1}, \varphi_{X_2}, \cdots, \varphi_{X_n}$ 为 n 阶特征值屈曲模态在 x 方向上的位移分布向量;$\varphi_{Y_1}, \varphi_{Y_2}, \cdots, \varphi_{Y_n}$ 为 n 阶特征值屈曲模态在 y 方向上的位移分布向量;$\varphi_{Z_1}, \varphi_{Z_2}, \cdots, \varphi_{Z_n}$ 为 n 阶特征值屈曲模态在 z 方向上的位移分布向量。

在得到 $\Delta X, \Delta Y, \Delta Z$ 后,要将其归一化到规范允许的节点偏差 $[\Delta]$ 处,具体过程如下:

$$
\left.\begin{aligned}
\Delta X &= \{\Delta x_1, \Delta x_2, \cdots, \Delta x_m\} \\
\Delta Y &= \{\Delta y_1, \Delta y_2, \cdots, \Delta y_m\} \\
\Delta Z &= \{\Delta z_1, \Delta z_2, \cdots, \Delta z_m\}
\end{aligned}\right\} \tag{6.25}
$$

式中:m 为节点数目。

分别找出 $\Delta X, \Delta Y, \Delta Z$ 中的最大元素值 $\Delta x_{max}, \Delta y_{max}, \Delta z_{max}$,修正后的各节点在 x, y, z 方向上的偏差向量见式(6.26):

$$
\left.\begin{aligned}
\Delta \overline{X} &= \left\{\frac{\Delta x_1}{\Delta x_{max}}[\Delta], \frac{\Delta x_2}{\Delta x_{max}}[\Delta], \cdots, \frac{\Delta x_m}{\Delta x_{max}}[\Delta]\right\} \\
\Delta \overline{Y} &= \left\{\frac{\Delta y_1}{\Delta y_{max}}[\Delta], \frac{\Delta y_2}{\Delta y_{max}}[\Delta], \cdots, \frac{\Delta y_m}{\Delta y_{max}}[\Delta]\right\} \\
\Delta \overline{Z} &= \left\{\frac{\Delta z_1}{\Delta z_{max}}[\Delta], \frac{\Delta z_2}{\Delta z_{max}}[\Delta], \cdots, \frac{\Delta z_m}{\Delta z_{max}}[\Delta]\right\}
\end{aligned}\right\} \tag{6.26}
$$

最后用 $\Delta \overline{X}, \Delta \overline{Y}, \Delta \overline{Z}$ 施加节点的位置偏差。

对算例1中的弦支穹顶进行了特征值屈曲分析,得到结构前5阶屈曲模态,见图6.42~图6.46。

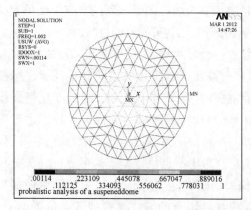 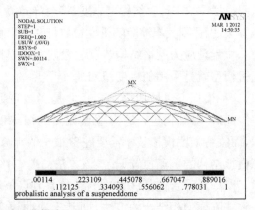

图 6.42　第一阶屈曲模态

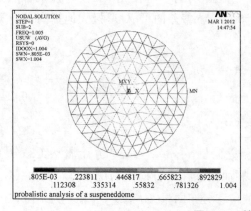 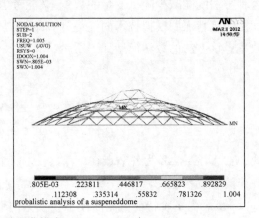

图 6.43　第二阶屈曲模态

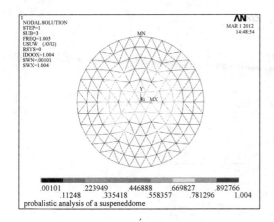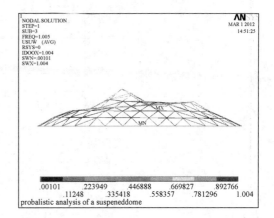

图 6.44　第三阶屈曲模态

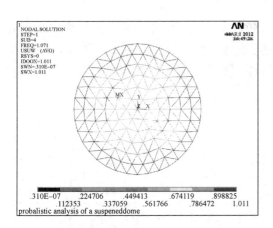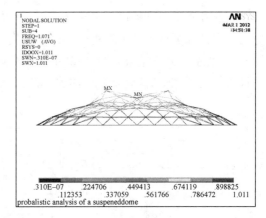

图 6.45　第四阶屈曲模态

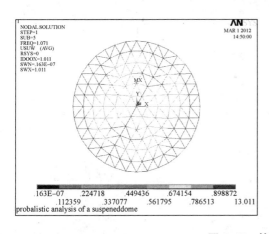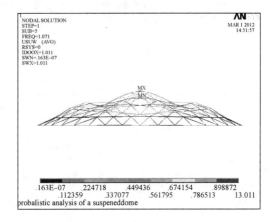

图 6.46　第五阶屈曲模态

　　利用基于屈曲模态随机线性组合的模拟方法对算例 1 中 1 节点在 X 方向上偏差的拟合结果见图 6.47,从图中可以看出拟合的节点位置偏差基本服从正态分布。

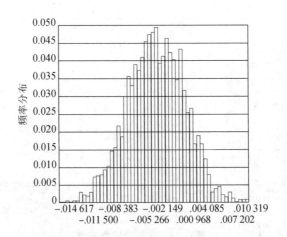

图 6.47　基于屈曲模态随机线性组合的节点位置偏差模拟结果

　　在此基础上对结构进行可靠性分析，节点位置偏差选用基于屈曲模态随机线性组合的方法。在计算分析中基本随机变量包括施工误差、荷载和结构抗力。结果对比如图 6.48 和图 6.49 所示。计算结果表明，当基本随机变量包含施工误差、荷载和结构抗力时，采用该方法计算结构可靠性时，误差较小，能够满足工程上的精度要求。

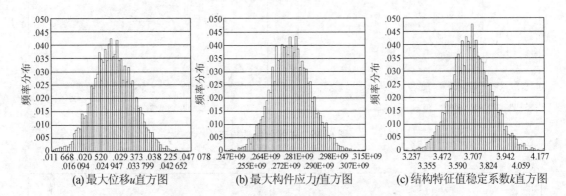

图 6.48　基于屈曲模态随机线性组合模拟方法

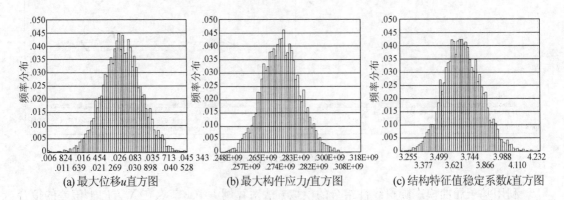

图 6.49　随机模型模拟方法

本章参考文献

［6.1］　博弈创作室. ANSYS9.0 经典产品高级分析技术与实例详解［M］. 北京：中国水利水电出版社，2005

［6.2］　祝效华，余志祥. ANSYS 高级工程有限元分析范例精选［M］. 北京：电子工业出版社，2004

［6.3］　中华人民共和国行业标准. 网壳结构技术规程（JGJ 61—2003）. 北京：中国建筑工业出版社，2003

［6.4］　沈世钊，陈昕. 网壳结构稳定性［M］. 北京：科学出版社，1999

［6.5］　唐敢，黎德琳，赵才其，等. 空间结构初始几何缺陷分布规律的实测数据及统计参数［J］. 建筑结构学报，2008，38(2)：74-78

［6.6］　刘学春，张爱林，葛家琪，等. 施工偏差随机分布对弦支穹顶结构整体稳定性影响的研究［J］. 建筑结构学报，2007，28(6)：76-82

［6.7］　李楠. 考虑初始缺陷随机性的弦支穹顶结构的可靠性分析［D］. 北京：北京工业大学，2009

［6.8］　蒋本卫. 受荷连杆机构的运动稳定性和索杆结构的索长误差效应分析［D］. 杭州：浙江大学，2008

［6.9］　宋荣敏. 索杆张力结构的几何误差效应分析和控制［D］. 杭州：浙江大学，2011

［6.10］　杨伟军，赵传智. 土木工程结构可靠度理论与设计［M］. 北京：人民交通出版社，1999

［6.11］　杜立. 平面预应力索拱结构可靠度计算初探［D］. 南京：东南大学，2005

［6.12］　赵国藩，金伟良，贡金鑫. 结构可靠度理论［M］. 北京：中国建筑工业出版社，2000

第七章　拉索预应力网格结构的张拉全过程分析

在拉索预应力网格结构中,预应力拉索的设置能够有效地控制结构挠度,改善杆件内力分布,从而改善结构受力性能,因此预应力拉索对结构性能影响重大,在施工时需要严格控制以达到设计的理想状态[7.1]。由于预应力施工方案的决策、施工过程的监测等都要以结构的预应力全过程分析结果为基础,因此预应力张拉全过程分析显得尤为重要[7.2]~[7.9]。本章将从索初始形变的角度出发,基于拉索预应力网格结构的刚度法理论,针对索初始形变的确定、索索分批张拉与多次张拉的全过程模拟、考虑施工过程影响的形态分析等关键问题展开讨论,给出相应的分析方法。最后,针对拱支预应力网壳结构、斜拉网格结构和弦支穹顶等三种典型拉索预应力网格结构的工程算例进行分析。

7.1　预应力效应的模拟

预应力分析的方法可归为两大类,第一类是以力为基础的分析方法,另一类是以形变为基础的分析方法[7.1][7.4]。以"力"为基础的分析方法由于不能考虑拉索刚度的影响,并且在进行预应力施工过程分析时的计算过程复杂,计算量大,因此在工程中的应用受到限制。实际上,预应力作用的精确描述形式并不是力,而是索的初始形变,即索的无应力长度与实际长度的差值[7.1][7.4]。本章所研究的预应力全过程分析方法便是以索初始形变为基础建立的。

如图 7.1 所示,拉索 MN 与结构跨度 $M'N'$ 相比存在初始缺陷,无法正常安装于结构上,需要借助外力对拉索进行张拉,使拉索的 M 点伸长至结构的 M' 点,而 N 点伸长至 N' 点,再强迫安装。待安装完毕后,便撤去外力作用。由于此时拉索已经被强迫伸长至 $M'N'$,因此它有恢复其原来长度 MN 的趋势。但是此时拉索与结构已经实现共同工

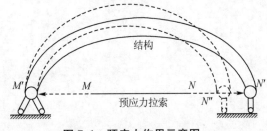

图 7.1　预应力作用示意图

作,因此拉索的回缩趋势会受到结构的阻碍,拉索与结构协同变形,由此便在结构中产生了预应力作用,而拉索中也保留了一定的预拉力。由此可见,通过张拉拉索对结构施加预应力,虽然形式上容易被误解为在拉索两端对结构施加外节点力,但实质上并不是因为外力对结构的作用,而是由于拉索长度与结构跨度相比本身存在的初始缺陷长度,或者说是由于为了将拉索安装于结构上而借助与外力使拉索产生的初始形变,即索的无应力长度(原长)与几何长度的差值,如式(7.1)所示:

$$D=M'N'-MN \tag{7.1}$$

对于特定的结构,上式中 $M'N'$ 为索的实际长度已知,而 MN 为索的无应力长度则未知,D 即为索的初始形变或初始缺陷长度也未知。D 的具体取值取决于设计时所希望达到的预应力设计要求,反过来,只要索初始形变 D 的取值确定,则结构的预应力状态就随之确定。因此以索的初始形变为基础进行预应力全过程分析的首要任务,就是要依据一定的设计要求来确定索初始形变,而后再进行结构的预应力施工全过程分析。在有限元分析中,可通过降低索的环境温度或者给索施加初应变使之产生初始形变。

7.2　拉索预应力网格结构的刚度法理论

前面的讨论已经明确,对预应力空间结构施加预应力的本质是克服索初始形变(或初始缺陷长度)而强迫就位的过程,因此,该预应力结构的矩阵力学模型为[7.1][7.4][7.11]:

$$平衡方程:T^{\mathrm{T}}S=P_0 \tag{7.2}$$

$$物理方程:S=K_e(\Delta-D) \tag{7.3}$$

$$几何方程:\Delta=N\delta \tag{7.4}$$

式中:T 为几何矩阵;T^{T} 为 T 转置,即平衡矩阵;P_0 为节点力向量;S 为杆件内力向量;D 为初始形变向量,应包括 2 个子向量:D^c 为索元的初始形变,$D^l=0$ 为非预应力杆元的初始形变;Δ 为杆件伸长量向量;δ 为节点位移向量;K_e 为单元刚度矩阵。

将物理方程式(7.3)和几何方程式(7.4)代入平衡方程(7.2)即可得到预应力空间网格结构的刚度法方程如下:

$$K\delta=P_0+T^{\mathrm{T}}K_eD=P_0+P_1 \tag{7.5}$$

其中:$K=T^{\mathrm{T}}K_eT$ 为结构整体刚度矩阵。

由上式可知,如果已知索的初始形变,即 D 已知,则通过一般的刚度求解方法就可完成整个结构的分析,求得目标状态下的拉索索力和结构位移。然而,现在的问题是,已知结构在目标状态下的拉索索力和结构位移,要反求索的初始形变 D,这实际上就是顺序结构分析的逆过程,无法直接由式(7.5)求解。理论上解决这类问题的方法最普遍的是采用影响矩阵法,但传统的影响矩阵法多用于分析索力的相互影响,而在实际工程中,设计要求可能对于某些索是以索力为控制要求的,而对另外一些索则以位移为控制要求,因此本节将影响矩阵法加以拓广得到混合影响矩阵法。

7.2.1　混合影响矩阵法

设整个结构中以目标索力为设计要求的索单元(简称为张力索)数为 m,而以目标位移为设计要求的索单元(简称为位移索)数为 n,其他非预应力杆元数为 p,目标位移位移控制点的数目为 n',P_0 对应于目标状态下的节点荷载向量,目标索力向量为 F^t,目标位移向量为 δ^t,则混合影响矩阵法的求解步骤如下:

（1）令 $D=0$，求解 $K\delta=P_0$ 可求得在 P_0 作用下的张力索索力向量 F_0^t 和目标位移点的位移向量 δ_0^t，则由于索初始形变而产生的张力索索力为 $F^t-F_0^t$，目标点位移向量为 $\delta^t-\delta_0^t$，并令：

$$H=\{\{F^t-F_0^t\}^T,\{\delta^t-\delta_0^t\}^T\} \tag{7.6}$$

（2）分别令第 $i(i=1,2,\cdots,m)$ 根张力索的初始形变增加一单位形变，即 $d_{pi}^t=-1$，其余索的初始形变增加为零，求解方程 $K\delta=F_0+T^TK_eD$，可求得第 i 根张力索的 $d_{pi}^t=-1$ 时，第 j 根张力索在目标状态下的索力变化 $F_{ij}^t(j=1,2,\cdots,m)$ 和第 k 个位移控制点在目标状态下的位移变化为 $\delta_{ik}^t(k=1,2,\cdots,n')$

（3）分别对第 $i(i=1,2,\cdots,n)$ 根位移索的初始形变增加一单位形变，即 $d_{pi}^t=-1$，其余索的初始形变为零，求解方程 $K\delta=F_0+T^TK_eD$，可求得第 i 根位移索的 $d_{pi}^t=-1$ 时，第 j 个位移控制点的位移变化为 $\bar{\delta}_{ij}^t(j=1,2,\cdots,n)$ 和第 k 根张力索的索力变化为 $\bar{F}_{ik}^t(k=1,2,\cdots,m)$。

（4）构造混合影响矩阵 G。

索初始形变向量 D 由两个两个子向量组成：D^p 为张力索的初始形变向量，D^d 为位移索的初始形变向量，因此可将 D 写成如下形式：

$$D=\{\{D^p\}_m^T,\{D^d\}_n^T\}^T \tag{7.7}$$

依据上式的表达形式，可以构造混合影响矩阵 G 应该具有如下形式：

$$G=\begin{bmatrix} [F_{ij}^t]_{m\times n} & [\bar{F}_{ij}^t]_{m\times n} \\ [\delta_{ij}^t]_{n'\times m} & [\bar{\delta}_{ij}^t]_{n\times n'} \end{bmatrix} \tag{7.8}$$

式中：m,n,n' 代表各矩阵或向量的维数。考察各子向量和子矩阵的维数可以发现，要使混合影响矩阵 G 在数学概念上成立并具有意义，必然要求 $n=n'$。事实上，也只有在满足上述条件时，才能够由设计要求得到唯一确定的解答。否则，或者无法达到设计要求，或者能够达到设计要求的解不止一个。由此，令 $n=n'$，将混合影响矩阵中的各子矩阵展开，即可得到 G 的如下形式：

$$G=\begin{bmatrix} F_{11}^t & F_{21}^t & \cdots & F_{m1}^t & \bar{F}_{11}^t & \bar{F}_{21}^t & \cdots & \bar{F}_{n1}^t \\ F_{12}^t & F_{22}^t & \cdots & F_{m2}^t & \bar{F}_{12}^t & \bar{F}_{22}^t & \cdots & \bar{F}_{n2}^t \\ \vdots & \vdots & \vdots & \vdots & \vdots & \vdots & \vdots & \vdots \\ F_{1m}^t & F_{2m}^t & \cdots & F_{mm}^t & \bar{F}_{1m}^t & \bar{F}_{2m}^t & \cdots & \bar{F}_{nm}^t \\ \delta_{11}^t & \delta_{21}^t & \cdots & \delta_{m1}^t & \bar{\delta}_{11}^t & \bar{\delta}_{21}^t & \cdots & \bar{\delta}_{n1}^t \\ \delta_{12}^t & \delta_{22}^t & \cdots & \delta_{m2}^t & \bar{\delta}_{12}^t & \bar{\delta}_{22}^t & \cdots & \bar{\delta}_{n2}^t \\ \vdots & \vdots & \vdots & \vdots & \vdots & \vdots & \vdots & \vdots \\ \delta_{1n}^t & \delta_{2n}^t & \cdots & \delta_{mn}^t & \bar{\delta}_{1n}^t & \bar{\delta}_{2n}^t & \cdots & \bar{\delta}_{nn}^t \end{bmatrix} \tag{7.9}$$

在此有一点需要说明，$n=n'$ 并不是意味着位移索的根数与位移控制点的数目一定要相等，而是要求位移索初始形变的数目与位移控制点的数目相等，这是因为并不排斥某几根索共用相同初始形变的情况。例如令若干根索具有相等的初始形变，则此时这若干根索共用一个初始形变未知量,因此相应的只需一个位移控制点来确定它们的初始形变。从更严格的意义上来讲在前面提到的"n 为以目标位移为设计要求的索单元数目"的说法,应该为"n 为以目标位移为设计要求的索初始形变数目"。此外,如果设计要求中只有单独的目标索力或目标位移要求,则混合影响矩阵退化为索力影响矩阵或位移影响矩阵。

(4) 构造混合影响矩阵法方程

在混合影响矩阵 G 确定后,可建立混合影响矩阵法方程如下:

$$GD^t = H \tag{7.10}$$

式中:G 为混合影响矩阵,如式(7.9)所示;D^t 为待确定的索初始形变向量,如式(7.7)所示。

求解式(7.10)所示线性方程组,即可得到对应于设计要求的目标索和位移索的初始形变 D^p 和 D^d。

由上面的分析可以发现,混合影响矩阵法的关键是构造混合影响矩阵 G,即要求得 G 中各影响元素 G_{ij}。在索的数目较少时,G 的规模较小,可通过多次求解式(7.10)获得。但对于某些实际的大型工程中,索的数目通常较多,如果要形成一个完整的混合影响矩阵,其计算量是非常大的,因此直接采用混合影响矩阵法会遇到较大的困难。

7.2.2　循环迭代逼近法

实际上,分析式(7.5)可知,如果 D^t 确定,则可通过式(7.5)求得节点变位 δ,进而由式(7.2)和式(7.3)求得杆件内力向量,于是便可得到与 D^t 对应的目标状态下张力索索力 F_0^t 和位移控制点位移 δ_0^t,因此为达到设计要求,需要选择合适的 D^t,使得 F_0^t 和 δ_0^t 恰好等于目标索力 F^t 和目标位移 δ^t。因此,可基于式(7.5)构造合适的迭代格式,构造一种求解 D^t 的循环迭代逼近法,其步骤如下:

(1) 设 i 代表循环迭代进行的次数,开始令 $i=1$,$^iD^t=0$,求解 $K\delta=F_0$ 可得 $^iF_0^t$ 和 $^i\delta_0^t$;

(2) 由于 $^iF_0^t$ 和 $^i\delta_0^t$ 与 F^t 和 δ^t 不相等,因此需对 $^iD^t$ 进行修正。

令 $\Delta D^t = \{\{\Delta D^p\}^T, \{\Delta D^d\}^T\}^T$,则可求得:

$$^{i+1}D^t = {}^iD^t + \Delta D^t \tag{7.11}$$

(3) 求解 $K\delta = F_0 + T^T K_e{}^{i+1}D^t$ 得 $^{i+1}F_0^t$ 和 $^{i+1}\delta_0^t$,令:

$$\varepsilon_F = \frac{|F^t - {}^{i+1}F_0^t|}{F^t}, \varepsilon_\delta = |\delta^t - {}^{i+1}\delta_0^t| \tag{7.12}$$

如 ε_F 和 ε_δ 同时小于设定的容差,则迭代终止,$^{i+1}D^t$ 即所求初始形变最终值;反之,令 $i=i+1$,回到第(2)步,进入下轮迭代直至收敛。

由上述分析步骤可知,循环迭代逼近法的关键是确定 $^iD^t$ 的修正格式,也即 ΔD^t 的子向量 ΔD^p 和 ΔD^d 的确定方法。确定 ΔD^p 和 ΔD^d,实际上就是建立初始形变分别与索力和位移之间的近似显式公式。对于 ΔD^p,依据索力其初始形变之间的近似关系,可令 ΔD^p 的求解公式如下:

$$\Delta D^p = \frac{(F^t - {}^iF_0^t)L_s}{E_s A_s} \tag{7.13}$$

式中：E_s 为拉索弹性模量；L_s 为拉索原长；A_s 为拉索面积。

对于 $\Delta \boldsymbol{D}^{\mathrm{d}}$，则只有当位移控制点与位移索节点重合，且位移方向与拉索变形方向一致时，才能够建立初始形变与位移之间的显示关系。如对于采用预应力吊杆悬挂的结构，如将位移控制点定为每根吊杆与结构相连的下挂点，则 $\Delta \boldsymbol{D}^{\mathrm{d}}$ 的表达式如下：

$$\Delta \boldsymbol{D}^{\mathrm{d}} = \boldsymbol{\delta}^{\mathrm{t}} - {}^{i}\boldsymbol{\delta}_0^{\mathrm{t}} \tag{7.14}$$

否则，由于无法得到 $\Delta \boldsymbol{D}^{\mathrm{d}}$ 的显示表达式，从而不能对 ${}^{i+1}\boldsymbol{D}^{\mathrm{t}}$ 进行修正。对于这类情况，循环迭代逼近法便无能为力了。因此当设计要求中存在目标位移时，循环迭代逼近法能够应用的前提是当位移控制点与位移索节点重合。

7.2.3 两种方法的比较

两种方法都是基于式(7.5)建立起来的间接求解 $\boldsymbol{D}^{\mathrm{t}}$ 的方法，但混合影响矩阵法利用式(7.5)计算所有的拉索和吊杆之间的相互影响，进而建立起 $\boldsymbol{D}^{\mathrm{t}}$ 与 $\boldsymbol{F}^{\mathrm{t}}$ 和 $\boldsymbol{\delta}^{\mathrm{t}}$ 之间的显示关系，由此求解 $\boldsymbol{D}^{\mathrm{t}}$；而循环迭代逼近法则没有将 $\boldsymbol{D}^{\mathrm{t}}$ 与 $\boldsymbol{F}^{\mathrm{t}}$ 和 $\boldsymbol{\delta}^{\mathrm{t}}$ 之间的关系显示化，而是通过不断的修正 $\boldsymbol{D}^{\mathrm{t}}$ 使其计算结果不断逼近 $\boldsymbol{F}^{\mathrm{t}}$ 和 $\boldsymbol{\delta}^{\mathrm{t}}$。比较两种方法，可得结果如下：

(1) 对于拉索和吊杆数目较多的情况，循环迭代逼近法一般也只需迭代数次，其结果误差就已较小；而随着拉索和吊杆数目的增加，混合影响矩阵法的计算量则成倍增长，因此，当结构规模较大、拉索和吊杆数目较多时，循环迭代逼近法在计算量上有较大优势。

(2) 对比两种方法的分析步骤可发现，混合影响矩阵法认为初始形变对拉索索力和吊杆下挂点位移的影响可以线性叠加，因此混合影响矩阵法隐含一个前提，即：结构反应呈线性。当结构几何非线性影响较大时，这个前提显然不成立，但为了使 $\boldsymbol{D}^{\mathrm{t}}$ 与 $\boldsymbol{F}^{\mathrm{t}}$ 和 $\boldsymbol{\delta}^{\mathrm{t}}$ 之间的关系显示化，混合影响矩阵法又必须采用线性结构反应的假定，因此这可能导致分析结果存在偏差；反之，循环迭代逼近法则只需在循环迭代过程中求解式(7.5)时，始终考虑几何非线性影响，则分析结果完全正确。不过几何非线性对结构影响越大，循环迭代逼近法的收敛越慢。

(3) 循环迭代逼近法最大的限制就在于位移控制点必须与拉索节点重合，且位移方向与拉索变形方向一致。只有在这种情况下，才能建立位移与初始形变间的近似关系，形成初始形变修正公式。而混合影响矩阵法则在任意情况下均能计算出索力或位移之间的影响因子。

7.3 预应力施工阶段的力学分析

7.3.1 索分批张拉的分析

首先需要明确的是，第 7.2 节求出的索初始形变值是一个状态量，即它只与设计要求的预应力状态有关，而与具体的预应力施工过程无关。由此便可建立索分批张拉分析的初始形变"顺序分析法"。在分析第 i 批索施工时，直接赋予第 i 批索相应的初始形变，并保留前面 $i-1$ 批索已有的初始形变，由此求解下式：

$$(\boldsymbol{K}-\boldsymbol{K}_{si})\boldsymbol{\delta}=\boldsymbol{F}_0+\boldsymbol{T}^{\mathrm{T}}(\boldsymbol{K}-\boldsymbol{K}_{si})\boldsymbol{D}_i \tag{7.15}$$

其中:$\boldsymbol{K}_{si}=\boldsymbol{T}^{\mathrm{T}}\boldsymbol{K}_{esi}\boldsymbol{T}$ 为张拉第 i 批索时,不参与结构工作索在整体坐标系下的刚度矩阵;$\boldsymbol{K}_{esi}$ 为不参与结构工作索在局部坐标系下刚度矩阵;$\boldsymbol{D}_i=\{d_1,d_2,\cdots,d_i\}$ 为由第 1 批到第 i 批索的初始形变向量。根据式(7.15)求得的第 i 批索的索力,就是张拉该批索时的张拉控制力,此外还可得到张拉第 i 批索时对前面已张拉的影响,以及在该施工阶段的应力和位移等预应力施工过程数据。

分批张拉分析过程中,随着各批张拉索张拉后参与结构工作,使得结构体系在不断变化,理论上可采用生死单元法进行处理,即在索未参与结构工作时,将该索的刚度矩阵乘以一个很小的因子,将其"杀死",而在该索参与结构工作时,则恢复该索的刚度矩阵,使其"出生"。此外,根据索单元的特性,也可采取"升温冷却法",其基本原理为"统一升温,逐批冷却",即基于统一的分析模型(包括所有索单元在内),在张拉开始前,将所有索的环境温度都升至很高的值,使其处于完全的松弛状态,然后在张拉第 i 批索时,将该批索的环境温度降温至产生相应的初始形变值,由此在使其参与结构工作的同时,也实现了对该索的张拉。

7.3.2　索多次张拉的分析

索多次张拉较分批张拉分析复杂一些,这是因为多次张拉分析时,在结构的初始态(即无预应力态)与目标预应力态(即设计要求)之间增加了一系列的过程预应力态(即各次张拉所要达到的目标)。在这种情况下,为了能够进行预应力施工时所有状态(包括所有过程预应力态)的分析,需要采取以下步骤:

(1) 由于初始形变是状态量,因此首先要求得对应于各个过程预应力态及目标预应力态的索初始形变。

(2) 在第 i 次张拉第 j 批索时,直接赋予第 j 批索相应的第 i 次初始形变,保持前面 $j-1$ 批该次已张拉索的第 i 次初始形变不变,后面各批索的初始形变则为第 $i-1$ 次初始形变,由此求解下式:

$$(\boldsymbol{K}-{}^i\boldsymbol{K}_{sj})\boldsymbol{\delta}=\boldsymbol{F}_0+\boldsymbol{T}^{\mathrm{T}}(\boldsymbol{K}-{}^i\boldsymbol{K}_{sj}){}^i\boldsymbol{D}_j \tag{7.16}$$

其中,第 i 次张拉第 j 批索时的初始形变向量:

$${}^i\boldsymbol{D}_j=\{{}^id_1,{}^id_2,\cdots,{}^id_j,{}^{i-1}d_{j+1},\cdots,{}^{i-1}d_n\} \tag{7.17}$$

其中,n 代表索的总批数。根据式(7.16)即可求得该阶段的所有施工过程数据。由上可知,进行索多次张拉分析的关键是确定各过程预应力态及目标预应力态的索初始形变。在多次张拉时,既可能给定单次目标索力,也可能给定单次索张拉力。当给定单次目标索力时,可依据 7.2 中的方法求得相应的索初始形变;当给定单次索张拉力时,问题将会复杂一些。实质上,这是索初始形变顺序分析方法的逆过程。在此提出索张拉力"顺序分析逆迭代法"进行求解:

(1) 在求解第 i 次第 j 批索的初始形变时,所有索的第 $i-1$ 次初始形变和前面 $j-1$ 批索的第 i 次初始形变已经求得,即式(7.17)中只有 ${}^i\boldsymbol{D}_j$ 为要求的未知量,其余都已知。

(2) 以第 i 次第 j 批索的该次张拉力为目标值,采用第 7.2 节所述的方法,可求得 ${}^id_j$,即为与第 j 批索的第 i 次张拉力对应的初始形变。

对于等荷载状态多次张拉和变荷载状态多次张拉的情况,实质上其分析方法是类似的。

只是分析时,变荷载状态多次张拉需要在两次张拉分析之间嵌入一个荷载分析阶段,其余的分析步骤则完全类似。

7.4 考虑施工过程影响的形态分析

7.4.1 拉索预应力网格结构形态分析概念

拉索预应力网格结构的形态分析是由给定设计态几何参数及设计态各索段的索内力值求得放样态几何及索内预应力张拉控制值的过程。求解放样态几何的过程称为找形分析,求解索内预应力张拉控制值的过程称为找力分析。形态分析包括找形分析和找力分析。形态分析确定放样态能够为结构构件的加工提供放样尺寸,保证结构建成后得到准确设计几何尺寸,为荷载态静力分析、动力分析、稳定分析等提供精确计算模型,是结构计算分析准确性、可靠性的前提。

以弦支穹顶为例,结构实际施工与计算过程有以下几个状态[7.12](图7.2):

(1)放样态:上部网壳(或部分网壳)和下部索杆安装就位但没有进行张拉时的状态;在数值模拟过程中,对应为数值模型建立完毕,而未进行计算时的状态。

(2)设计态:下部结构张拉完毕后,体系在自重和预应力作用下的平衡状态;在数值模拟过程中,对应为数值模型在考虑自重和预应力的情况下计算完毕后的状态。形态分析就是由设计态求放样态的一个过程。

(3)荷载态:体系在设计态的基础上,承受其他外荷载时的受力状态;在数值模拟过程中,对应为数值模型在设计态的基础上考虑外荷载的情况下计算完毕后的状态。在形态分析中未涉及到荷载态。

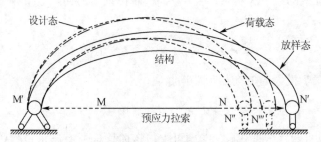

图7.2 拉索预应力网格结构的三个状态

考虑施工过程仿真的形态分析需要结合具体的施工进程和施工工艺进行。大跨预应力网格结构施工工艺主要包括四个内容:施工顺序、预应力施加方式、临时支撑系统及预应力张拉方法,形态分析应该考虑这些参数的影响。

7.4.2 形态分析逆迭代法

逆迭代法是在已知预应力网格结构设计态几何和预应力设计值的条件下采用循环迭代求解结构放样态几何和预应力设计值的一个过程。其基本原理为:以假设的预应力网格结构的放样态(预应力索杆初应变和放样态节点坐标)进行建模和有限元非线性计算,得到在结构自重和预拉力的作用下结构的预应力索杆内力和节点坐标,若两者差值即计算得到的预应力索杆内力和已知的预应力设计值、计算得到的节点坐标和已知的设计态几何满足误差要求则迭代结束,若不满足则进行修正后继续迭代。

逆迭代法基本原理为在迭代循环的过程中通过补偿初应变和补偿节点坐标不断调整初应变和节点坐标,使之逐渐逼近设计态,其主要步骤为:

(1) 将结构设计态的预应力设计值对应的初应变和节点坐标作为放样态初值。

(2) 以放样态建立有限元模型。

(3) 进行非线性有限元计算。

(4) 提取各预应力索的索力,并计算索力与其设计值误差的最大值。

(5) 获取各节点坐标,计算该几何状态与预应力设计态节点坐标误差的最大值,并用变形后的结构构型更新分析模型节点坐标。

(6) 如果最大索力误差值和最大坐标误差符合预先设定的精度,该次施工形态分析结束。如果最大索力误差值或最大坐标误差或二者都不符合预先设定的精度,则需要采用形态补偿法更新放样态初应变和坐标,然后继续步骤(2)。

7.4.3　基于生死单元的施工过程仿真

拉索预应力网格结构的施工过程是一个新的单元不断加入到已施工完成结构中的过程,新加入的单元会对已有结构的受力产生影响导致已有结构的受力状态发生改变,这个过程可以用大型有限元程序 ANSYS 中的单元生死技术来模拟。

考虑施工过程仿真的非线性有限元计算的主要步骤为:

(1) 建立结构整体模型。

(2) 杀死结构所有单元。

(3) 按实际施工过程划分 N 个施工阶段,在数值模拟中对应的 N 个荷载步。

(4) 第一个荷载步:激活第 1 阶段单元,施加相应荷载,进行非线性有限元计算。

……

(5) 第 N 个荷载步:激活第 N 阶段单元,施加相应荷载,进行非线性有限元计算。

(6) 计算结束。

7.4.4　考虑施工过程影响的形态分析逆迭代法

综合形态分析逆迭代法和基于生死单元的施工过程仿真可建立考虑施工过程影响的形态分析逆迭代法,其流程图如图 7.3 所示,详细步骤如下:

(1) 分析准备:依据拉索预应力网格结构的设计图纸和方案说明,明确结构的设计态的节点坐标 $\{D\}^T$、设计态的目标预应力 $\{P\}^T$、拟采用的施工进程方案以及约束条件和材料参数。依据施工方案说明确定具体的施工进程(一种最终方案或若干种备选方案),包括:支撑体系设置、张拉顺序和张拉方法等。设定逆迭代分析的终止判断阈值:几何阈值 ε_D(节点坐标误差允许值)和张力阈值 ε_P(索力误差允许值),$(\varepsilon_D, \varepsilon_P)$ 由工程精度要求和计算机硬件条件决定,一般可取 $(\varepsilon_D, \varepsilon_P) = (0.005\ \mathrm{m}, 1\ 000\ \mathrm{N})$。

(2) 建立预应力网格结构有限元模型:拉索采用两节点直线仅拉非线性索单元(受压时

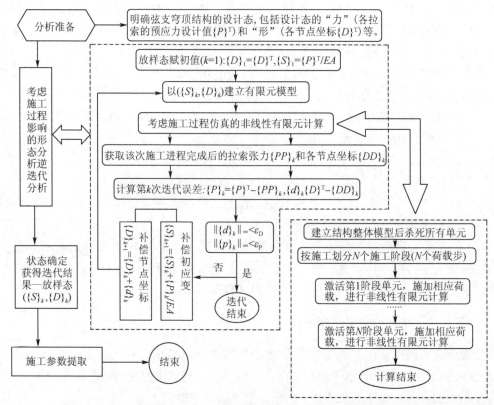

图 7.3　拉索预应力网格结构考虑施工进程影响的形态分析逆迭代法的流程图

刚度自动置零);撑杆采用两结点直线杆单元(既可受拉也可受压);上部梁系可依据其结构形式采用可承受拉、压、弯、剪、扭的直线或曲线梁单元(如单层网壳或交叉梁格)或仅承受拉压的直线杆单元(如双层网架或立体桁架);临时支撑采用组合单元(轴向刚度刚化的杆单元与轴向刚度软化的梁单元并联)。首先,以预应力网格结构结构节点坐标 $\{D\}_{k+1}$ 建立有限元模型的所有节点;然后,按照拉索的张力等效应变 $\{S\}_{k+1}$、材料参数以及施工进程方案建立有限元模型的所有单元;最后,依据约束条件对部分节点施加约束;其中,$\{D\}_{k+1}=\{D\}_k+\{d\}_k$,$\{d\}_k=\{D\}^{\mathrm{T}}-\{DD\}_k$,$\{S\}_{k+1}=\{S\}_k+\{p\}_k/EA$,$E$ 和 A 分别是拉索的弹性模量和截面积,$\{p\}_k=\{P\}^{\mathrm{T}}-\{PP\}_k$,所述 $\{DD\}_k$ 为上一次迭代中的求解后节点坐标,所述 $\{PP\}_k$ 为上一次迭代中的求解后拉索张力,k 为迭代次数,没有迭代时 $k=0$。

初始有限元模型的几何构形直接依据设计态的节点坐标建立,即以设计态的节点坐标 $\{D\}^{\mathrm{T}}$ 作为放样态的初始节点坐标 $\{D\}_1$,即:$\{D\}_1=\{D\}^{\mathrm{T}}$;同时以设计态的目标预应力 $\{P\}^{\mathrm{T}}$ 作为放样态的初始拉索张力来计算初始等效应变 $\{S\}_1$,即:$\{S\}_1=\{P\}^{\mathrm{T}}/EA$;以此作为"找力"和"找形"迭代分析的起点,即令 $k=1$。基于该几何构形,在模型上施加初始荷载(包括自重荷载和初始吊挂荷载等)和实际边界约束条件(铰接支座或刚接支座)。

(3) 将所述步骤(2)中得到的有限元模型输入到有限元分析软件中进行非线性有限元分析,得到施工成形时的求解后节点坐标 $\{DD\}_k$ 和求解后拉索张力 $\{PP\}_k$。

(4) 逆向修正及迭代分析:令 $\{d\}_k=\{D\}^{\mathrm{T}}-\{DD\}_k$,$\{p\}_k=\{P\}^{\mathrm{T}}-\{PP\}_k$,判断($\|\{d\}_k\|_\infty$,$\|\{p\}_k\|_\infty$)是否小于($\varepsilon_D$,$\varepsilon_P$);若是,则迭代结束,将节点坐标 $\{D\}_k$ 和拉索张力 $\{P\}_k$ 作

为放样态输出;若否,则返回步骤(2)。

其中,步骤(2)中所述的临时撑杆组合单元的刚度矩阵可表达如下。其中的刚化系数 α 和软化系数 β 可依据结构特征与精度要求设定,一般取 $\alpha=10^3$,$\beta=10^{-3}$。

$$K_z = \frac{EA}{L}\begin{bmatrix} \alpha & 0 & 0 & -\alpha & 0 & 0 \\ 0 & 0 & 0 & 0 & 0 & 0 \\ 0 & 0 & 0 & 0 & 0 & 0 \\ -\alpha & 0 & 0 & \alpha & 0 & 0 \\ 0 & 0 & 0 & 0 & 0 & 0 \\ 0 & 0 & 0 & 0 & 0 & 0 \end{bmatrix} + \begin{bmatrix} \beta\dfrac{EA}{L} & 0 & 0 & -\beta\dfrac{EA}{L} & 0 & 0 \\ 0 & \dfrac{12EI}{L^3} & \dfrac{6EI}{L^2} & 0 & -\dfrac{12EI}{L^3} & \dfrac{6EI}{L^2} \\ 0 & \dfrac{6EI}{L^2} & \dfrac{4EI}{L} & 0 & -\dfrac{6EI}{L^2} & \dfrac{2EI}{L} \\ -\beta\dfrac{EA}{L} & 0 & 0 & \beta\dfrac{EA}{L} & 0 & 0 \\ 0 & -\dfrac{12EI}{L^3} & -\dfrac{6EI}{L^2} & 0 & \dfrac{12EI}{L^3} & -\dfrac{6EI}{L^2} \\ 0 & \dfrac{6EI}{L^2} & \dfrac{2EI}{L} & 0 & -\dfrac{6EI}{L^2} & \dfrac{4EI}{L} \end{bmatrix}$$

$$(7.18)$$

式中:K_z 为组合支撑单元的刚度矩阵;E 为支撑弹性模量;A 为支撑截面积;I 为支撑截面惯性矩;L 为支撑长度;α 为杆单元轴向刚度刚化系数(一般取 10^3);β 为梁单元轴向刚度软化系数(一般取 10^{-3})。

步骤(3)中的非线性有限元分析可以是考虑施工进程的非线性有限元分析,具体步骤为:

① "杀死"预应力网格结构所有单元。

② 依据施工进程方案将预应力网格结构成形过程划分为 N 个施工阶段,确定每个施工阶段参与工作的结构单元、附属荷载及支座约束,将各阶段的相关施工信息依据施工进程定义为一系列连续的施工工况组。

③ 依次对第 i 个施工阶段进行如下操作,$i=1,2,\cdots,N$:"激活"该施工阶段的单元,施加本施工阶段的荷载及拉索的张力等效应变,然后用有限元分析软件进行非线性有限元计算;从第 2 个施工阶段起,所述的操作都是在上一施工阶段的操作基础上进行的;第 N 个施工阶段操作完毕后,提取本施工阶段的非线性有限元计算结果作为施工成形时的求解后节点坐标 $\{DD\}_k$ 和求解后拉索张力 $\{PP\}_k$。采用生死单元法依次分析施工进程的各施工工况,模拟结构单元逐步参与工作、各批拉索逐步张拉、整体结构分阶段成形的全过程,分析结束时可获取该次施工进程完成后的各预应力拉索张力 $\{PP\}_k$ 和各节点坐标 $\{DD\}_k$。

在步骤①中,"杀死"步骤(2)中所建立的结构整体模型中的所有单元,即将所有单元的刚度矩阵乘以一个很小的因子(一般为 10^{-6}),此时所有单元的刚度和载荷都将被置 0,不参与结构的整体计算。

在步骤③中,按照施工工况组序列,"激活"第 i($i=1,2,\cdots,N$)个施工工况中参与结构整体工作的单元,即将该部分单元的刚度矩阵所乘因子置 1,此时该单元刚度和荷载都将被恢复其真实值,同时约束该工况阶段中的所有"孤立"节点(所谓"孤立"节点是与之相连的所有单元都处于"死"的状态),以避免分析的不收敛。

在步骤③中,对该施工工况中的主动索(即在该施工阶段将被实施预应力张拉的拉索)

施加该拉索在该次循环分析中的张力等效应变,进行非线性有限元计算。

在步骤③中,所有施工工况分析完成后,即可得到该次循环分析中的放样态张拉成形的结果:各预应力拉索张力$\{PP\}_k$和各节点坐标$\{DD\}_k$,同时可输出张拉成形过程中各施工阶段(施工工况)的拉索张力、结构位移和杆件应力等施工参数。

上述形态分析逆迭代法的流程结束后,还可进行放样状态最终检验与施工参数提取:利用迭代分析得到的预应力网格结构放样态几何构形$\{D\}_k$重新更新有限元分析模型的几何构形,采用步骤③的施工进程非线性有限元分析方法,再次对放样态至设计态的张拉成形全过程进行精确模拟,将张拉成形的分析结果与设计态的目标值再次进行比较,以确认放样态$\{D\}_k$的精确性和有效性,同时输出施工进程中每个施工工况的拉索张力、结构位移和杆件应力等关键施工参数,为实际预应力网格结构施工控制提供控制依据。

7.5 工程算例分析

7.5.1 长江防洪模型试验大厅——拱支预应力网壳结构

如图7.4所示,以武汉长江防洪模型试验大厅为例[7.13][7.14],拱支预应力网壳结构体系由双层圆柱面网壳体系和提篮拱体系两部分构成。网壳部分分为$A_1 \sim A_5$五个区,各区网壳在整体结构四周外侧支撑于柱上,并在柱顶处网壳下弦横向布置水平预应力拉索,以减小网壳在荷载作用下的挠度。在各区网壳相交处布置提篮拱,提篮拱通过竖向吊杆悬挂网壳,并对吊杆进行预张拉使其具有足够的刚度,为网壳提供有效的竖向弹性支撑,使网壳形成四边支撑的双向受力体系。提篮拱部分分为$G_1 \sim G_4$四个区,在每区提篮拱的下弦设置4根水平预应力混凝土拉杆(南北向和东西向)以减小拱脚处水平推力。图7.5给出A_1区拉索和G_1区吊杆位置与编号,其他各区可由此类推。

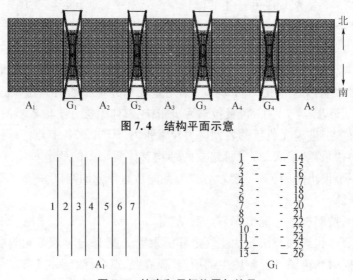

图7.4 结构平面示意

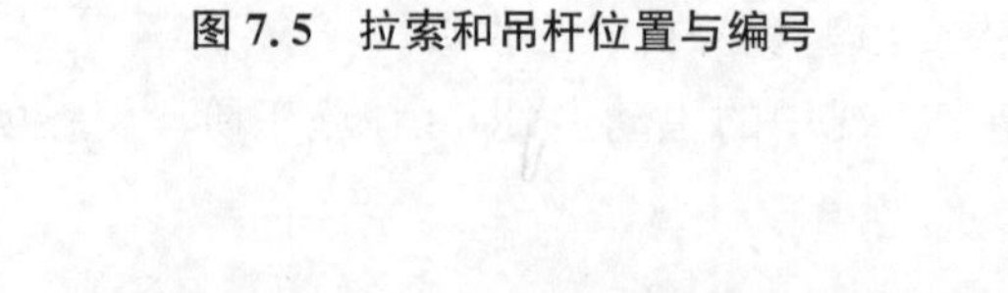

图7.5 拉索和吊杆位置与编号

分析该结构体系可发现,由于拱对网壳的支撑作用,使得整体结构空间的跨越能力有了很大的提高,这是单一的网壳结构体系所无法实现的。拱支预应力网壳结构体系尤其适用于两个方向跨度差别较大的结构,以长江防洪模型试验大厅为例,由于需要进行湖北地区长江流域的模型试验,因此建筑要求在结构的纵向(即东西向)能够跨越很大的范围,这使得整体结构在两个方向的跨度差别很大,拱支预应力网壳结构恰能满足要求。

设计要求在结构承受恒载(包括结构自重和网壳屋面系统荷载)作用时,水平拉索索力为 620 kN,竖向吊杆下挂点竖向位移为 0。综合考虑设计要求、结构安装进度、张拉设备限制等因素,制定预应力施工的两种方案如下:

方案 A:① 网壳和提篮拱安装完成后,在吊杆下方设置临时支撑,并安装拉索;② 结构在自重状态下,以 $A_1 \sim A_5$ 的次序依次对各区拉索进行第一次张拉至 300 kN,每区拉索的张拉以对称为原则从中间往两边分批进行;③ 以同样的张拉顺序将各区拉索张拉至设计要求;④ 安装网壳屋面系统和吊杆;⑤ 按照 $G_1 \sim G_4$ 的次序张拉各区吊杆至设计要求,每区吊杆的张拉以对称为原则,在提篮拱的两个分支上同时从拱的中间往两边分批进行。

方案 B:① 网壳和提篮拱安装完成后,在吊杆下方设置临时支撑,并安装拉索;② 结构在自重状态下,先以 $A_1 \sim A_5$ 的次序依次对各区拉索进行第一次张拉,各索张拉控制力均为 300 kN,每区拉索的张拉以对称为原则从中间往两边分批进行;③ 安装网壳屋面系统;④ 以同样的张拉顺序将各区拉索张拉至设计要求;⑤ 安装吊杆;⑥ 按照 $G_1 \sim G_4$ 的次序张拉各区吊杆至设计要求,每区吊杆的张拉以对称为原则在提篮拱的两个分支上同时从拱的中间往两边分批进行。

根据设计要求的描述,目标状态为结构承受恒载作用的状态,拉索的目标索力为 620 kN,吊杆下挂点的目标位移为 0。张拉方案 A 中拉索为等荷载状态多次、分批张拉,张拉次数为两次,给定单次目标索力为 300 kN;张拉方案 B 中拉索为变荷载状态多次、分批张拉,张拉次数仍为两次,给定单次索张拉力为 300 kN。两种方案中吊杆均为一次分批张拉,但吊杆张拉时的荷载状态与拉索张拉时的荷载状态不同,因此吊杆与拉索张拉顺序的相互关系又属于变荷载状态张拉的情况。由此可以看出,两种张拉方案的张拉顺序都较为复杂,采用 7.3 节中的方法可以准确有效地进行分析。

首先,无论是张拉方案 A 还是张拉方案 B,其张拉完成时的最终预应力态都是设计要求的预应力态,因此方案 A 和方案 B 中所有拉索和吊杆相应于设计要求的索最终初始形变是一样的,可采用第 3 节所述的方法求出,考虑到对于本工程混合影响矩阵法的计算量很大,因此采用循环迭代逼近法。然后,对于方案 A,可采用同样的方法求出拉索相应于单次目标索力的初始形变;而对于方案 B,则采用索张拉力"顺序分析逆迭代法"求出拉索相应于单次索张拉力的初始形变。在各次拉索初始形变确定之后,便可将拉索和吊杆的初始形变作为状态量,按照张拉顺序依次施加给所有的拉索和吊杆,由此便可对张拉方案 A 和张拉方案 B 进行详细的施工过程分析。表 7.1 为按照上述方法确定的各次张拉时拉索和吊杆的初始形变值,表 7.2 为拉索在各施工阶段的索力大小,表 7.3 为吊杆在分批张拉时各阶段的索力分析结果,表 7.4 为张拉全部完成后,各吊杆下挂点的位移。表中框出的数据即为各索的张拉控制力。

表 7.1 拉索和吊杆的初始形变(cm)

拉索初始形变							
编 号		1	2	3	4	5	6	7
第一次张拉	方案 A	13.419	13.029	12.717	12.561	12.770	13.200	13.697
	方案 B	13.409	12.801	12.237	11.801	12.360	12.946	13.661
最终预应力态		28.716	28.476	28.217	28.049	28.331	28.682	29.096

吊杆初始形变							
编 号	1	2	3	4	5	6	7
最终预应力态	1.869	2.410	2.965	3.781	4.307	4.774	4.774

表 7.2 各施工阶段拉索索力值(kN)

拉索编号			1	2	3	4	5	6	7
张拉方案 A	第一次张拉拉索	张拉 4	—	—	—	316	—	—	—
		张拉 3、5	—	—	310	307	308	—	—
		张拉 2、6	—	304	303	303	302	304	—
		张拉 1、7	300	300	300	300	300	300	300
	第二次张拉拉索	张拉 4	298	297	295	595	294	296	299
		张拉 3、5	297	282	596	585	591	286	296
		张拉 2、6	291	593	584	581	589	611	290
		张拉 1、7	596	587	581	578	586	606	622
	安装屋面系统		624	626	628	630	634	642	646
	吊杆张拉完成		620	620	620	620	620	620	620
张拉方案 B	第一次张拉拉索	张拉 4	—	—	—	300	—	—	—
		张拉 3、5	—	—	300	290	300	—	—
		张拉 2、6	—	—	300	293	286	293	300	—
		张拉 1、7	300	294	290	284	291	294	300
	安装屋面系统		327	333	337	335	338	330	322
	第二次张拉拉索	张拉 4	326	331	333	645	333	328	321
		张拉 3、5	323	325	638	636	642	322	319
		张拉 2、6	317	631	632	632	636	647	314
		张拉 1、7	624	626	628	630	634	642	646
	吊杆张拉完成		620	620	620	620	620	620	620

表 7.3 吊杆分批张拉时的索力值(kN)

吊杆编号	张拉 7,20	张拉 6,19 8,21	张拉 5,18 9,22	张拉 4,17 10,23	张拉 3,16 11,24	张拉 2,15 12,25	张拉 1,14 13,26
1	—	—	—	—	—	—	65.54
2	—	—	—	—	—	60.74	44.25
3	—	—	—	—	80.73	66.57	61.44

吊杆编号	张拉 7,20	张拉 6,19 8,21	张拉 5,18 9,22	张拉 4,17 10,23	张拉 3,16 11,24	张拉 2,15 12,25	张拉 1,14 13,26
4	—	—	—	96.79	84.237	80.06	80.026
5	—	—	123.38	109.76	106.40	107.07	109.48
6	—	126.40	103.71	97.44	98.505	101.54	105.06
7	175.91	127.38	109.74	105.14	107.41	111.11	115.01

表 7.4　吊杆张拉完成时各下挂点竖向位移(mm)

编号	1	2	3	4	5	6	7
位移	0.032	0.036	0.033	0.035	0.036	0.032	0.030

从表中数据可看出,虽然拉索和吊杆的索力在张拉过程中随着施工阶段、荷载状态的变化不断改变,但由于采用索初始形变这个状态量进行分析,因此按照两种张拉方案进行分析最终都达到了设计要求的预应力状态,表明采用本章的方法能够准确有效地进行拱支网壳结构的预应力全过程分析。

7.5.2　深圳市游泳跳水馆——斜拉网格结构

深圳游泳跳水馆工程[7.15],由澳大利亚 ARUP 公司和华森公司设计。游泳馆跨度为75.6 m,跳水馆跨度为 44.4 m。横向宽度约 80 m 左右。整个结构由三部分组成:主、次钢桁架,桅杆和预应力钢棒。游泳馆的 MTR2A-MTR2D 四榀次桁架和跳水馆的 MTR1A-MTR1D 四榀次桁架承受屋面荷载和风荷载。两馆之间通过主桁架连接,桅杆与主桁架下钢柱相连。每个桅杆顶端有四根实心钢棒,其中两根前索(直径 44 mm 或 59 mm),两根后索(直径 59 mm 或 87 mm),前索连接在各次桁架的跨中,后索连接在主桁架的节点上。整个结构如图 7.6 和图 7.7 所示。设计要求给定了各索的平均目标张力,如表 7.5 中所示。

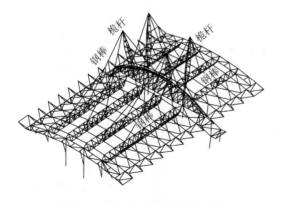

图 7.6　深圳游泳跳水馆三维图

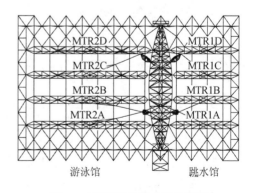

图 7.7　深圳游泳跳水馆俯视图

采用循环迭代逼近法,分别采用直线索单元和悬链线索单元模型,确定相应于设计要求目标索力的斜拉索初始形变,结果如表 7.5 所示。

表 7.5 斜拉索初始形变的确定

拉索位置	目标索力(kN)	直线索单元初始形变(cm)	悬链线索单元初始形变(cm)	拉索位置	目标索力(kN)	直线索单元初始形变(cm)	悬链线索单元初始形变(cm)
MTR2A	314 000	17.70	17.55	MTR1A	154 000	5.06	5.00
MTR2B	356 000	18.18	18.07	MTR1B	113 000	5.22	5.12
MTR2C	330 000	18.08	17.94	MTR1C	114 000	5.15	5.02
MTR2D	309 000	17.82	17.69	MTR1D	143 000	5.22	5.17

可以看到,由于斜拉索长度较小,而张拉力则较大,因而是斜拉索的垂度影响很小,采用悬链线索单元与采用直线索单元的分析结果虽然存在一定差别,不过差别很小,最大误差不到1%,完全在工程应用允许的范围之内。

采用初始形变顺序分析法和升温降温法进行索分批张拉过程分析结果如表7.6所示。表中框出的数据即为各拉索张拉时的张拉控制力。可以看到,各索之间的相互影响较小,张拉完成后的索力均达到目标索力,由此表明分析结果是正确的。

表 7.6 索分批张拉过程分析(kN)

索编号	张拉 1A、1B	张拉 1C、1D	张拉 2C、2D	张拉 2A、2B
MTR1A	139	137	146	155
MTR1B	118	121	112	114
MTR1C		132	120	115
MTR1D		145	133	143
MTR2C			349	331
MTR2D			323	308
MTR2A				314
MTR2B				356

7.5.3 弦支穹顶算例1

该弦支穹顶为一具有三圈环索弦支穹顶结构数值算例,施工采用安装好上部网壳结构再进行下部逐环张拉施工的方案,结构的具体参数和有限元模型分别如表7.7和图7.8所示:

表 7.7 算例一概况

网壳类型	K6	环索拉力设计值	(600,400,200)kN
网壳圈数	4	撑杆高度	(3.5,3.5,3.5)m
网壳矢高	4.5 m	网壳杆件截面积	37.13E−4 m²
网壳跨度	45 m	环索截面积	1405E−6 m²
钢材弹性模量	2.06E11 N/m²	撑杆截面积	46.62E−4 m²
拉索弹性模量	1.9E11 N/m²	张拉进程	安装好上部网壳结构再进行下部逐环张拉施工

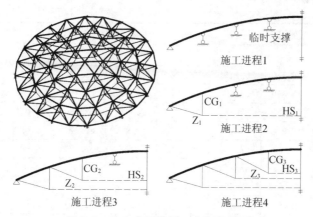

图 7.8　弦支穹顶算例一有限元模型

采用考虑施工进程影响的形态分析方法对上述结构进行分析,得到的结果如表 7.8、表 7.9,图 7.9、图 7.10。

表 7.8　算例二形态分析的代表性节点"找形"分析结果

撑杆下节点	初始态			零状态			差值		
	X	Y	Z	X	Y	Z	ΔX	ΔY	ΔZ
1.000	5.764	0.000	54.715	5.823	0.000	54.653	−0.059	0.000	0.063
2.000	2.882	4.992	54.715	2.912	5.043	54.653	−0.029	−0.051	0.063
3.000	−2.882	4.992	54.715	−2.912	5.043	54.653	0.029	−0.051	0.063
4.000	−5.764	0.000	54.715	−5.823	0.000	54.653	0.059	0.000	0.063
5.000	−2.882	−4.992	54.715	−2.912	−5.043	54.653	0.029	0.051	0.063
6.000	2.882	−4.992	54.715	2.912	−5.043	54.653	−0.029	0.051	0.063
7.000	11.473	0.000	53.864	11.518	0.000	53.849	−0.045	0.000	0.015
8.000	9.936	5.736	53.864	9.978	5.761	53.824	−0.042	−0.024	0.040
9.000	5.736	9.936	53.864	5.759	9.975	53.849	−0.023	−0.039	0.015
10.000	0.000	11.473	53.864	0.000	11.521	53.824	0.000	−0.048	0.040
11.000	−5.736	9.936	53.864	−5.759	9.975	53.849	0.023	−0.039	0.015
12.000	−9.936	5.736	53.864	−9.978	5.761	53.824	0.042	−0.024	0.040
13.000	−11.473	0.000	53.864	−11.518	0.000	53.849	0.045	0.000	0.015
14.000	−9.936	−5.736	53.864	−9.978	−5.761	53.824	0.042	0.024	0.040
15.000	−5.736	−9.936	53.864	−5.759	−9.975	53.849	0.023	0.039	0.015
16.000	0.000	−11.473	53.864	0.000	−11.521	53.824	0.000	0.048	0.040
17.000	5.736	−9.936	53.864	5.759	−9.975	53.849	−0.023	0.039	0.015
18.000	9.936	−5.736	53.864	9.978	−5.761	53.824	−0.042	0.024	0.040
19.000	17.069	0.000	52.454	17.106	0.000	52.430	−0.037	0.000	0.024
20.000	16.040	5.838	52.454	16.073	5.850	52.421	−0.033	−0.012	0.033
21.000	13.076	10.972	52.454	13.103	10.995	52.421	−0.027	−0.023	0.033
22.000	8.535	14.783	52.454	8.553	14.815	52.430	−0.018	−0.032	0.024

撑杆下节点	初始态			零状态			差值		
	X	Y	Z	X	Y	Z	ΔX	ΔY	ΔZ
23.000	2.964	16.810	52.454	2.970	16.845	52.421	−0.006	−0.035	0.033
24.000	−2.964	16.810	52.454	−2.970	16.845	52.421	0.006	−0.035	0.033
25.000	−8.535	14.783	52.454	−8.553	14.815	52.430	0.018	−0.032	0.024
26.000	−13.076	10.972	52.454	−13.103	10.995	52.421	0.027	−0.023	0.033
27.000	−16.040	5.838	52.454	−16.073	5.850	52.421	0.033	−0.012	0.033
28.000	−17.069	0.000	52.454	−17.106	0.000	52.430	0.037	0.000	0.024
29.000	−16.040	−5.838	52.454	−16.073	−5.850	52.421	0.033	0.012	0.033
30.000	−13.076	−10.972	52.454	−13.103	−10.995	52.421	0.027	0.023	0.033
31.000	−8.535	−14.783	52.454	−8.553	−14.815	52.430	0.018	0.032	0.024
32.000	−2.964	−16.810	52.454	−2.970	−16.845	52.421	0.006	0.035	0.033
33.000	2.964	−16.810	52.454	2.970	−16.845	52.421	−0.006	0.035	0.033
34.000	8.535	−14.783	52.454	8.553	−14.815	52.430	−0.018	0.032	0.024
35.000	13.076	−10.972	52.454	13.103	−10.995	52.421	−0.027	0.023	0.033
36.000	16.040	−5.838	52.454	16.073	−5.850	52.421	−0.033	0.012	0.033

注:表 7.8 中的代表性节点是撑杆下节点。

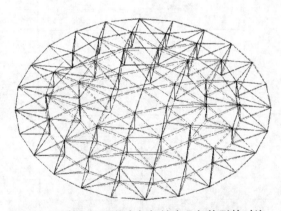

图 7.9　算例二零状态与初始态几何构形的对比

表 7.9　算例二形态分析的预应力拉索"找力"分析结果

环索圈数编号	放样态预应力环索初始等效应变值 $\{S\}_1$
1	4.3580E−03
2	5.5707E−03
3	1.0859E−02

表 7.10　实例张拉成型全过程中各施工阶段的拉索索力参数(N)

	施工进程	1	2	3	4
环索	1	0	499388	569173	600015
圈数	2	0	0	353094	400084
编号	3	0	0	0	199022

注:表 7.10 中加框数据即为形态分析得到的算例二施工全过程的预张力方案,加双下划线的数据为张拉成型时各索的最终索力值。

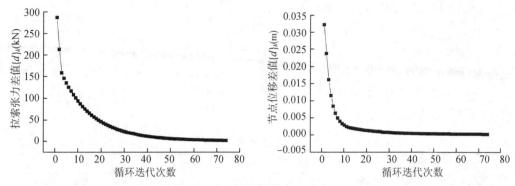

图 7.10 算例二迭代过程中的拉索张力差值 $\{p\}_k$ 和节点位移差值 $\{d\}_k$ 收敛过程图

算例结果表明考虑施工进程影响的形态逆迭代法收敛稳定且效率较高,在较短时间就可以获得较精确的结果;由于考虑施工进程影响,可以确保实现设计预期的结构几何构形和预应力分布。

7.5.4 弦支穹顶算例 2——常州体育馆弦支穹顶

常州体育馆采用的预应力弦支穹顶结构,屋面形状为椭球形,椭圆长轴 119.9 m,短轴 79.9 m,结构矢高 21.45 m。单层网壳中心部位的网格形式为凯威特型(K8)、外围部位的网格形式为联方型。上部的单层网壳中杆件规格为 245 mm×8 mm、245 mm×10 mm、245 mm×12 mm、351 mm×10 mm、351 mm×12 mm,网壳均采用铸钢节点。下部张拉整体部分共布置 6 环,索采用的是 1 670 级 5 镀锌钢丝双护层扭绞型拉索,具体的拉索规格为 5 mm×55 mm、5 mm×85 mm、5 mm×199 mm,初始预应力由外及里分别为 1 750 kN、1 000 kN、750 kN、450 kN、200 kN、200 kN。撑杆截面为 121×8 的圆钢管,撑杆与索系之间采用铸钢节点连接,预应力通过张拉环向索完成。整个结构通过 24 个支座固定于下部混凝土环梁上。结构的有限元模型见图 7.11。其中环索编号为 $HC_1 \sim HC_6$,长轴主肋节点编号为 $J_1 \sim J_6$。

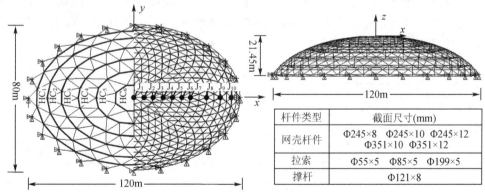

杆件类型	截面尺寸(mm)
网壳杆件	Φ245×8 Φ245×10 Φ245×12 Φ351×10 Φ351×12
拉索	Φ55×5 Φ85×5 Φ199×5
撑杆	Φ121×8

图 7.11 常州体育馆有限元模型

此工程算例采用的是先安装好上部网壳结构再进行下部逐环张拉施工方法。施工过程以及数值模拟单元为:

施工阶段 1:安装上层网壳,采用满堂支架。网壳采用 beam4、脚手架采用只能受压 link10。

施工阶段 2:安装最外环环索及相应的径向杆和撑杆并张拉环索。环索采用只能受拉

link10,径向拉杆和竖向撑杆采用 link8。

......

施工阶段 N:安装最内环环索及相应的径向杆和撑杆并张拉环索。

在大型通用有限元软件 ANSYS 中执行考虑施工过程影响的弦支穹顶结构形态分析程序,并与不考虑施工过程的结果进行对比,可得到节点坐标形态分析结果(表 7.11)和环索初始应变形态分析结果(表 7.12)。

表 7.11 节点形态分析结果

| 节点编号 | 初始态 | | 零状态 | | | | 差值 | | | |
| | | | 不考虑施工过程 | | 考虑施工过程 | | 不考虑施工过程 | | 考虑施工过程 | |
	x	z	x	z	x	z	x	z	x	z
J_1	0.000	0.000	0.000	−0.042	0.000	−0.050	0.000	0.042	0.000	0.050
J_2	5.587	−0.118	5.587	−0.170	5.587	−0.179	0.000	0.052	0.000	0.061
J_3	11.130	−0.483	11.129	−0.535	11.129	−0.544	0.001	0.051	0.001	0.061
J_4	16.585	−1.089	16.587	−1.114	16.588	−1.118	−0.002	0.024	−0.003	0.029
J_5	21.910	−1.931	21.917	−1.931	21.918	−1.931	−0.007	0.000	−0.008	0.000
J_6	32.000	−4.293	32.003	−4.305	32.004	−4.305	−0.003	0.012	−0.004	0.012
J_7	41.256	−7.568	41.261	−7.570	41.262	−7.570	−0.005	0.003	−0.006	0.003
J_8	49.162	−11.610	49.169	−11.610	49.170	−11.610	−0.007	0.000	−0.008	0.000
J_9	55.457	−16.287	55.463	−16.286	55.464	−16.286	−0.006	−0.001	−0.007	−0.001
J_{10}	59.936	−21.446	59.936	−21.446	59.936	−21.446	0.000	0.000	0.000	0.000

表 7.12 环索初始应变的形态分析结果

环索编号	HS_1	HS_2	HS_3	HS_4	HS_5	HS_6
不考试施工过程	0.216 3	0.144 7	0.179 7	0.139	0.107 2	0.519 8
考虑施工过程	0.216 3	0.177 1	0.217 5	0.175 1	0.137 3	0.664 1
差值	0.000	0.032 4	0.037 8	0.036 1	0.030 1	0.144 3

为了验证形态分析中考虑施工过程影响的必要性,分别按考虑施工过程影响和不考虑施工过程影响的形态分析结果建立有限元模型,两个模型都按考虑施工过程进行张拉全过程模拟,分别得到了计算后的各环索索力,见表 7.13。

表 7.13 实际环索索力张拉全过程分析结果的对比

| 环索编号 | 初始态目标索力(kN) | 考虑施工过程 | | 不考虑施工过程 | |
		实际索力(kN)	差值(%)	实际索力(kN)	差值(%)
HS_1	1 750	1 750	0	1 688	3.5
HS_2	1 000	1 000	0	641	35.9
HS_3	750	750	0	576	23.2
HS_4	450	450	0	237	47.3
HS_5	200	199	1	108	46.0
HS_6	200	196	2	117	41.5

表 7.11 中结构设计态和放样态节点 Z 坐标的最大差值是 0.061 m,意味着在结构实际张拉成形的过程中节点在 Z 轴方向最大位移为 0.061 m,这个数值与弦支穹顶施工实测数据[7.16]较接近,表明了考虑施工过程影响的形态分析合理性。在表 7.12 中,按考虑施工过

程影响的形态分析结果进行张拉成型模拟分析,得到的各环索索力与各环索目标索力较接近,最大误差仅 2%。而不考虑施工过程影响时,实际环索索力最大误差达到 46.0%,见表7.13,由此可见在弦支穹顶结构的形态分析中考虑施工过程影响的必要性。

应用考虑施工过程影响的形态分析结果,再次对零状态至初始态的张拉成形全过程进行考虑施工过程的精确模拟,可以得到张拉成型全过程中各施工阶段的节点位移和拉索索力参数,其中,拉索索力见表7.14。表中加框数据即为形态分析得到的算例一施工全过程的预张力方案,加双下划线的数据为张拉成型时各索的最终索力值

表 7.14 张拉成型全过程中各施工阶段的拉索索力参数(kN)

施工阶段	1	2	3	4	5	6	7
HS₁	0	1 707	1 750	1 750	1 750	1 750	1 750
HS₂	0	0	984	1 026	1 020	1 018	1 000
HS₃	0	0	0	703	767	769	750
HS₄	0	0	0	0	421	469	450
HS₅	0	0	0	0	0	204	198
HS₆	0	0	0	0	0	0	196

本章参考文献

[7.1] 周臻,孟少平,等.预应力网壳—拉杆拱组合结构的预应力全过程分析方法[J].建筑结构学报,2006(3):93-98

[7.2] Bial M Ayyub, Ahmed Ibrhim, David Schelling. Posttensioned trusses:analysis and design[J]. Journal of structural Engineering, ASCE. 1990(6): 1491-1506

[7.3] 袁行飞,董石麟.索穹顶结构施工控制反分析[J].建筑结构学报,2001,22(2):75-79

[7.4] 邓华,董石麟.拉索预应力空间网格结构全过程设计的分析方法[J].建筑结构学报,1999(4):42-47

[7.5] 张立新.索穹顶结构成形关键问题和风致振动[D].上海:同济大学,2001

[7.6] 吕方宏,沈祖炎.修正的循环迭代法与控制索原长法结合进行杂交空间结构施工控制[J].建筑结构学报,2005(6):92-97

[7.7] 卓新,袁行飞.预应力索分批张拉过程中张力的仿真分析[J].土木工程学报,2004(9):27-30

[7.8] 卓新,石川浩一郎.张力补偿法及其在预应力空间网格结构中的应用//第二届全国现代结构工程学术研讨会论文集[C],2002,7:310-316

[7.9] 李永梅,张毅刚,等.索承网壳结构施工张拉索力的确定[J].建筑结构学报,2004(4):76-81

[7.10] 蒋剑峰.平面预应力索拱结构的性能分析和优化设计[D].南京:东南大学,2003

[7.11] 董石麟,钱若军.空间网格结构分析理论与计算方法[M].北京:中国建筑工业出版社,2000

[7.12] 郭佳明.弦支穹顶结构的理论分析与实验研究[D].浙江大学,2008

[7.13] 周臻,孟少平,等.预应力网壳-拉杆拱组合结构的设计与分析[J].特种结构,2006(2):48-53

[7.14] Chen Yachun, Zhou Zhen. Prestressing Analysis and inspection for hybridized structure composed of prestressed reticulated shell and steel arch//Proceedings of the international symposium on innovation and sustainability of structures[C]. 2005(3):2021~2031, Nanjing, China

[7.15] 张耀康.预应力斜拉网格结构的研究和应用[D].南京:东南大学,2003

[7.16] 王永泉.大跨度弦支穹顶结构施工关键技术与试验研究[D].南京:东南大学,2009

第八章　拉索预应力网格结构的预应力施工控制

按照第七章介绍的预应力全过程分析方法可以确定预应力施工过程中各阶段的索张拉力,由此可进行相应的预应力施工方案决策。不过需要注意的是,这种预应力施工方案决策是基于相应的理论分析模型建立的,如果结构在张拉时的实际状态与理论分析模型基本一致,则按照事先制定的预应力施工方案可实现一次张拉基本达到设计要求,此时的预应力施工控制则只是传统的"张拉双控",即张拉力控制和索伸长值控制。但是,如果结构的实际状态与理论分析模型存在较大差异,则按照制定的预应力施工方案张拉完成后,很可能与设计要求仍然相差较大。此时,在实际工程中要进行后续的补充张拉,但由于原有理论分析模型不再适用,而结构的实际状态(各张拉阶段的相互影响)又无法确定,因此后续补充张拉施工过程缺乏有效的理论依据与科学控制。

如果能够确定结构实际状态与设计状态产生差别的原因,则只要修改理论分析模型重新进行预应力全过程分析即可。然而,由于实际工程施工过程影响因素的复杂性,这种方法往往难以实现。本章将从两个层次来分析拉索预应力网格结构的施工控制:

(1) 解决循环补拉方案决策的问题。这一层次是假定在第一次按照既定预应力张拉方案完成后,结构的实际状态与设计要求仍然存在较大差异,此时需要采取合适的方法进行循环补拉决策。本章将在建立预应力张拉递推系统的基础上,依据第一次张拉过程中观测的拉索索力与结构位移数据,给出基于结构响应观测值的循环补拉方案决策方法。

(2) 解决施工误差影响下预应力张拉过程的反馈控制问题。在这一层次中,将采用概率有限元方法,事先考虑可能出现的施工误差影响,获得随机施工误差影响下结构响应与拉索张拉力之间的大量样本数据;然后借助神经网络模拟技术,构建结构响应与预张力控制值之间的关系模型;在实际多阶段张拉过程中,基于前一阶段的实测结构响应数据,利用构建的神经网络关系模型预测下一阶段的张拉控制力,以期实现在施工误差影响下通过一次张拉达到设计要求。

8.1　基于预应力张拉递推系统的拉索索力控制

8.1.1　索力递推系统

设 P_0 为正式张拉开始前的初始索力向量;$F_j^{(i)}$ 表示第 i 轮张拉第 j 根索完成后的索力向量,初始值 $F_0^{(i)}$ 等于 P_0;$F_{jk}^{(i)}$ 表示第 i 轮张拉第 j 根索完成后的第 k 根索的索力值;$T^{(i)}$ 表示第 i 轮张拉时的索张拉力向量;$T_j^{(i)}$ 表示第 i 轮张拉时的第 j 根索的张拉力向量;$A^{(i)}$ 为第 i 轮张拉时的索力相互影响矩阵,其元素 $a_{kj}^{(i)}$ 表示第 i 轮张拉时,第 j 根索的索力增加单位索力 1 时第 k 根索的索力变化量；$A_k^{(i)}$ 表示索力影响矩阵 $A^{(i)}$ 的第 k 列；n 代表索的总数目；P^t 为张拉目标需要达到的索力向量，也即目标索力向量。由此，依据张拉顺序与各次张拉时的索力相互影响规律，可建立索力递推系统如下：

$$
\begin{aligned}
i=1 \qquad & F_0^{(1)} = P_0 \\
& F_1^{(i)} = [T_1^{(i)} - F_{01}^i] A_1^{(i+1)} + F_0^i \\
& F_2^{(i)} = [T_2^{(i)} - F_{12}^{(i)}] A_2^{(i)} + F_1^{(i)} \\
& F_3^{(i)} = [T_3^{(i)} - F_{23}^{(i)}] A_3^{(i)} + F_2^{(i)} \\
& \cdots \\
& F_n^{(i)} = [T_n^{(i)} - F_{n-1,n}^{(i)}] A_n^{(i)} + F_{n-1}^{(i)} \\
i=i+1 \qquad & \\
& F_0^{(i)} = F_n^{(i-1)}
\end{aligned}
\tag{8.1}
$$

从系统控制理论的观点出发[8.1]，仔细分析索力递推系统的上述数学模型可以发现，该系统包含四类参数：系统初值、系统输入值、系统状态参数、系统输出值。系统初值即张拉开始前的初始索力向量 P_0；系统输入值即为各次张拉时的索张拉力向量 $T^{(i)}$；系统状态参数即各次张拉时的索力影响矩阵 $A^{(i)}$；系统输出值即张拉进行到某一时刻的索力向量 $F_j^{(i)}$。如果系统初值 P_0 与状态参数 $A^{(i)}$ 确定，则可求出任意时刻的系统输出值 $F_j^{(i)}$，此时的系统处于完全已知的状态，可称为白系统，在这种状态下，系统是完全可控的。当系统初值 P_0 或状态参数 $A^{(i)}$ 无法确定时，则系统处于部分或者完全未知的状态，可称为黑系统，在这种状态下，系统是不可控的。很显然，研究的情况对于设计和施工人员来说正是属于黑系统的范畴。那么在黑系统或者系统不可控系统状态下，是否还能达到想要得到的目标状态？即能否使系统输出值达到目标索力的要求？现在先以最简单的两根索的情况为例进行说明。

假设在各次张拉时均以目标索力为张拉力，即令 $T^{(i)} = P^t$，则对于两根索的情况，可以建立以下的索力递推公式：

$$
\begin{aligned}
& F_1^{(1)} = (P_1^t - P_{01}) A_1^{(1)} + P_0, \qquad F_{11}^{(1)} = P_1^t, \qquad F_{12}^{(1)} = (P_1^t - P_{01}) a_{21}^{(1)} + P_{02} \\
& F_2^{(1)} = [P_2^t - F_{12}^{(1)}] A_2^{(1)} + F_1^{(1)}, \qquad F_{22}^{(1)} = P_2^t \\
& F_{21}^{(1)} = [P_2^t - F_{12}^{(1)}] a_{12}^{(1)} + F_{11}^{(1)} = [(P_2^t - P_{02}) - (P_1^t - P_{01}) a_{21}^{(1)}] a_{12}^{(1)} + P_1^t \\
& \cdots
\end{aligned}
\tag{8.2}
$$

依据索力递推公式(8.1)，可以得到第 $i(i>1)$ 轮张拉时的索力值表达式：

$$
F_{12}^{(i)} = P_2^t + (P_1^t - P_{01}) a_{21}^{(i)} \prod_{m=1}^{i-1} [a_{12}^{(m)} a_{21}^{(m)}] - (P_2^t - P_{02}) \prod_{m=2}^{i} [a_{12}^{(m-1)} a_{21}^{(m)}]
\tag{8.3}
$$

$$
F_{21}^{(i)} = P_1^t + (P_2^t - P_{02}) a_{12}^{(1)} \prod_{m=2}^{i} [a_{21}^{(m)} a_{12}^{(m)}] - (P_1^t - P_{01}) \prod_{m=1}^{i} [a_{21}^{(m)} a_{12}^{(m)}]
\tag{8.4}
$$

如果从数学方程的角度来看，要使第 i 轮张拉完成时的索力值达到目标索力，即有：

$$
F_{12}^{(i)} = P_2^t \quad 或 \quad F_{21}^{(i)} = P_1^t
$$

也即：

$$(P_1^t - P_{01})a_{21}^{(i)} \prod_{m=1}^{i-1}\left[a_{21}^{(m)} a_{12}^{(m)}\right] - (P_2^t - P_{02}) \prod_{m=2}^{i}\left[a_{12}^{(m-1)} a_{21}^{(m)}\right] = 0 \tag{8.5}$$

或

$$(P_2^t - P_{02})a_{12}^{(1)} \prod_{m=2}^{i}\left[a_{21}^{(m)} a_{12}^{(m)}\right] - (P_1^t - P_{01}) \prod_{m=1}^{i}\left[a_{21}^{(m)} a_{12}^{(m)}\right] = 0 \tag{8.6}$$

由影响矩阵 A 的性质可知 $a_{ij} = a_{ji}$，因此上述两式可统一得到下式：

$$\frac{P_2^t - P_{02}}{P_1^t - P_{01}} = a_{21}^{(1)} = a_{12}^{(1)} \tag{8.7}$$

由此可知，如果张拉开始前的索力向量满足上式要求，则以目标索力为张拉力进行一轮张拉后即可达到目标索力要求。不过式(8.7)的限制条件过于严格，系统初值不可能总是能够满足其限制，因此式(8.7)并不能有效说明在索力递推系统状态未知的情况下，能否使系统输出达到目标要求状态。

如果不从数学方程的角度出发，转而从数学极限的角度出发，则对式取极限可得：

$$\lim_{i \to \infty} F_{12}^{(i)} = P_2^t + (P_1^t - P_{01}) \lim_{i \to \infty}\left\{a_{21}^{(i)} \prod_{m=1}^{i-1}\left[a_{12}^{(m)} a_{21}^{(m)}\right]\right\} - (P_2^t - P_{02}) \lim_{i \to \infty}\left\{\prod_{m=2}^{i}\left[a_{12}^{(m-1)} a_{21}^{(m)}\right]\right\}$$
$$\tag{8.8}$$

$$\lim_{i \to \infty} F_{21}^{(i)} = P_1^t + (P_2^t - P_{02})a_{12}^{(1)} \lim_{i \to \infty}\left\{\prod_{m=2}^{i}\left[a_{21}^{(m)} a_{12}^{(m)}\right]\right\} - (P_1^t - P_{01}) \lim_{i \to \infty}\left\{\prod_{m=1}^{i}\left[a_{21}^{(m)} a_{12}^{(m)}\right]\right\} \tag{8.9}$$

由上式不难看出，只要满足 $|a_{12}^i| < 1$ 或 $|a_{21}^i| < 1$，则恒有：

$$\lim_{i \to \infty}\left\{a_{21}^{(i)} \prod_{m=1}^{i-1}\left[a_{12}^{(m)} a_{21}^{(m)}\right]\right\} = 0 \qquad \lim_{i \to \infty}\left\{\prod_{m=2}^{i}\left[a_{12}^{(m-1)} a_{21}^{(m)}\right]\right\} = 0$$

$$\lim_{i \to \infty}\left\{\prod_{m=2}^{i}\left[a_{21}^{(m)} a_{12}^{(m)}\right]\right\} = 0 \qquad \lim_{i \to \infty}\left\{\prod_{m=1}^{i}\left[a_{21}^{(m)} a_{12}^{(m)}\right]\right\} = 0$$

由此不难得到下式：

$$\lim_{i \to \infty} F_{12}^{(i)} = P_2^t \qquad \lim_{i \to \infty} F_{21}^{(i)} = P_1^t \tag{8.10}$$

式(8.10)说明，对于两根索的情况，如果索力之间的相互影响因子的绝对值(即 $|a_{ij}|$)小于1，则恒以目标索力为张拉力进行循环张拉时，实际索力总能无限逼近目标索力值。

对于索的数目多于两根的情况，可以采用类似的方法进行公式推导，但是随着索数目的增加，公式推导的工作量会大幅度增长，因此，本章在此并不将其公式推导的过程展开，只是给出相应的结论。在索数目多于两根时，如果恒以目标索力为张拉力进行循环张拉，则实际索力能够逼近目标索力的前提是：

$$|a_{ij}| < 1, (i \neq j) \quad \text{且} \quad \sum_j a_{ij} > 0 \tag{8.11}$$

不难看出，式中的两个要求对于两根索的情况是统一的，因为 $|a_{ij}| < 1, (i \neq j)$ 必然可以得到 $\sum_j a_{ij} > 0$。不过对于索数目大于两根的情况，则必须同时满足式中的两个要求，才能

保证实际索力能够逼近目标索力。对于实际工程中设计合理的拉索预应力网格结构,索力之间的相互影响一般较小,或者即使张拉开始阶段索力之间的相互影响较大,但随着张拉次数的进行,索力之间的相互影响会逐步减小,经过数次循环张拉后,索力相互影响因子稳定在一个较低的数值,因此 $|a_{ij}|<1,(i\neq j)$ 一般可以得到满足,而 $\sum_j a_{ij}>0$ 能否满足则要依实际结构而定。

在满足式(8.11)的情况下,显然,索力间相互影响越大,索的数目越多,张拉开始前实际索力与目标索力相差越大,则实际索力逼近目标索力的速度越慢,为达到目标索力要求需要进行的循环次数也会增加。图8.1~图8.3给出了在不同的参数下,实际索力逼近目标索力的情况。为便于比较,令各索的目标索力 $P_j^t=1$,索的数目为 n,索力间相互影响因子 $a_{ij}=-\alpha$,张拉开始前各索的实际索力与目标索力的差值 $P_{0j}-P_j^t=d$,则以 $n=7,\alpha=0.16,d=0.5$ 为中心参数,每次令一个参数变化,可得到各参数影响下,实际索力逼近目标索力的情况。在此定义实际索力与目标索力间的误差 e 的计算公式如下:

$$e=\sqrt{\dfrac{\sum_{j=1}^{n}(P_j^t-F_{nj})^2}{n}} \tag{8.12}$$

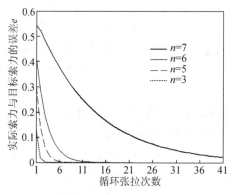

图 8.1　$\alpha=0.16,d=0.5$

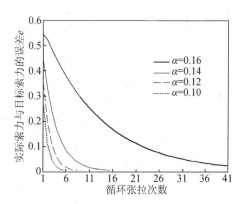

图 8.2　$n=7,d=0.5$

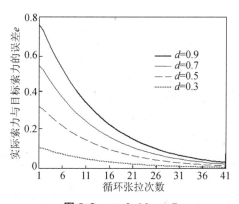

图 8.3　$\alpha=0.16,n=7$

通过上述分析可以将结论归纳为以下两点:

（1）在索力递推系统状态未知的情况下，如果恒以目标索力为张拉力进行循环张拉，则实际索力总能无限逼近目标索力的前提是索力间相互影响满足式的要求。

（2）实际索力逼近目标索力的速度，或者说达到目标索力所需要循环进行张拉的次数，受到三个因素的影响：索的数目、张拉开始前的索力与目标索力的差值和索力间相互影响因子。索数目越多，张拉开始前的索力与目标索力的差值越大，索力间相互影响越大，则实际索力逼近目标索力的速度越缓慢，达到目标索力所需要循环进行张拉的次数也就越多。

8.1.2　基于索力观测值的预应力施工方案决策

虽然在索力间相互影响满足式要求的情况下，恒以目标索力为索张拉力能够使实际索力不断逼近目标索力，但是逼近的速度受索力间相互影响、索数目以及张拉开始前实际索力与目标索力的差值等因素的影响很大。由图 8.1～图 8.3 可以看出，在索数目较多、索力间相互影响较大而张拉开始前实际索力与目标索力差值较大的情况下，为达到目标索力需要进行很多次的循环张拉。但在实际工程中，由于受到张拉设备和施工进度等客观因素的限制，预应力施工单位通常最多以目标索力为张拉力进行 2～3 次循环张拉即止，此时有可能实际索力与目标索力的差值仍然较大。在这种情况下，一般都会有第三方检测单位的介入，或者在张拉开始之前就有监测单位参与到预应力施工过程中来。检（监）测单位介入的目的是为了检验预应力施工单位的张拉工作是否达到设计要求。如果检（监）测单位仅仅发挥这样的作用，则其介入也只能检验预应力施工单位的张拉工作效果，并不能对预应力施工过程提供指导作用。实际上，可充分利用检（监）测单位的设备和技术，尽可能多地获得各次张拉过程中的索力数据，通过对这些数据的分析，对接下来一轮的张拉工作提供指导。因此，本章在此提出"基于索力观测值的预应力施工方案决策"的概念。

前面已经指出，当系统状态参数已知时，索力递推系统处于完全已知的状态。在预应力施工过程中，借助检（监）测单位的设备和技术完全可以将循环张拉过程中的索力记录下来。基于这些索力观测数据，经过简单的代数运算就可计算出各次张拉时的索力影响矩阵 A。

例如，对于 n 根索，设其在第 $i-1$ 次张拉完成后，经检（监）测单位测得的索力向量为 $F_{i-1}=\{F_{i-1,1},\cdots,F_{i-1,j},\cdots,F_{i-1,n}\}$，那么在第 i 次张拉第 j 根索完成后，可测得此时的索力向量为 $F_i=\{F_{i,1},\cdots,F_{i,j},\cdots,F_{i,n}\}$，则此时可计算得到影响矩阵的第 j 列 $A_j^{(i)}=\{a_{1j}^{(i)},\cdots,a_{mj}^{(i)},\cdots,a_{nj}^{(i)}\}$，其中 $a_{mj}^{(i)}$ 按下式计算：

$$a_{mj}^{(i)}=\frac{F_{i,m}-F_{i-1,m}}{F_{i,j}-F_{i-1,j}} \qquad m=1,\cdots,n$$

一般随着循环张拉过程的进行，A 会逐渐趋于稳定，因此可考虑用前一次计算得到的 A 近似作为系统的状态参数；而系统的初值则为前一次张拉完成后的实际索力向量，已经包含于索力观测数据中。由此，在进行下一次张拉时，系统由黑变白，处于完全已知和可控的状态。此时，在进行下一次预应力施工方案决策时，期望选择合适的张拉力向量，使得下一次张拉完成后能够达到目标索力。

设当前状态实际索力向量即系统初值为 F_0，索力影响矩阵即系统状态参数为 A，索张拉力向量即系统输入值为 T，则在经过一次循环张拉后，由索力递推公式可得到实际索力向量的表达式如下：

$$F_n = F_0 + \sum_{j=1}^{n} \left[(T_j - F_{0j}) \left(A_j - \sum_{k=j+1}^{n} A_k \vec{a}_{k \rightarrow j} \right) \right] \tag{8.13}$$

其中，$\vec{a}_{k \rightarrow j}$中的下标$k \rightarrow j$表示由$k$到$j$的所有路径，$\vec{a}_{k \rightarrow j}$则表示由这些路径构成的影响矩阵元素项的代数和，奇数项为正，偶数项为负。

例如：$\vec{a}_{3 \rightarrow 3} = a_{33}$，$\vec{a}_{3 \rightarrow 1} = a_{31} - a_{32}a_{21}$，$\vec{a}_{4 \rightarrow 1} = a_{41} - a_{42}a_{21} - a_{43}a_{31} + a_{43}a_{32}a_{21}$

预应力施工方案决策的目的，实质上就是要在F_0和A已知的状态下，选择T使得实际索力与目标索力相等，即$F_n = P^t$，因此可建立如下方程：

$$P^t = F_0 + \sum_{j=1}^{n} \left[(T_j - F_{0j}) \left(A_j - \sum_{k=j+1}^{n} A_k \vec{a}_{k \rightarrow j} \right) \right] \tag{8.14}$$

即

$$\sum_{j=1}^{n} \left[(T_j - F_{0j}) \left(A_j - \sum_{k=j+1}^{n} A_k \vec{a}_{k \rightarrow j} \right) \right] + (F_0 - P^t) = 0 \tag{8.15}$$

式(8.15)表示的是关于T的线性方程组，只要由F_0和A求出方程组中的系数，就可通过求解该线性方程组得到下一次预应力施工方案的张拉力向量T，也即完成了预应力施工方案的决策。

当索的数目较多时，式(8.15)的系数计算非常复杂，计算量较大。实际上，由于索力递推公式非常便于编制程序，因此可基于索力递推公式建立迭代求解法，迭代步骤如下：

(1) 令$i=1$，$T^i = P^t$，输入索力递推系统，可求得F_n^i。

(2) F_n^i与P^t存在偏差，采用下式对T^i进行修正：

$$T^{i+1} = T^i + (P^t - F_n^i) \tag{8.16}$$

(3) 判断$\varepsilon = |P^t - F_n^i| / P^t$是否小于给定偏差$[\varepsilon]$。如$\varepsilon \leqslant [\varepsilon]$，则迭代终止，$T^i$即为所求的索张拉力向量；否则，令$i=i+1$，回到第(2)步，继续迭代直至收敛。

8.2　基于预应力张拉递推系统的结构位移控制

8.2.1　位移递推系统

此处的位移，指的是位移控制点的位移。在预应力施工过程中，位移控制点的位移也会存在相互影响，这种相互影响是由于拉索张拉对结构的作用引起的。实质上，索力之间的相互影响也是由于拉索张拉对结构的作用引起的，因此，与索力递推系统类似，可依据位移控制点位移之间的相互影响建立相应的位移递推系统。需要说明的是，在预应力施工过程中的某一阶段，总是以某个控制点的位移为目标进行的，例如，对于吊杆悬挂结构，如位移控制点为吊杆的下挂点，则在分批张拉某根吊杆时，总是以该吊杆的下挂点的位移为控制目标进行的；对于多榀张弦梁结构，如位移控制点为各榀张弦梁的跨中位移，则在张拉某榀张弦梁时，也是以该榀张弦梁的跨中位移为控制目标进行的。因此，在位移递推系统中，可将预应力施工过程中某一阶段以某一位移控制点的位移为控制目标进行的张拉，称为"张拉某一位移控制点",而将该张拉阶段该位移控制点需要达到的位移称为"该控制点的张拉位移",这样可以给表述带来较大的方便。

需要注意的是,以上讨论有一个前提:索的数目和位移控制点的数目相等。当索的数目小于位移控制点的数目,由第五章预应力分析的混合影响矩阵法原理可知,在这种情况下,是无解的。而当索的数目大于位移控制点的数目时,也即施调变量(索的数目)大于控制变量(位移控制点的数目),从数学方程组的角度来看该系统是超静定的,能够达到目标的解方案不止一个。此时,可先将该系统静定化,即先选取一组系统中的冗余施调变量确定其数值,即确定冗余索的索力,使得系统中施调变量的数目与控制变量的数目相等,这样就转化为索的数目等于位移控制点数目的情况。因此,本书只讨论索的数目与位移控制点的数目相等的情况。

设 D_0 为正式张拉开始前的初始位移向量; $D_j^{(i)}$ 表示第 i 轮张拉第 j 根索完成后的位移向量,初始值 D_0^0 等于 D_0; $D_{jk}^{(i)}$ 表示第 i 轮张拉第 j 个控制点完成后的第 k 个位移控制点的位移值; $TD^{(i)}$ 表示第 i 轮张拉时的位移控制点的张拉位移向量; $TD_j^{(i)}$ 表示第 i 轮张拉时的第 j 个位移控制点的张拉位移向量; $B^{(i)}$ 为第 i 轮张拉时的位移相互影响矩阵,其元素 $b_{kj}^{(i)}$ 表示第 i 轮张拉时,第 j 个位移控制点的位移增加单位 1 时第 k 个位移控制点的位移变化量; $B_k^{(i)}$ 表示位移影响矩阵 $B^{(i)}$ 的第 k 列; n 代表位移控制点的总数目; D^t 为张拉目标需要达到的位移向量,也即目标位移向量。由此,可建立位移递推系统如下:

$$
\begin{aligned}
&i=1 \qquad D_0^{(1)}=D_0 \\
&D_1^{(i)}=(TD_1^{(i)}-D_{01}^i)B_1^{(i+1)}+D_0^i \\
&D_2^{(i)}=(TD_2^{(i)}-D_{12}^{(i)})B_2^{(i)}+D_1^{(i)} \\
&D_3^{(i)}=(TD_3^{(i)}-D_{23}^{(i)})B_3^{(i)}+D_2^{(i)} \\
&\cdots \\
&D_n^{(i)}=(TD_n^{(i)}-D_{n-1,n}^{(i)})B_n^{(i)}+D_{n-1}^{(i)} \\
&i=i+1 \\
&D_0^{(i)}=D_n^{(i-1)}
\end{aligned} \tag{8.17}
$$

采用与索力递推系统中类似的方法,不难得到类似的结论:如果恒以目标位移为位移控制点的张拉位移进行循环张拉,则实际位移能够逼近目标位移的前提是:

$$
|b_{ij}|<1,(i\neq j) \quad 且 \quad \sum_j b_{ij}>0 \tag{8.18}
$$

且在满足式的情况下,位移相互影响越大,位移控制点越多,张拉开始前初始位移与目标位移相差越大,则实际位移逼近目标位移的速度越慢,为达到目标位移要求需要进行的循环次数也会增加。

不过与"以目标索力为索张拉力"相比,要做到"以目标位移为位移控制点的张拉位移"就比较困难了,需要预应力张拉与位移观测做到同步进行。

8.2.2 基于位移观测值的预应力施工方案决策

在满足式(8.18)的情况下,恒以目标位移为位移控制点的张拉位移进行循环张拉虽然可以使位移控制点的实际位移不断逼近目标位移,但是其收敛速度还受到较多因素的影响,且费时费力。因此可仿照基于索力观测值的预应力施工方案决策,提出"基于位移观测值的预应力施工方案决策"的概念。相对于索力观测值,位移观测值比较容易获得,一般无需检(监)测单位的介入也能够进行比较准确的观测。

与基于索力观测值的预应力施工方案决策类似,基于位移观测值的预应力施工方案决策也是通过对前一阶段的位移观测数据进行简单的代数运算,求得前一阶段的位移影响矩阵 $\boldsymbol{B}$,并将 $\boldsymbol{B}$ 近似作为位移递推系统的状态参数,从而使位移递推系统"白化",处于完全可控的状态。

在位移递推系统"白化"后,则仍可采用线性方程组法或迭代求解法进行预应力施工方案决策。

(1) 线性方程组法

写出预应力施工方案决策的线性方程组如下式:

$$\sum_{j=1}^{n}\left[(TD_j - D_{0j})\left(B_j - \sum_{k=j+1}^{n} B_k \vec{b}_{k \to j}\right)\right] + (F_0 - P^t) = 0 \tag{8.19}$$

其中,$\vec{b}_{k \to j}$ 与 $\vec{a}_{k \to j}$ 含义类似,故不赘述。求解该线性方程组,即可得到位移控制点的张拉位移向量 TD。

(2) 迭代求解法

① 令 $i=1$,$TD^i = D^t$,输入位移递推系统,可求得 D_n^i。

② D_n^i 与 D^t 存在偏差,采用下式对 TD^i 进行修正:

$$TD^{i+1} = TD^i + (D^t - D_n^i) \tag{8.20}$$

③ 判断 $\varepsilon = |D^t - D_n^i|/D^t$ 是否小于给定偏差 $[\varepsilon]$。如 $\varepsilon \leqslant [\varepsilon]$,则迭代终止,$TD^i$ 即为所求位移控制点的张拉位移向量;否则,令 $i=i+1$,回到第②步,继续迭代直至收敛。

基于位移观测值的预应力施工方案决策由于只需要位移观测数据,因此对检测设备和技术的要求较低,便于工程应用,但是由于其只能获得位移控制点的张拉位移向量,而无法求得实际的索张拉力向量,因此得到的预应力施工方案决策在实施的时候仍具有较大的难度。当位移控制点与拉索节点重合,且位移方向与拉索变形方向一致时,则可近似依据张拉位移向量来估计张拉力向量,然后再进行较小的调整。不过对于大部分预应力空间网格结构来说,在进行预应力施工方案决策时,还是期望能够获得实际的索张拉力向量,但是仅仅依靠基于位移观测值的预应力施工方案决策是无法达到这个要求的,而必须采取基于索力—位移观测值的预应力施工方案决策。

8.2.3　基于索力—位移观测值的预应力施工方案决策

在进行基于索力—位移观测值的预应力施工方案决策时,需要索力递推系统和索力—位移递推系统同时并行计算,并且索力—位移递推系统的建立也要以索力递推系统为基础进行。设 $C^{(i)}$ 为第 i 轮张拉时的索力—位移相互影响矩阵,其元素 $c_{kj}^{(i)}$ 表示第 i 轮张拉时,第 j 根拉索的索力增加单位 1 时第 k 个位移控制点的位移变化量;$C_k^{(i)}$ 表示位移影响矩阵 $C^{(i)}$

的第 k 列。由此,可建立索力—位移递推系统与索力递推系统的并行计算系统如下:

$$
\begin{aligned}
&i=1 \quad D_0^{(1)}=D_0 & &i=1 \quad F_0^{(1)}=P_0 \\
&D_1^{(i)}=(T_1^{(i)}-F_{01}^i)C_1^{(i)}+D_0^i & &F_1^{(i)}=(T_1^{(i)}-F_{01}^i)A_1^{(i)}+F_0^i \\
&D_2^{(i)}=(T_2^{(i)}-F_{12}^{(i)})C_2^{(i)}+D_1^{(i)} & &F_2^{(i)}=(T_2^{(i)}-F_{12}^{(i)})A_2^{(i)}+F_1^{(i)} \\
&D_3^{(i)}=(T_3^{(i)}-F_{23}^{(i)})C_3^{(i)}+D_2^{(i)} & &F_3^{(i)}=(T_3^{(i)}-F_{23}^{(i)})A_3^{(i)}+F_2^{(i)} \\
&\cdots & &\cdots \\
&D_n^{(i)}=(T_n^{(i)}-F_{n-1,n}^{(i)})C_n^{(i)}+D_{n-1}^{(i)} & &F_n^{(i)}=(T_n^{(i)}-F_{n-1,n}^{(i)})A_n^{(i)}+F_{n-1}^{(i)} \\
&i=i+1 & &i=i+1 \\
&D_0^{(i)}=D_n^{(i-1)} & &F_0^{(i)}=F_n^{(i-1)}
\end{aligned} \tag{8.21}
$$

与前面的讨论类似,可近似用前一次的索力影响矩阵 A 与索力—位移影响矩阵 C 作为并行计算系统的状态参数,由此可进行相应的预应力施工方案决策。为使系统循环一次后输出的 D_n 达到目标设计要求的 D^t,可将索力—位移递推公式累加起来并进行化简可以得到下式:

$$
\sum_{j=1}^n (T_j-F_{j-1,j})C_j-(D_n-D_0)=0 \tag{8.22}
$$

式中:$F_{j-1,j}$ 由索力递推系统求得,是关于 T_j 的函数,因此式是关于索张拉力向量 T 的线性方程组,不过由式可知,$F_{j-1,j}$ 与 T_j 的函数关系颇为复杂,因此当索数目较多时,式表示的关于 T_j 的线性方程组的系数会非常复杂,不便于应用。在此可借助于位移递推系统,从而形成求解索张拉力向量 T 的比较有效的方法:

(1)利用位移递推系统求得位移控制点的张拉位移向量 TD。

(2)基于索力—位移递推系统与索力递推系统顺序求解 T。在求 T_j 时,利用下式:

$$
TD_j=(T_j-F_{j-1,j})C_{jj}+D_{j-1,j} \quad \text{和} \quad F_{j-1}=(T_{j-1}-F_{j-2,j-1})A_{j-1}+F_{j-2} \tag{8.23}
$$

首先通过上一轮已求得的 T_{j-1} 和 F_{j-2} 利用索力递推公式求 $F_{j-1,j}$,然后将 $F_{j-1,j}$ 代入索力—位移递推公式,可求得 T_j,如此顺序求解,即可求得索张拉力向量 T,由此完成基于索力—位移观测值的预应力施工方案决策。

8.3 基于结构响应观测值的动态反馈控制

8.3.1 动态反馈控制思想

目前,拉索预应力网格结构张拉过程的控制方法普遍基于开环控制思想而形成,即:基于确定的设计目标(包括内力分布与位移形态),依据经验设定的张拉顺序,采取适合的形态分析方法,获得相应的预张力控制方案,如实际张拉过程按照此方案进行,理论上即可经一次张拉达到理想的设计状态。上述开环控制方法能够成功实施的前提在于结构在施工过程中的实际状态与张拉方案决策时的预期状态完全一致。然而,预应力实施过程中不可避免地存在施工误差的随机干扰(如:节点几何误差、拉索初始缺陷和支座安装偏差等),导致结构实际状态与理论分析模型存在差异。由于开环控制的单向性特征决定了其不具备误差的实时反馈—调整功能,一旦这种差异累积到一定程度,则会导致按照预定的方案张拉完成后,结构的实际预应力态可能较远地偏离了设计状态(如第 8.1 节与 8.2 节所讨论的循环补拉问题),甚至危及结构在施工阶段的安全性能,为结构在后续使用阶段的正常运营留下较大安全隐患。

解决这一问题的最有效方法是采取动态反馈控制思想。所谓反馈控制思想[8.2],就是根据系统输出变化的信息来进行控制,即通过比较系统行为(输出)与期望行为之间的偏差,并消除偏差以获得预期的系统性能。在反馈控制系统中,既存在由输入到输出的信号前向通路,也包含从输出端到输入端的信号反馈通路,两者组成一个闭合的回路。因此,反馈控制系统又称为闭环控制系统,是一种系统在运行过程中具备动态调整功能的控制方法。本节在有效融合概率有限元分析与神经网络模拟技术的基础上,构建了预应力多阶段张拉过程的动态反馈控制方法,以期确保拉索预应力网格结构在施工误差影响下仍然能够通过一次张拉尽可能实现设计要求的目标状态。

8.3.2　BP 神经网络

BP 网络在结构上类似于多层感知器,是一种多层前馈神经网络[8.3]。它的名字源于在网络训练中,调整网络权值的训练算法是误差反向传播学习算法,即 BP 学习算法。BP 学习算法是 Rumelhart 等在 1986 年提出的。自此以后,由于结构简单,可调参数多,训练算法多,可操控性好,BP 神经网络获得了广泛的实际应用。

BP 网络的结构,如图 8.4 所示,是一种具有三层或三层以上神经元的神经网络,包括输入层、中间层(隐层)和输出层。上下层之间实现全连接,而每层神经元之间无连接。当一对学习样本提供给网络后,神经元的激活值从输入层经各中间层向输出层传播,在输出层的各神经元获得网络的输入响应,接下来,按照减少目标输出与实际输出之间误差的方向,从输出

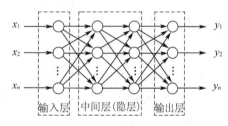

图 8.4　BP 网络结构

层反向经过各中间层回到输入层,从而逐层修正各连接权值,这种算法称为"误差反向传播算法",即 BP 算法。随着这种误差逆向的传播修正不断进行,网络对输入模式响应的正确率也不断上升,从而达到模拟输入—输出的内在关系。由于误差反向传播中会对传递函数进行求导计算,BP 网络的传递函数要求必须是可微的,所以不能用感知网络中的硬阈值传递函数,常用的有 Sigmoid 型的对数、正切函数或线性函数。

为了设计和分析 BP 网络,下面以一个三层 BP 网络为例,介绍 BP 网络的学习过程和步骤,以供本章建立预测预张力控制值的逆向神经网络反馈系统作为参考。

(1) 初始化。给每个连接权值 w_{ij}、v_{ij}、阈值 θ_{ij} 与 γ_{ij} 赋予区间 $(-1,1)$ 内的随机值。

(2) 随机选取一组输入和目标样本 $P_{ij}=(a_1^k,a_2^k,\cdots,a_n^k)$、$T_{ij}=(s_1^k,s_2^k,\cdots,s_p^k)$ 提供给网络。

(3) 用输入样本 $P_k=(a_1^k,a_2^k,\cdots,a_n^k)$、接权值 w_{ij} 和阈值 θ_{ij} 计算中间层各单元的输入 s_j,然后用 s_j 通过传递函数计算中间层各单元的输出 b_j。

$$s_j = \sum_{i=1}^{n} w_{ij}a_i - \theta_j \qquad j=1,2,\cdots,p \tag{8.24}$$

$$b_j = f(s_j) \qquad j=1,2,\cdots,p \tag{8.25}$$

（4）利用中间层的输出 b_j、接权值 v_{jt} 和阈值 γ_t 计算输出层各单元的输出 L_t，然后通过传递函数计算输出层各单元的响应 C_t。

$$L_t = \sum_{j=1}^{p} v_{jt}b_j - \gamma_t \qquad t=1,2,\cdots,q \tag{8.26}$$

$$C_t = f(L_t) \qquad t=1,2,\cdots,q \tag{8.27}$$

（5）利用网络目标向量 $T_k=(y_1^k,y_2^k,\cdots,y_q^k)$，网络的实际输出 C_t，计算输出层的各单元一般化误差 d_t^k。

$$d_t^k = (y_t^k - C_t)C_t(1-C_t) \qquad t=1,2,\cdots,q \tag{8.28}$$

（6）利用接权值 v_{jt}、输出层的一般化误差 d_t 和中间的输出 b_j 计算中间层各单元的一般化误差 e_j^k。

$$e_j^k = \Big[\sum_{t=1}^{q} d_t v_{jt}\Big]b_j(1-b_j) \tag{8.29}$$

（7）利用输出层各单元的一般化误差 d_t^k 与中间层各单元的输出 b_j 来修正连接权 v_{jt} 和阈值 γ_t。

$$\begin{cases} v_{jt}(N+1)=v_{jt}(N)+\alpha d_t^k b_j \\ \gamma_t(N+1)=\gamma_t(N)+\alpha d_t^k \end{cases} \quad i=1,2,\cdots,n,j=1,2,\cdots,p,0<\alpha<1 \tag{8.30}$$

（8）利用中间层各单元的一般化误差 e_j^k 与输入层各单元的输入 $P_k=(a_1^k,a_2^k,\cdots,a_n^k)$ 来修正连接权 w_{ij} 和阈值 θ_{ij}。

$$\begin{cases} w_{ij}(N+1)=w_{ij}(N)+\beta e_j^k a_i^k \\ \theta_j(N+1)=\theta_j(N)+\beta e_j^k \end{cases} \quad i=1,2,\cdots,n,j=1,2,\cdots,p,0<\beta<1 \tag{8.31}$$

（9）随机选取下一个学习样本向量提供给网络，返回到步骤（3），知道 m 个训练样本训练完毕。

（10）重新从 m 个学习样本中随机选取一组输入和目标样本，返回步骤（3），直到网络全局误差 E 小于预先设定的一个极小值，即网络收敛。如果学习次数大于预先设定的值，网络就无法收敛。至此，学习结束。

输入和输出层的神经元数目由需要求解的问题和数据确定。对于隐层的神经元数目选择是一个十分复杂的问题，往往需要根据设计者的经验和多次试验来确定。隐层单元数目与问题的要求、输入、输出单元数目有直接的关系，隐单元数目太多会导致学习时间过长、误差不一定最佳，也会容易导致容错性差、不能识别以前没有看到的样本，因此，一定存在一个最佳的隐单元数目。以下三个公式可作为选择最佳隐层单元数目的参考公式：

$$\sum_{i=0}^{n} C_{n_i}^i > k \tag{8.32}$$

$$n_1 = \sqrt{\sqrt{n+m}+a} \tag{8.33}$$

$$n_1 = \log_2 n \tag{8.34}$$

式中：k 为样本数，n_1 为隐单元数目，n 为输入单元数目。如果 $i>n_i$，$C_{n_i}^i = 0$。

根据关于 BP 网络的一个重要定理，对于任何在闭区间内的一个连续函数都可以用单隐层的 BP 网络逼近，因而一个三层 BP 网络就可以完成任意的 n 维到 m 维的映射，本节采用三层结构 BP 网络构建预测预张力控制值的逆向神经网络反馈系统。

8.3.3　预应力实施全过程反馈控制方法的步骤

以弦支穹顶为例，本章提出的基于施工监测数据的预应力实施过程反馈控制方法的流程图如图 8.5 所示。

具体包括如下步骤：

(1) 分析准备：明确弦支穹顶结构的设计态的节点坐标 $\{D\}^T$、设计态的目标预应力设计值 $\{P\}^T$、拟采用的施工进程方案（划分为 N 个张拉阶段）、约束条件和材料参数以及所考虑的施工误差变量（如节点偏差、索长缺陷和支座误差等）及其变异范围和概率分布类型。

(2) 确定弦支穹顶结构放样态基准模型：以设计态的节点坐标 $\{D\}^T$、设计态的目标预应力 $\{P\}^T$、拟采用的施工进程方案（划分为 N 个张拉阶段）、约束条件和材料参数结构初始有限元模型，利用现有的形态分析迭代技术确定结构的放样态的节点坐标 $\{D\}$ 及初始预张力控制方案 $\{T\}=(T_1,T_2,\cdots,T_N)$，以此确定弦支穹顶结构的放样态基准有限元模型。

(3) 结构放样态施工误差的概率有限元分析：

① 建立施工误差变量参数化的随机有限元模型。在放样态基准模型的基础上，将需要考虑误差的节点坐标、拉索长度与支座位置等施工参数定义为概率分析的输入变量，完成施工误差变量参数化的随机有限元建模。

② 定义概率有限元分析的输出参数，包括：张拉阶段控制杆件的应力 $\{s\}$、控制节点的位移 $\{d\}$ 与预张力控制值 $\{\tilde{T}\}$。

③ 利用第 7.4 节所讨论的形态迭代分析技术获得输出参数值。在进行第 i 次概率有限元分析时，首先以 i 个张拉阶段的实际预张力值 $(\tilde{T}_1,\tilde{T}_2,\cdots,\tilde{T}_i)$ 为目标预应力，利用现有的形态迭代分析技术进行分析，相当于将第 1 到 i 个张拉阶段的实际预张力值 $(\tilde{T}_1,\tilde{T}_2,\cdots,\tilde{T}_i)$ 施加于概率有限元模型，获取第 i 个张拉阶段的控制杆件应力 $\{s\}_i$、控制节点位移 $\{d\}_i$，并利用现有的形态分析技术确定第 $i+1$ 阶段的预张力控制值 $\tilde{T}_{i+1}$。

④ 利用第 6.1 节所讨论的概率有限元分析技术获得大量输出参数样本值。依据分析问题的特征确定适合的概率分析技术（蒙特卡罗模拟技术或响应面技术），利用概率分析技术产生大量随机变量样本进行施工误差随机模拟分析，获得不同误差样本模型下的第 i 个张拉阶段控制杆件应力 $\{s\}_i$、控制节点位移 $\{d\}_i$ 和第 $i+1$ 阶段预张力控制值 $\tilde{T}_{i+1}$，其中，$1\leqslant i<N-1$。

(4) 构建预测预张力控制值的逆向神经网络反馈系统，见图 8.5。

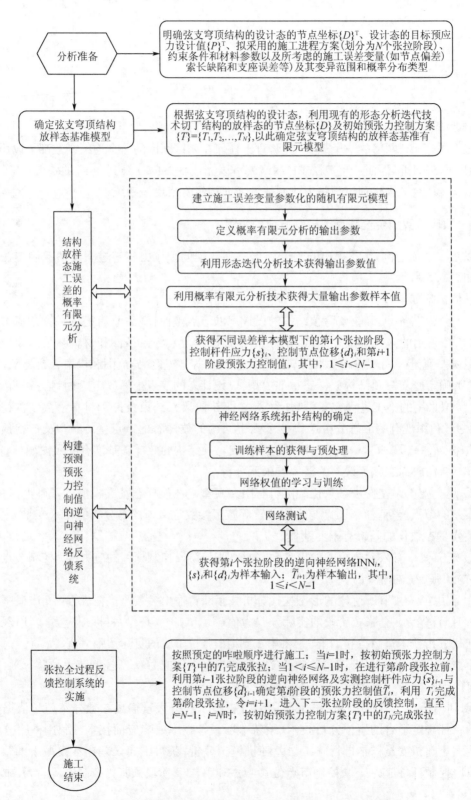

图8.5　拉索预应力网格结构张拉全过程的反馈控制方法流程图

① 神经网络系统拓扑结构的确定。第 i 个张拉阶段的逆向神经网络系统（INN_i）的拓扑结构包括输入层、隐含层和输出层三部分。输入层单元为张拉阶段 i 的控制杆件应力与控制节点位移；输出层单元为第 $i+1$ 张拉阶段的预张力控制值；依据输入层与输出层的单元数目确定隐含层的单元数目及网络系统的最小训练样本数，其中，$1 \leqslant i < N-1$。隐含层单元数目的确定采用参考式（8.32）～式（8.34）。然后，可在 MATLAB 软件中构建 BP 神经网络模型。

② 训练样本的获得与预处理。在训练张拉阶段 i 的逆向神经网络 INN_i 时，利用第 i 次概率有限元分析获得的结果确定逆向神经网络系统训练样本的"输入－输出对"：$\{s\}_i$ 和 $\{d\}_i$ 为样本输入；$\widetilde{T}_{i+1}$ 为样本输出。并对训练数据进行归一化预处理，以使网络具有良好的泛化能力。

③ 网络权值的学习与训练。设定网络训练的容许误差 $[e]$，将训练样本输入网络系统。在 MATLAB 神经网络工具箱中，采用训练函数 Trainlm 对网络进行训练，以神经网络的系统误差 e 最小，从而确定最终满足训练精度要求的网络权值，完成神经网络系统的构建。Trainlm 函数对应的学习算法为 Levenberg-Marquadt 反传算法[8.3]，该训练函数的优点在于收敛速度快。

④ 网络测试。采用训练样本外的"输入-输出对"对训练完成的逆向神经网络系统进行测试，以检验逆向神经网络系统的反馈控制精度。

（5）张拉全过程反馈控制系统的实施。按照预定的张拉顺序进行施工；当 $i=1$ 时，按初始预张力控制方案 $\{T\}$ 中的 T_1 完成张拉；当 $1 < i \leqslant N-1$ 时，在进行第 i 阶段张拉前，利用第 $i-1$ 张拉阶段的逆向神经网络及实测控制杆件应力 $\{\tilde{s}\}_{i-1}$ 与控制节点位移 $\{\tilde{d}\}_{i-1}$ 确定第 i 阶段的预张力控制值 $\widetilde{T}_i$，利用 $\widetilde{T}_i$ 完成第 i 阶段张拉，令 $i=i+1$，进入下一张拉阶段的反馈控制，直至 $i=N-1$；$i=N$ 时，按初始预张力控制方案 $\{T\}$ 中的 T_N 完成张拉。

其中：

第②步中的训练数据归一化预处理有三种常用方法：线性归一、对数归一和概率归一法，其原理分别如下式，具体实施时可依据不同归一化预测结果的精度确定最终的归一化方法。

线性归一
$$\left[\frac{x-\min}{\max-\min}(h-l) \right] + l \tag{8.35}$$

对数归一
$$\left[\frac{\ln(x)-\ln(\min)}{\ln(\max)-\ln(\min)}(h-l) \right] + l \tag{8.36}$$

概率归一
$$\frac{x-E}{\sigma} \tag{8.37}$$

式中：x 为样本原值；max 和 min 为样本集最大值和最小值；h 和 l 为归一后区间上界和下界（一般取 $h=1$, $l=0$）；E 和 σ 分别为样本集均值和标准差。

本节的预应力网格结构张拉全过程的反馈控制方法，通过具有非线性有限元分析功能的专业平台 ANSYS 与专业数值程序编制平台 MATLAB 的混合编程来实现，通过后台开发共用的数据接口，调用非线性有限元平台完成形态分析与概率有限元分析，调用专业数值程序完成逆向神经网络的建模，可充分发挥二者优势，提高程序开发与运行效率，见图 8.6。

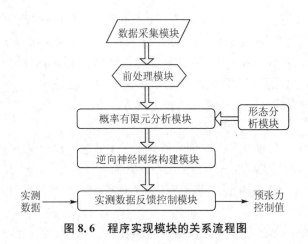

图 8.6 程序实现模块的关系流程图

8.4 工程算例分析

8.4.1 基于张拉递推系统的控制算例

现以武汉长江防洪模型试验大厅的拱支预应力网壳结构为工程背景,以 G_1 区吊杆张拉过程为例。设计要求在吊杆张拉完成前必须在吊杆下方设置临时支撑,如图 8.7 中所示。

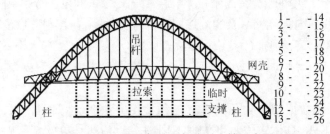

图 8.7 G_1 区吊杆编号与临时支撑示意图

实际施工过程中,由于 G_1 区临时支撑数量和强度不足以及支撑下部地基的沉陷等因素的影响,导致临时支撑完全失效。此时,预应力施工单位仍然按照原定张拉方案进行张拉。吊杆张拉时由中间向两边同时在两个分支拱上进行,考虑到结构的对称性,以 1~7 号索为分析对象,张拉顺序为 7 号索至 1 号索,后面的目标索力、实际索力以及张拉力向量均以张拉顺序进行描述,即向量中元素代表的吊杆编号由 7 号索至 1 号索。

假设目标索力为表 5.3 中吊杆张拉完成后的索力,即 $P^t = \{115.01, 105.06, 109.48, 80.03, 61.44, 44.25, 65.54\}$,目标位移为下挂点的竖向位移为零,理论计算得到的原定张拉方案的张拉力向量为表中吊杆的张拉力,即 $T = \{175.91, 126.40, 123.38, 96.79, 80.73, 60.74, 65.54\}$。在实际施工过程中,由于临时支撑数量和强度不足以支撑下部地基的沉陷等因素的影响,导致临时支撑完全失效。此时,预应力施工单位仍然按照原定张拉方案进行张拉。经有限元分析,在按照原定张拉方案张拉完成后,实际的索力 F_0 如下:

$$F_0 = \{0, 3.32, 45.85, 34.78, 22.46, 0, 65.54\}$$

可以看到,由于临时支撑失效,按照原定张拉方案张拉完成后,其中 7 号索与 2 号索处于完全松弛的状态,而 6 号索也基本松弛,实际索力与目标索力相差很大,此时不得不继续进行循环补拉。现在以目标索力向量为张拉力向量继续进行循环补拉,该轮补拉完成后实际索力 $F_7^{(1)}$ 如下:

$$F_7^{(1)} = \{0, 36.88, 59.46, 35.39, 15.91, 2.82, 65.54\}$$

在第一轮循环补拉完成后,7 号索仍然处于完全松弛的状态,2 号索也基本处于完全松弛的状态,实际索力与目标索力相差仍然很大,此时仍然要继续进行循环补拉。预应力施工单位一般补拉 4 次左右即止,现在再来看循环补拉 4 次后的实际索力 $F_7^{(4)}$:

$$F_7^{(4)} = \{43.10, 60.32, 73.92, 47.19, 28.58, 14.30, 65.54\}$$

可以看到,在循环补拉 4 次后,实际索力与目标索力仍然相差很大。在有限元分析中模拟恒以目标索力为张拉力的循环张拉的难度比较大,而要使实际索力达到目标索力有可能要进行几十次甚至上百次的循环张拉分析。在前面的讨论中已经指出,在有检(监)测单位参与的情况下,可以利用各次循环张拉过程的索力数据计算各次张拉时的索力影响矩阵。实际上,有限元分析即可充当检(监)测单位的角色,通过前几次的循环张拉过程中的分析结果,可以计算出各次张拉时的索力影响矩阵。观察各次索力影响矩阵可以发现,在循环张拉次数达到 4 次时,索力影响矩阵已经基本稳定在下面的数值:

$$A = \begin{bmatrix} 1 & -0.489 & -0.267 & -0.146 & -0.071 & -0.024 & 0.013 \\ -0.214 & 1 & -0.300 & -0.167 & -0.084 & -0.032 & 0.005 \\ -0.134 & -0.345 & 1 & -0.239 & -0.131 & -0.061 & -0.02 \\ -0.082 & -0.214 & -0.267 & 1 & -0.226 & -0.125 & -0.079 \\ -0.045 & -0.12 & -0.163 & -0.252 & 1 & -0.256 & -0.207 \\ -0.017 & -0.05 & -0.084 & -0.154 & -0.283 & 1 & -0.502 \\ 0.007 & 0.008 & -0.024 & -0.086 & -0.203 & -0.446 & 1 \end{bmatrix}$$

此时,首先可以利用索力影响矩阵作为索力递推系统的状态参数,以 $F_7^{(4)}$ 作为索力递推系统的初值,以此估计在恒以目标索力为张拉力进行 4 次循环张拉后,还需要多少次循环张拉才能使实际索力达到目标索力。如果以目标索力的 5% 为容许误差,则可以式计算容许误差 $[e]$:

$$[e] = 0.05\sqrt{\sum_{j=1}^{7} \frac{(T_j)^2}{7}} = 11.48$$

由图 8.8 可知,如果恒以目标索力为张拉力进行循环张拉,则还需要至少 10 次的循环张拉才能使实际索力与目标索力的误差在 5% 以内。采用基于索力观测值的预应力施工方案决策方法,可以求出在下一次循环张拉完成后达到目标索力的张拉力向量,在此采用迭代法进行求解,迭代过程如图 8.9 所示,可以看到经过 9 次迭代后,误差已经很小,此时求得的 T 即可作为下一次循环张拉时的索张拉力向量,T 的具体数值如下:

$$T = \{263.32, 181.16, 155.53, 116.17, 94.26, 76.40, 65.54\} \text{ kN}$$

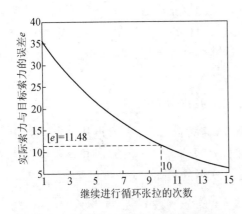

图 8.8 继续进行循环张拉过程示意图

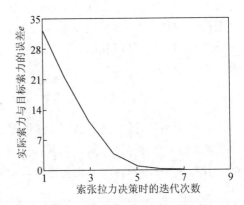

图 8.9 迭代求解法过程示意图

此时以求得的 T 为索张拉力向量,在有限元分析中模拟下一次循环张拉可得到最终的实际索力为:

$$F = \{114.25, 103.93, 109.08, 78.86, 60.12, 43.48, 65.54\} \text{ kN}$$

可以看到,此时的实际索力与目标索力相差已经很小,预应力施工已达到设计要求。由此可见,基于索力观测值的预应力施工决策方法能够节省大量的循环张拉工作,并且能够保证预应力施工达到设计要求。

现在再来看位移。按照原定张拉方案张拉完成后,吊杆下挂点的位移向量为:

$$D_0^{(0)} = \{0.13, -0.60, -1.88, -3.65, -5.16, -6.24, -6.53\} \text{ cm}$$

此时与吊杆下挂点位移为 0 的设计要求相差较大。如果以目标位移为张拉位移进行 4 次循环张拉后,此时的吊杆下挂点位移为:

$$D_7^{(4)} = \{-0.32, -0.41, -0.11, 0.26, 0.40, 0.17, 0\} \text{ cm}$$

$$F_7^{(4)} = \{33.42, 21.56, 68.76, 81.08, 76.85, 46.52, 96.49\} \text{ kN}$$

可以看到,此时的吊杆下挂点位移与目标位移仍然相差较大,如继续以目标位移为张拉位移进行张拉,则仍需较多的循环次数才能接近目标位移,如图 8.10 和 8.11 所示。观察各次位移影响矩阵与索力—位移影响矩阵,可以发现,在循环张拉次数达到 4 次时,位移影响矩阵与索力—位移影响矩阵已经基本稳定在下面的数值:

$$B = \begin{bmatrix} 1 & 0.771 & 0.458 & 0.319 & 0.272 & 0.233 & 0.182 \\ 0.621 & 1 & 0.685 & 0.501 & 0.408 & 0.333 & 0.259 \\ 0.401 & 0.739 & 1 & 0.719 & 0.564 & 0.448 & 0.346 \\ 0.279 & 0.587 & 0.811 & 1 & 0.753 & 0.587 & 0.453 \\ 0.215 & 0.500 & 0.702 & 0.848 & 1 & 0.762 & 0.589 \\ 0.181 & 0.451 & 0.639 & 0.771 & 0.898 & 1 & 0.759 \\ 0.169 & 0.435 & 0.617 & 0.745 & 0.869 & 0.954 & 1 \end{bmatrix}$$

$$C=\begin{bmatrix} 0.015 & 0.026 & 0.018 & 0.013 & 0.010 & 0.007 & 0.005 \\ 0.012 & 0.028 & 0.019 & 0.014 & 0.010 & 0.007 & 0.006 \\ 0.009 & 0.021 & 0.207 & 0.015 & 0.011 & 0.008 & 0.007 \\ 0.007 & 0.016 & 0.016 & 0.018 & 0.013 & 0.009 & 0.009 \\ 0.005 & 0.012 & 0.012 & 0.013 & 0.016 & 0.011 & 0.013 \\ 0.004 & 0.009 & 0.009 & 0.009 & 0.011 & 0.016 & 0.020 \\ 0.003 & 0.006 & 0.006 & 0.006 & 0.007 & 0.012 & 0.032 \end{bmatrix} \text{cm/kN}$$

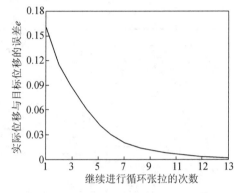

图 8.10　继续进行循环张拉过程示意图

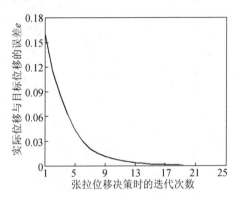

图 8.11　迭代求解法过程示意图

由位移递推系统进行基于位移观测值的预应力施工方案决策方法,可求得张拉位移向量为:

$$TD=\{-0.40,0.29,0.61,0.37,0.48,0.48,0\}\text{cm}$$

采用基于索力—位移观测值的预应力施工方案决策方法,可以求得索张拉力向量为:

$$T=\{28.16,49.22,77.882,56.01,75.52,61.57,88.79\}\text{kN}$$

以求得的 T 为索张拉力向量,在有限元分析中模拟下一次预应力张拉,可得最终的吊杆下挂点位移为:

$$D=\{0.01,0.02,0.01,0.03,0.02,0.01,0\}\text{cm}$$

可以看到,此时吊杆下挂点位移与目标位移差距已经很小,张拉达到设计要求。

8.4.2　基于结构响应观测值的反馈控制算例

算例模型采用第 7.5.4 节中的弦支穹顶算例一。按照第 7.5.4 节中求得的零状态(参见表 7.8)和本节假定的施工误差(表 8.1)建立模型。按照第 7.5.4 节算例二中求得的张拉方案(参见表 7.10)对带施工误差的弦支穹顶算例进行预应力施工仿真计算。在此处的预应力施工仿真计算中,确保每个张拉过程对张拉索施加的预应力值和张拉方案相同。具体分析时可采用补偿初应变方法,即每次迭代的过程中只要逆向修正张拉索的初应变以确保张拉索的索力与预张力控制值相等,其流程见图 8.12 所示。

表 8.1　假定的施工误差

施工误差类别	施工误差项目	理想值	实际值	误差
材料参数误差	钢管弹性模量	2.06E11	1.88E11	−8.7%
	拉索弹性模量	1.8E11	2.06E11	+12.6%
	撑杆截面积	46.62E−6	41.30E11	−11.4%
	拉索截面面积	1 405E−6	1 586E−6	+11.4%
几何误差	第一圈撑杆上节点 Z 向坐标	54.715	54.510	−0.205
	第二圈撑杆上节点 Z 向坐标	53.864	53.665	−0.199
	第三圈撑杆上节点 Z 向坐标	52.454	52.357	−0.096

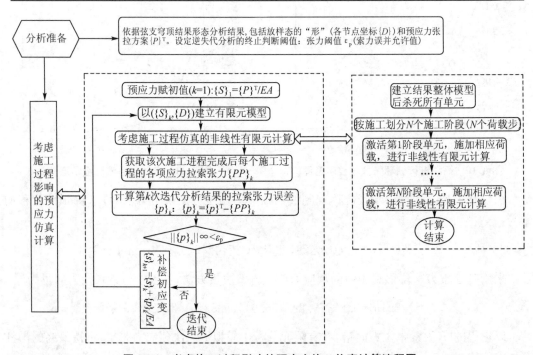

图 8.12　考虑施工过程影响的预应力施工仿真计算流程图

采用 8.12 的方法模拟施工误差影响下弦支穹顶的预应力张拉全过程,得到的分析结果如图 8.13 和图 8.14 所示。

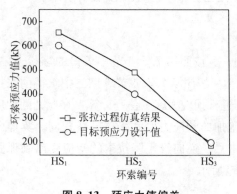

图 8.13　预应力值偏差

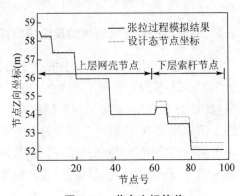

图 8.14　节点坐标偏差

图 8.13 和图 8.14 表明弦支穹顶结构在施工误差下,按照原定理想模型形态分析得到的预应力施工方案去执行,最终得到的状态将与目标设计态产生较大的偏差。本节假定的施工误差是工程中常见的材料参数误差和几何误差,在实际的施工中,支座刚度、脚手架刚度不足极有可能导致实际结构和理想模型不一致,不仅可能导致施工结果偏离设计态,甚至会在施工过程中或在结构运营期间出现安全事故。

采用本章提出的预应力实施过程反馈控制方法,首先对结构进行施工误差影响下的概率有限元分析,具体流程如图 8.15 所示,采用的节点坐标与材料参数的概率密度和分布函数如图 8.16 和图 8.17 所示。

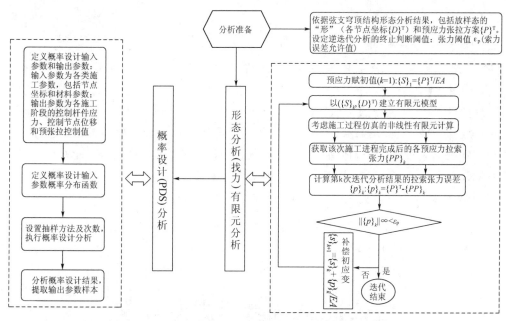

图 8.15　施工误差影响的概率有限元分析流程图

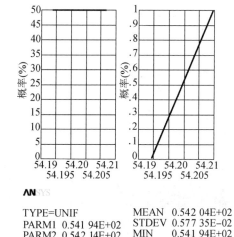

TYPE=UNIF　　MEAN　0.542 04E+02
PARM1 0.541 94E+02　STDEV 0.577 35E−02
PARM2 0.542 14E+02　MIN　0.541 94E+02
　　　　　　　　　MAX　0.542 14E+02

图 8.16　节点坐标概率密度函数和分布函数

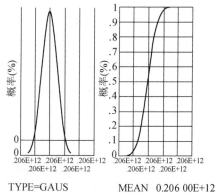

TYPE=GAUS　　MEAN　0.206 00E+12
PARM1 0.206 00E+12　STDEV 0.103 00E+09
PARM2 0.103 00E+09

图 8.17　材料参数概率密度函数和分布函数

对本节算例进行 2 000 次循环概率有限元分析。图 8.18 为算例结构节点坐标误差抽样点,图 8.19 为算例结构钢管弹性模量误差抽样点。

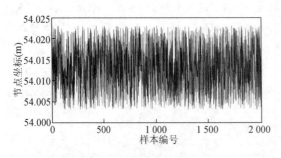

图 8.18　节点坐标误差抽样点

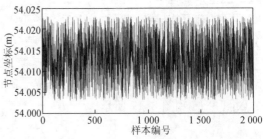

图 8.19　材料参数误差抽样点

图 8.20 和图 8.21 分别是第一阶段的控制节点位移和控制杆件轴力输出样本。在图 8.20 中,控制节点位移均值是 0.016 m 而峰值可以达到 0.040 m,在图 8.21 中,控制杆件轴力均值是 20 kN 而峰值可以到达 55 kN,说明了在施工误差影响下,拉索预应力网格结构在张拉过程中可能出现极端不利内力状况,从而导致张拉过程失败甚至结构破坏。在图 8.22 中,第二阶段预张力控制值输出样本中,预张力控制值均值是 350 kN 而峰值可以达到 1 200 kN,说明了在施工误差影响下,用原预张力控制值张拉将不会到达目标预应力态,建立预应力网格结构预应力实施过程反馈控制系统是很有必要的。

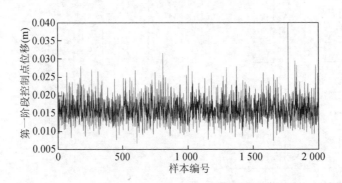

图 8.20　第一阶段控制节点位移输出样本

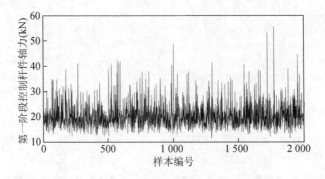

图 8.21　第一阶段控制杆件轴力输出样本

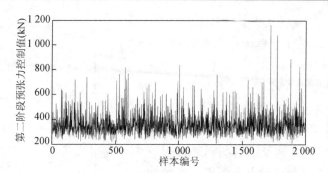

图 8.22　第二阶段预张力控制值输出样本

从图 8.23 节点坐标误差对预张力控制值的敏感性示意图中,可以看出撑杆杆端节点坐标(X110)与网壳节点坐标(X1)相比较敏感,节点竖向坐标(Z5)与水平向坐标(X5)相比较敏感。因此,在实际预应力网格结构施工过程中,必须严格控制撑杆杆端节点竖向坐标值。

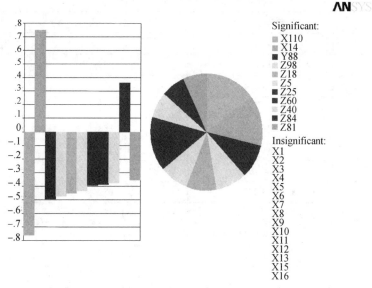

图 8.23　节点坐标误差对预张力控制值的敏感性示意图

在获取 2 000 个第一阶段的控制节点位移和控制杆件轴力输出样本和第二阶段预张力控制值输出样本后,可采用 BP 神经网络构建第一阶段的控制节点位移和控制杆件轴力和第二阶段预张力控制值的 BP 网络模型,如图 8.24 所示。在实际工程中,通过已经建立的 BP 网络中输入实测第一阶段的控制节点位移和控制杆件轴力数据,预测第二阶段预张力控制值,从而形成基于结构响应观测数据的预应力实施过程反馈控制系统。

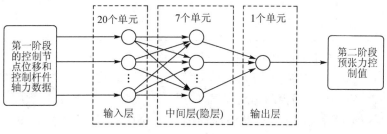

图 8.24　算例 BP 网络结构

对于本节算例,以前 1 980 个样本作为训练样本建立 BP 网络,以后 20 个样本作为检验样本对已建立的 BP 网络进行测试,假定最后 1 个样本中的第一阶段的控制节点位移和控制杆件轴力数据为实测数据,进行弦支穹顶结构预应力实施全过程反馈控制,得到预张力控制调整方案。图 8.25 为张拉阶段逆向神经网络的训练过程图,表 8.2 为 BP 网络进行测试结果。由表 8.2 可知,经过训练的神经网络具有良好的预测功能,能够较好地满足实际工程进行预张力反馈控制的要求。

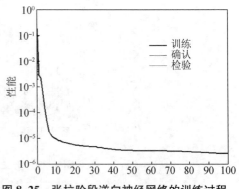

图 8.25 张拉阶段逆向神经网络的训练过程

表 8.2 BP 神经网络测试结果

样本编号	检验样本值(N)	BP 网络输出值(N)	误差(%)
1981	306 409	329 012	7.4
1982	383 709	364 368	−5.0
1983	355 671	330 618	−7.0
1984	365 115	349 759	−4.2
1985	385 446	346 868	−10.0
1986	344 509	335 731	−2.5
1987	336 755	338 628	0.6
1988	346 275	350 082	1.1
1989	327 906	339 170	3.4
1990	344 851	371 464	7.7
1991	302 280	295 767	−2.2
1992	384 367	360 982	−6.1
1993	355 828	332 349	−6.1
1994	374 990	352 190	−6.1
1995	424 884	408 101	−4.0
1996	371 671	332 860	−10.4
1997	314 840	325 708	3.5
1998	336 181	319 195	−5.1
1999	414 202	381 590	−7.9
2000	456 771	444 068	−2.8

在表 8.1 假设误差下,通过仿真计算可以求得第一张拉阶段的控制节点位移和控制杆件轴力数据。以此作为实测结构响应数据,对该弦支穹顶结构在施工误差影响下的张拉过程进行反馈控制,得到预张力控制调整方案,如图 8.26 所示。图中,目标预应力值(600 kN,400 kN,200 kN)是设计要求的目标状态;原预张力方案(499 kN,353 kN,199 kN)是通过无误差模型的形态分析得到的。而预张力控制调整方案(499 kN,448 kN,200 kN)则是通过

本章提出的反馈控制方法预测得到。

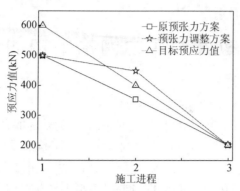

图 8.26　预张力控制调整方案

　　将预测得到的预张力控制调整方案(499 kN,448 kN,200 kN)输入误差结构模型,采用图 8.12 所示张拉过程仿真分析方法,计算得到按照调整方案张拉成型后的各环索索力如表 8.3 所示。由表 8.3 结果可知,误差结构模型张拉完成后实际的预应力状态与目标预应力态一致,反馈控制方法有效地克服了施工误差的影响。

表 8.3　施工仿真结果与目标值的比较

环索圈数	目标设计态(kN)	施工仿真计算值(kN)	误差(%)
1	600	584	-2.7
2	400	412	3
3	200	200	0

本章参考文献

[8.1]　王积伟. 现代控制理论与工程[M]. 北京:高等教育出版社,2003

[8.2]　万百五,韩崇昭,蔡远利. 控制论:概念、方法与应用[M]. 北京:清华大学出版社,2009

[8.3]　葛哲学,孙志强. 神经网络理论与 MATLAB R2007[M]. 北京:电子工业出版社,2007

第九章 拉索预应力网格结构的优化设计

拉索预应力空间网格结构优化设计的目的,实质上就是选取合理的结构设计方案,使得结构在满足安全性要求的基础上,总造价达到最小。关于拉索预应力网格结构优化设计研究的内容,可以从两个方面来看。一方面从杆件结构体系的角度来看,拉索预应力网格结构与普通空间网格结构一样,存在截面优化的问题(本章不涉及形状优化与拓扑优化);另一方面从预应力的角度来看,该结构的优化设计还应包括拉索的最优布置和索力优化等内容[9.1][9.2]。此外,由于多阶段预应力张拉能够改变杆件的内力符号,反复利用杆件的材料强度,因此不同的预应力张拉方案对于结构的优化设计方案有一定影响。本章将重点讨论拉索预应力网格结构考虑预应力实施过程的全过程优化设计概念及其方法,然后初步探讨拉索预应力网格结构的模糊优化设计与可靠性优化分析。

9.1 考虑预应力实施过程的全过程优化设计

9.1.1 全过程优化设计概念与模型

首先,以一个简单的三杆结构算例探讨考虑预应力实施过程的优化设计概念。如图 9.1 所示,该结构由两根杆件和一根拉索组成,设计变量为杆件截面积 A_1、拉索截面积 A_2、预应力等效节点荷载为 T。设杆件的容许应力$[\sigma_g]$,拉索的容许应力$[\sigma_s]=2[\sigma_g]$,材料容重均为 ρ,A_1 最小值 $A_1=\sqrt{2}P/(20[\sigma_g])$,在此只考虑应力约束条件。

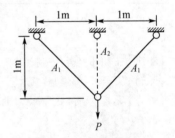

图9.1 三杆结构体系

假设单次预应力实施过程如图 9.2 所示,各阶段荷载为 $P_1=0.5P$ 和 $P_2=P$。此时结构的实施过程分为了 3 个阶段,此时建立结构的优化设计模型如下:

$$\min W(A_1,A_2,T)=\rho(2\sqrt{2}A_1+A_2) \tag{9.1}$$

$$\text{Subject to:} \quad \sigma_g\leqslant[\sigma_g] \qquad \sigma_s\leqslant[\sigma_s]$$

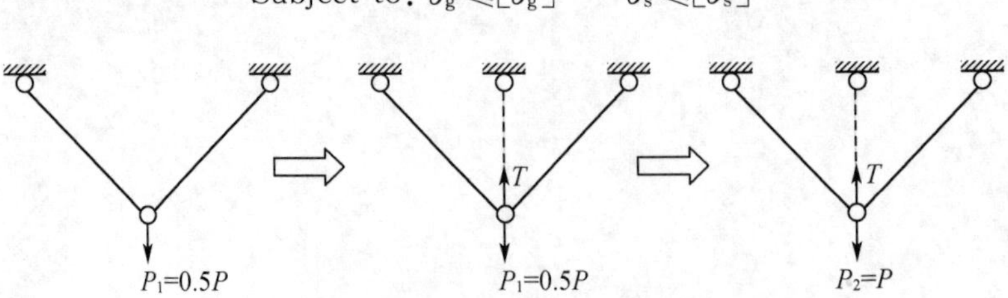

图9.2 单次预应力的实施过程

上述约束条件包含了三个阶段的应力约束。依据满应力准则,结构的重量 W 可表示为:

$$W=\rho\Big(\max\Big(\frac{P}{[\sigma_{\mathrm{g}}]},\frac{2|0.5P-T|}{[\sigma_{\mathrm{g}}]},\frac{2|P-T|}{[\sigma_{\mathrm{g}}]},\frac{P}{5[\sigma_{\mathrm{g}}]}\Big)+\frac{T}{2[\sigma_{\mathrm{g}}]}\Big) \tag{9.2}$$

将结构重量 W 与 T 的函数关系表示如图 9.3 所示。当 $T=0.5P$ 时,W 达到最小值。因此该结构的最优设计方案为 $W_{\mathrm{I}}=1.25\rho P/[\sigma_{\mathrm{g}}]$,相应的预应力实施方案为:荷载 $0.5P$ →预应力 $0.5P$→荷载 P。

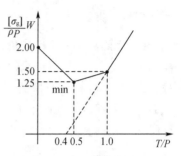

图 9.3　W 与 T 的函数关系

同理,如果采用多次预应力方案,在实施过程中施加两次预应力,将荷载三等分,即各阶段加载值为 $P/3$,则可得到多次预应力最优设计方案为 $W_{\mathrm{II}}=\rho P/[\sigma_{\mathrm{g}}]$,而相应的预应力实施方案则为:荷载 $P/3$→预应力 $P/3$→荷载 $2P/3$→预应力 $2P/3$→荷载 P。

将上述两种情况下的结构重量 W 进行比较可知:$W_{\mathrm{II}}<W_{\mathrm{I}}$,说明多次预应力实施过程的优化设计方案要比单次预应力节省 20% 的造价。由此可见,不同的预应力实施过程使得结构优化设计结果间可能存在较大差异,这也是考虑预应力实施过程的优化设计的基本思想。

通过上述例子可知,预应力实施过程包含了两个方面:加载阶段(P)与预应力施加阶段(E),通过这两个阶段的划分与组合,能够形成多种不同的预应力实施方案,图 9.4 给出了实施过程的统一描述。当 $n=2$ 时,图 5.4 代表单次预应力的实施过程;当 $n\geqslant3$ 时,图 9.4 则代表多次预应力的实施过程。由此可见,在考虑实施过程的结构优化设计中,单次预应力与多次预应力并无本质的区别,其不同之处只在于实施阶段数目的多少。

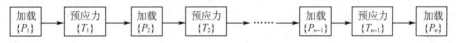

图 9.4　预应力实施过程的描述

当考虑预应力实施过程时,实施过程中每一阶段对设计方案都有影响,需要考虑的因素更多、更复杂,因此,也可将其称为"全过程优化设计"。从预应力钢结构的实施过程来看,理论上设计变量应当包括杆件截面积 A_{g}、拉索截面积 A_{s}、每一阶段的加载大小 P_i 和预应力 T_i。由于在后续的分析过程中,预应力的模拟采用拉索初始形变的方法,因此后续的预应力作用用 E 来表示。此外,需要注意的是,实际工程中各阶段的加载大小值并不是一个可以任意规定的量,受到客观条件的制约。例如结构自重、屋面板重量等都需要根据实际客观条件计算,并不是任意的连续变量,即使优化得到了各阶段的加载大小取值,实际情况中也很可能无法实现。因此加载取值 P_i 的优化可通过对若干种可能取值方案进行比选,从而在建立优化设计模型时,可以即假定各阶段的加载取值已知,由此建立的预应力钢结构全过程优化设计数学模型如下:

$$\min I = I(A_{\mathrm{g}},A_{\mathrm{s}},E_i) = \sum_{i=1}^{n}A_{gi}l_{gi}+G_{\mathrm{s}}\sum_{i=1}^{p}A_{s0}l_{si} \tag{9.3}$$

Subject to:预应力实施各阶段及使用阶段各荷载工况作用下的应力、位移和设计变量等约束条件：

应力约束：
$$\sigma_{gi} = \frac{N_{gi}}{\phi_b A_{gi}} \leqslant [\sigma_g] \qquad 0 \leqslant \sigma_{si} = \frac{T_{si}}{A_{si}} \leqslant [\sigma_s]$$

挠度约束：
$$\delta \leqslant [\delta]$$

变量约束：
$$\underline{A}_{gi} \leqslant A_{gi} \leqslant \overline{A}_{gi} \qquad \underline{A}_{si} \leqslant A_{si} \leqslant \overline{A}_{si}$$

式中：目标函数 I 为结构造价；设计变量为杆件截面积 A_g、拉索截面积 A_s 和预应力作用 E。需要注意的是，虽然目标函数 I 的表达式中并没有出现预应力取值 E，但 E 的大小会影响到杆件面积 A_g 和拉索面积 A_s 的取值，因此相对于杆件和拉索截面积来说，预应力作用对目标函数是以间接的形式产生影响的，而这也正是预应力空间网格结构优化设计与普通空间网格结构相比所具有的特殊性；约束条件中 σ_g 和 σ_s 为杆件和拉索最不利应力，δ 为结构最大挠度；$[\sigma_g]$ 为杆件应力容许值，$[\sigma_s]$ 为拉索应力容许值，$[\delta]$ 为结构挠度容许值；$\underline{A}_g$ 为杆件许用截面面积下限值，$\overline{A}_g$ 为杆件许用截面面积上限值；$\underline{A}_s$ 为拉索许用截面面积下限值，$\overline{A}_s$ 为拉索许用截面面积上限值；G_s 为预应力拉索与普通杆件的价格比值；l_{gi} 和 l_{si} 分别为杆件和拉索的长度。

在全过程优化设计模型中，约束条件不仅包含结构在使用期间的各种荷载工况，同时还必须考虑预应力实施过程中的每一阶段，因此可将其称之为"全过程约束"。"全过程约束"的计算必须通过"全过程分析"（即从预应力实施过程到使用阶段的结构分析）获得。需要注意的是，全过程分析中每一阶段的分析结果都会影响后续阶段的分析，因此每一阶段的分析都要以前一阶段分析结果为初始状态，各阶段之间具有状态非线性的关系。由此可见，全过程优化不能单独对某个阶段进行优化分析，而要将所有阶段联系起来进行整体优化。求解时，可采用第 7.3 节中的预应力张拉全过程分析方法，求得各张拉阶段的应力、位移、拉索索力，从而实现全过程约束条件的计算。同时，由于在优化分析中考虑了预应力阶段的实际张拉顺序，因此只要给定各次预应力的张拉批次顺序，则能够在求得优化设计方案的同时，输出相应的预应力张拉控制力实施方案，实现结构方案与预应力实施方案的整体优化设计。

9.1.2　预应力结构实施过程预应力施加次数与施加方案的讨论

由式(9.3)可知，在考虑预应力实施过程的优化设计模型中，设计变量的数目随着预应力实施过程的阶段数目的增加会成倍增长。虽然实施过程中预应力施加次数越多，结构承载力越大，但并不代表结构的经济性能越好，因为过多的预应力施加次数会使人工和机械台班的费用增加且工期也会延误，因此要合理确定结构实施过程中的预应力施加次数。

以预应力平面钢桁架为例进行讨论，设 C_1 和 C_2 分别为单位荷载作用下($P=1$)上弦杆和下弦杆内力，C_1' 和 C_2' 分别为单位预张力($T=1$)作用下上弦杆和下弦杆内力，N_1、N_2 是上弦杆和下弦杆的极限承载力值；K_1、K_2 则是与结构图形有关的上、下弦卸载系数，由下述公式确定：

$$K_1 = 1 - \left| 1 - \frac{|C_1|}{|C_2|} \right|, \quad K_2 = 1 - \left| 1 - \frac{|C_2'|}{|C_1'|} \right|, \quad \text{且满足} \ 0 < K_1, K_2 < 1 \qquad (9.4)$$

根据理论分析可得出第 i 次可以施加荷载的表达式[9.3]：

由张拉拉索开始的结构受力：

$$P_i = \frac{1}{C_1}(N_1 + K_1 N_2)(K_1 K_2)^{i-1} \qquad (i=1,2,3,\cdots,n) \tag{9.5}$$

n 次加载后，可以施加荷载的总值为：

$$P = \sum_{i=1}^{n} P_i = \frac{1}{C_1}(N_1 + K_1 N_2) \sum_{i=1}^{n} (K_1 K_2)^{i-1} \tag{9.6}$$

由于 $0<K_1,K_2<1$，因此随着加载次数 n 的增加，式（9.6）为收敛函数，收敛速度视 K_1 和 K_2 的取值而定。在理想条件下，即 $K_1=K_2=1$ 时，随着加载次数 n 的增加，P 将不断增大且发散不收敛，趋向无穷大：

$$\lim_{n\to\infty} P = \frac{1}{C_1}(N_1 + K_1 N_2) \lim_{n\to\infty} \sum_{i=1}^{n} (K_1 K_2)^{i-1} = \frac{1}{C_1}(N_1 + K_1 N_2) \lim_{n\to\infty} n = \infty \tag{9.7}$$

因此当满足 $K_1=K_2=1$ 时，随着加载次数 n 增加，结构的承载能力将永无止境地得到提高，然而这只是在理想条件下得到的理论结果，在实际工程中，K_1 和 K_2 不可能等于1，并且由于实际结构的复杂性，K_1 和 K_2 的实际取值都偏小，因此加载次数 n 不可能也没必要无止境地增加。图9.5为不同 K 值下 P_i/P_1—i 曲线图，图9.6为不同 K 值下 $\sum P_i/P_1$—i 曲线图，图9.7和图9.8为 $i=5$ 时承载力与 K_1 和 K_2 的关系图。

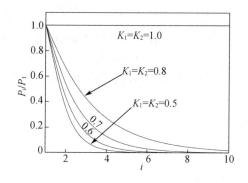

图9.5　不同 K 值下 P_i/P_1—i 关系曲线

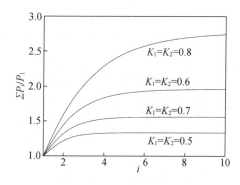

图9.6　不同 K 值下 $\sum P_i/P_1$—i 关系曲线

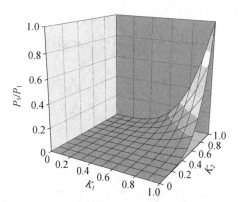

图9.7　承载力与 K 值的关系曲面

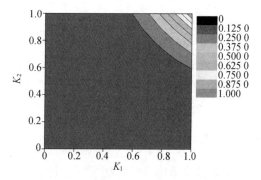

图9.8　承载力与 K 值的关系云图

当 $K_1=K_2=0.8$，由式可计算得到 $P_5 \approx P_1/6$；当 $K_1=0.6, K_2=0.8$ 时，$P_5 \approx P_1/19$；当 $K_1=K_2=0.5$ 时，则 $P_5 \approx P_1/26$。显而易见，当 K 取值小于 0.8 时，加载次数 $n>5$ 时，承载力由于加载次数增加得到的提高不明显，因此实际工程中 n 的取值不应超过 5，具体取值应根据荷载的实际可分性和工程条件的可行性确定。根据国内外已有的多次预应力工程实践经验，加载次数以 $n=2$ 或 $n=3$ 为宜[9.3]。

由加载开始的结构受力：

$$P_1=\frac{N_1}{C_1}, P_i=\frac{1}{C_1}(N_2+K_2N_1)K_2^{i-2}K_1^{i-1} \quad (i=2,3,\cdots,n) \tag{9.8}$$

令两种加载方案的承载力之间的差值 $\Delta P=P_I-P_{II}$，则有

$$\Delta P_1=\frac{K_1N_2}{C_1} \tag{9.9}$$

$$\Delta P_i=\frac{1}{C_1}\left(K_1N_2-\frac{N_2}{K_2}\right)(K_1K_2)^{i-1}=\frac{K_1N_2}{C_1}\frac{(K_1K_2)^{i-2}}{K_1K_2-1} \quad (i=2,3,\cdots,n) \tag{9.10}$$

设 $0<K_1,K_2<1$，有：

$$\sum_{i=1}^{n}\Delta P_i=\frac{K_1N_2}{C_1}\left(1+\frac{\sum_{i=2}^{n}(K_1K_2)^{i-2}}{K_1K_2-1}\right)=\frac{K_1N_2}{C_1}(K_1K_2)^{n-1}=\Delta P_1(K_1K_2)^{n-1} \tag{9.11}$$

由式(9.11)可知，$\sum_{i=1}^{n}\Delta P_i$ 始终是大于 0 的正数，也即说明第一种方案的承载力始终大于第二种方案，但是随着加载次数的增加，$\sum_{i=1}^{n}\Delta P_i$ 不断衰减，其衰减程度视 K_1 和 K_2 的具体取值而定。假设加载次数 n 趋于无穷大，则有：

$$\lim_{n\to\infty}\sum_{i=1}^{n}\Delta P_i=\Delta P_1\lim_{n\to\infty}(K_1K_2)^{n-1}=0 \tag{9.12}$$

因此，两种加载方案下，P 的极限值 P_{cr} 相等，可由下式计算：

$$P_{cr}=\lim_{n\to\infty}P=\frac{1}{C_1}(N_1+K_1N_2)\lim_{n\to\infty}\sum_{i=1}^{n}(K_1K_2)^{i-1}=\frac{N_1+K_1N_2}{C_1(1-K_1K_2)} \tag{9.13}$$

由上式可以看出，P_{cr} 只与 K_1、K_2、N_1、N_2 和 C_1 有关，而这些参数的取值都取决于结构形状特性和构件强度。

综上所述，预应力施加的次数不宜过多，以 $n=2$ 或 $n=3$ 为宜；理论上始于拉索张拉的施加方案下的结构承载力总是大于始于加载的施加方案，不过实际工程中，自重总是最先作用于结构之上的，因此实际的施加方案总是由加载开始的。

9.1.3 优化模型求解的三级优化思路

拉索预应力网格结构的优化设计，属于有约束非线性规划问题。仔细分析优化设计变量，不难发现杆件面积、拉索面积和预应力作用对目标函数影响的性质是不统一的。杆件面

积和拉索面积直接影响目标函数结构造价,预应力的作用则对目标函数产生间接的影响,而拉索面积同时又影响预应力的作用。研究表明,如将预应力作用和杆件截面尺寸同时优化,往往会带来求解矩阵的病态,这种病态正是由于预应力作用和杆件截面尺寸在性质上的差异造成的。因此如直接同时对所有的设计变量进行优化,则很难建立合适的优化方法,不能保证优化过程的收敛性,优化得到的结果也不可靠。比较有效的解决办法是采取分级优化方法,即将具有同一性质的设计变量归于同一优化级别,根据各级优化问题的特点建立相应的各级优化算法,最后依据一定的逻辑关系将各级优化算法组织起来,形成整体问题的解法。基于上述思想,本书建立了预应力钢结构优化设计模型的三级优化方法,其逻辑关系及流程示意如图 9.9 和图 9.10 所示:

图 9.9　三级优化方法逻辑关系图

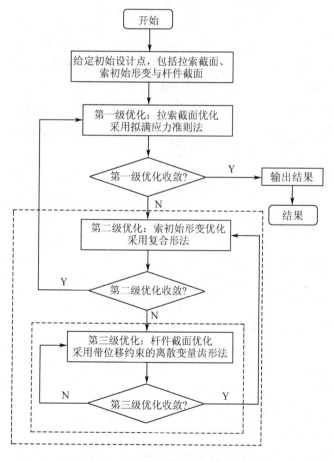

图 9.10　三级优化方法的流程示意图

（1）第一级优化（拉索截面变量优化）

$$\min I = I(A_s)$$
$$\text{subject to } A_s \leqslant A_s \leqslant \overline{A}_s \text{ and } \sigma_{si,max} < [\sigma_s]$$

(9.14)

式中：$\sigma_{si,max}$ 表示第 i 根拉索在各种荷载工况作用下和结构实施过程各阶段的最大应力。

（2）第二级优化（索初始形变变量优化）

$$\min I = I(D) = \sum_{i=1}^{n} A_{gi} l_{gi} + G_s \sum_{i=1}^{p} \frac{A_{s0} l_{si} \sigma_{si,max}}{[\sigma_s]}$$

(9.15)

$$\text{subject to } D \geqslant 0 \text{ and } \sigma_{si,min} > 0$$

式中：$\sigma_{si,min}$ 表示第 i 根拉索在各种荷载工况作用下和结构实施过程各个阶段的最小索应力，A_{s0} 为进行该级优化时所固定的拉索截面的取值。

（3）第三级优化（杆件截面变量优化）

$$\min I_g = I_g(A_g) = \sum_{i=1}^{n} A_{gi} l_{gi}$$

(9.16)

$$\text{subject to } \delta \leqslant [\delta] \text{ and } \sigma_{gi} \leqslant [\sigma_g] \text{ and } A_{gi} \leqslant A_{gi} \leqslant \overline{A}_{gi}$$

式中：σ_{gi} 表示第 i 根杆件在各种荷载工况作用下和结构实施过程各个阶段的最大应力。

在正确实施分级优化方法之前，需要明确优化方法中各层次优化级别的相互关系。从图 9.9 所示三级优化方法的逻辑关系中可看出，在分级优化思想中，各优化级别之间的关系是一种包含与被包含的关系。高层次优化级别包含低层次优化级别，反过来，低层次优化级别则以子优化的形式包含于高层此优化中。因此只有在高层次的设计变量确定之后，低层次的优化设计才能够进行，而低层次的优化结果则作为高层次优化目标函数部分或全部计算值，供高层次优化时使用。

可以想象，只要建立起各级别优化设计时适合的优化方法，则依据分级优化各级别间的逻辑联系组成的整体优化方法必然能够收敛，是一种非常稳定的优化方法。由此可见分级优化方法最大的优点是将原优化设计问题分解成若干级别规模较小而且容易求解的子问题，而各级别设计变量在性质上和数值上是统一的，保证了优化方法的收敛性和稳定性。不过，分级优化的思想也使分级优化方法具有一个固有的缺点：由于将不同级别的变量分开来进行优化，由此削弱了各级优化设计变量间的耦合关系，得到的优化解一般并不是理论意义上原优化问题真正的最优解或全局最优解，而是局部最优解[9.4]。不过由于现阶段结构优化设计方法的研究进展并没有提供比分级优化思想更适合拉索预应力空间网格结构设计的优化思想，而且即便是最基本的杆件截面的优化方法也未建立起有效的求解全局最优解的优化方法，因此虽然分级优化方法大部分情况下不能得到原优化设计问题的最优解，但是至少能够保证优化过程非常稳定地收敛于较好的局部最优解，对于工程设计仍然具有很强的实用性，是现阶段预应力空间网格优化设计的最佳选择。

由于分级优化方法的需要，拉索截面和杆件截面须处于不同的优化层次，因此在第三级优化即杆件截面变量优化中，目标函数中只考虑杆件造价，并没有出现拉索部分的造价。不过在第二级优化即索初始形变变量优化中，则将杆件造价与按照拉索最大应力与允许应力的比值调整后的拉索造价结合在一起作为该级优化目标函数,这样做是为了避免进行索初始形变优化时收敛到高的索初始形变值。因为在杆件截面优化结果相等的情况下有可能出现不同的索初始形变值,而且有时候杆件截面优化结果得到的索初始形变值很高,但是这样的结果仅仅考虑了结构造价中杆件截面那部分的影响,而没有考虑到拉索截面部分对造价的影响。实际上完整的结果造价应该由杆件造价和拉索造价组成。如果索初始形变越大,则索力最大值越大,从而需要的索截面积也越大,拉索截面造价也越高。因此在第二级优化中采用经应力比调整后的拉索截面来考虑拉索造价部分对结构整体造价的影响,这样就可以避免收敛于较高的索初始形变值,而拉索截面优化则在第一级优化中进行。

9.1.4　各级优化方法

1) 第三级优化方法——杆件截面优化

杆件截面属于离散型设计变量,因此必须采用离散型设计变量的优化方法。在拉索预应力网格结构中,杆件数目通常很多,即使采用"变量连接"的做法,其优化设计变量的规模也仍然较大,并且在通过"变量连接"处理后,虽然能够减少设计变量数目,但由于对设计变量之间人为强制赋予了联系,降低了优化过程中优化解的搜索空间,因此也会降低优化解方案的有效性。因此,对于拉索预应力网格结构杆件截面优化设计这样大规模的优化问题,数学规划法是不实用的,且对于很多实际问题常常无能为力。在现有的杆件截面尺寸优化算法中,最优准则法的计算效率具有相当的优势,其中的满应力设计法是应用最为广泛且计算效率最高的准则法。

但是应用满应力设计法,首先必须抛弃变量离散的前提。近些年来,拟满应力设计法[9.5]的提出在一定程度上解决了这个问题。拟满应力准则法的思想是将所有可以选用的杆件截面按照从小到大的升序原则形成杆件截面库,然后通过调整杆件截面面积使得杆件在荷载作用下的最大杆件应力值达到或者接近于允许最大容许应力,调整的原则是根据杆件最大应力与允许应力的比值在杆件截面库中搜索满足应力限制要求的最小杆件截面面积。拟满应力法实质上仍是满应力设计的思想,只是融入了离散截面搜索的方法,但由于满应力法本身并不能处理含位移约束的优化问题,而预应力空间网格结构中预应力对结构位移的控制是不能忽视的,因此直接采用拟满应力设计法并不能达到真正优化结构设计的目的。在最优准则法中,带位移约束的齿行法能够考虑位移约束,并且具有较高的计算效率[9.6]。因此,本节将拟满应力法处理杆件截面离散设计变量的思想与带位移约束的齿行法结合起来,形成带位移约束的离散变量齿行法。与带位移约束的连续变量齿行法类似,带位移约束的离散变量齿行法也包括三个关键技术步骤:射线步、满应力步和满位移步。

第一步:射线步

设 A_{gi}^k 为第 i 个杆件截面设计变量在第 k 次优化循环时的截面面积,则通过结构分析可求出各种荷载工况作用下的结构最大挠度 δ^k 和杆件最大应力为 σ_{gi}^k,检验所有位移约束和应力约束,求出它们与各自允许最大值的比值:

应力比
$$\beta_i^k = \frac{\sigma_{gi}^k}{[\sigma]} \tag{9.17}$$

位移比
$$\gamma^k = \frac{\delta^k}{[\delta]} \tag{9.18}$$

凡比值大于 1 的约束即遭违反。可找出这些比值中的最大值 $R^k_{\max} = \max(\beta^k_i, \gamma^k)$，与其相应的约束为最严约束。采用 $R^k_{\max}$ 对杆件截面进行调整，此时引入拟满应力的思想：

$$A^*_{gi} \geqslant A^k_{gi} R^k_{\max} \quad 且 \quad \overleftarrow{A^*_{gi}} < A^k_{gi} R^k_{\max} \tag{9.19}$$

式中：A^*_{gi} 为调整后的杆件截面面积；$\overleftarrow{A^*_{gi}}$ 为在杆件截面库中以 A^*_{gi} 反向搜索（即降序方向）的下一个拉索截面面积值；后面的式子表示 A^*_{gi} 为满足杆件应力限制要求的最小杆件截面积，是拟满应力思想的体现。按下式求相对应力比和相对位移比：

$$\beta'^k_i = \frac{\beta^k_i}{R^k_{\max}}, \qquad \gamma'_k = \frac{\gamma_k}{R^k_{\max}}$$

第二步：拟满应力步

若射线步中最严约束为杆件应力约束，则以拟满应力准则来修改设计变量：

$$A^{k+1}_{gi} \geqslant A^*_{gi} (\beta'^k_i)^\alpha \quad 且 \quad \overleftarrow{A^{k+1}_{gi}} < A^*_{gi} (\beta'^k_i)^\alpha \tag{9.20}$$

式中：$\alpha < 1$ 是控制步长的阻尼指数，与满位移步中 α 取相同值，以避免收敛的振荡现象。

第三步：拟满位移步

若射线步中最严约束为结构挠度约束，令 $I_g = \sum\limits_{i=1}^{n} \rho_{gi} A_{gi} l_{gi}$，则借鉴拟满应力法的思想，以拟满位移准则来修改设计变量，采用下式进行迭代：

$$A^{k+1}_{gi} \geqslant A^*_{gi} \left(\frac{I_g}{[\delta]} \cdot \frac{N_i N^q_i}{\rho_{gi} A^2_i E} \right)^\alpha, \qquad \overleftarrow{A^{k+1}_{gi}} < A^*_{gi} \left(\frac{I_g}{[\delta]} \cdot \frac{N_i N^q_i}{\rho_{gi} A^2_i E} \right)^\alpha \tag{9.21}$$

式中：N_i 为各种荷载工况作用下第 i 根杆件的最大内力；N^q_i 为结构挠度点施加单位虚荷载在第 i 根杆件中产生的内力；α 为控制步长的阻尼指数，经验表明 $\alpha = 0.2$ 时的效果较好，在优化过程中也可以按收敛情况任其自动变化。

第四步：收敛准则

当优化过程接近最优解时，由于设计点在不同的最严约束间跳跃（即最严约束面的交点附近），因此优化过程有时会出现目标函数的振荡现象，因此可令收敛准则为：

$$\left| 1 - \frac{W^{k+2}}{W^k} \right| \leqslant \varepsilon \tag{9.22}$$

其中 W^{k+2} 为第 $k+2$ 次迭代后位于可行域边界上的迭代点所对应的重量值；W^k 为第 k 次迭代后位于可行域边界上的迭代点所对应的重量值；收敛容差 ε 一般取 0.01。

2）第二级优化方法——索初始形变优化

第二级优化方法即索初始形变优化，可采用约束非线性优化方法中的复合形法。复合形法是求解约束优化问题的一种重要的直接解法，在结构优化设计中应用较为广泛。复合形法的基本思想[9.7]来源于线性规划中的单纯形法思想，其基本思路（图 9.11）是在 n 维受非线性

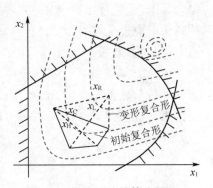

图 9.11 复合形法的算法原理

约束的设计空间内,由 $K \geqslant (n+2)$ 个定点(当 n 较小时,可取 $K=2n$ 或 $K=n^2$;当 n 较大时可取 $K=n+2$)构成多面体,称为复合形。然后对复合形的各顶点函数值统一进行比较,不断丢掉函数值最劣的顶点,代入满足约束条件,且函数值有所改善的新顶点,如此重复,逐步逼近最优点为止。复合形由于不必保持规则图形,对目标函数及约束函数的性状又无特殊要求,且它在探求最优解的过程中,检验了整个可行域,因此所求结果可靠,收敛较快。因此该法的适应性较强。

复合形法的关键技术包括初始复合形的形成、复合形的搜索方法以及复合形法的收敛准则[9.7]。下面分别进行讨论。

初始复合形的形成

复合形法是在可行域内直接搜索最优点,因此要求初始复合形在可行域内生成,即复合形的 K 个顶点必须都是可行点。理论上可由设计者决定 K 个可行点构成初始复形。但当设计变量较多而约束函数较复杂时,由设计者决定 K 个可行点常常很困难。因此,比较常用的处理方法是利用随机数产生初始复形的顶点,若用 K 表示复合形顶点个数,n 表示设计变量的个数,则复合形各顶点按下式计算:

$$x_i^k = a_i + r_{ki}(b_i - a_i) \qquad k=1,2,\cdots,K \quad i=1,2,\cdots,n \tag{9.23}$$

式中:a_i 和 b_i 分别为设计变量的下限和上限;r_{ki} 为在区间(0,1)中服从均匀分布的一个随机数,可通过计算机产生。显然,这样利用随机数产生的顶点必定满足设计变量边界约束条件 $a_i \leqslant x_i \leqslant b_i$,但不一定满足不等式约束条件,一般还需要对随机产生的复合形顶点进行复核,检查是否在可行域内,如不在可行域内,则重新产生随机数,调整原复合形顶点值,直至满足要求。但是在索初始形变优化级别中,只存在设计变量边界约束条件,没有不等式约束条件,而且索初始形变设计变量下限值 a_i 为零,一般没有上限值,因为该级优化的目标函数总能保证优化过程收敛于较小的索初始形变值,因此在随机产生初始复合形顶点时,可假定一个较高的索初始形变上限值 b_i,利用式(9.20)生成的复合形顶点必然能够满足要求。

复合形搜索策略

在可行域内生成初始复合型后,将采用不同的搜索策略来改变其形状,使复合形逐步向约束最优点趋近。改变复合形形状的搜索方法主要有以下几种:

① 反射策略。反射是改变复合形形状的一种主要策略,它首先计算复合形所有顶点处的目标函数值,并从中找出函数值最大的点,即最坏点 X_H,然后计算去掉 X_H 后其余各顶点的中心:

$$X_C = \frac{1}{K-1}\left(\sum_{j=1}^{K} X_j - X_H\right) \tag{9.24}$$

从统计的观点来看,一般情况下,最坏点 X_H 和中心点 X_C 的连线方向为目标函数的下降方向。为此,以 X_C 点为中心,将最坏点 X_H 按一定比例进行反射,则可能找到比最坏点的目标函数值更小的新点 X_R,也称为反射点,其计算公式如下:

$$X_R = X_C + \alpha(X_C - X_H) \tag{9.25}$$

式中:α 称为反射系数,一般取 1.3。若反射点 X_R 满足约束条件(本节优化模型中即设计变量边界约束条件),且 $f(X_R) < f(X_H)$,则用 X_R 取代 X_H 构成新的复合形,完成一次迭代;如果 X_R 不满足约束条件或 $f(X_R) < f(X_H)$,则将 α 值缩小 0.7 倍,再代入式计算,若仍不可行,则继续缩小 α 直至 X_R 可行为止。

② 扩张策略。当求得的反射点 X_R 为可行点,且目标函数值下降较多,例如 $f(X_R) < f(X_C)$,则沿反射方向继续移动,即采用扩张的方法,可能找到更好的新点 X_E,也称为扩张点。其计算公式为:

$$X_E = X_R + \gamma(X_R - X_C) \tag{9.26}$$

式中:γ 为扩张系数,一般取 $\gamma = 1$。若扩张点 X_E 为可行点,且 $f(X_E) < f(X_R)$,则称扩张成功,用 X_E 取代 X_R 构成新的复合形,否则称扩张失败,放弃扩张,仍用原反射点 X_R 取代 X_H,构成新的复合形。

③ 收缩策略。若在中心点 X_C 以外找不到好的反射点,则可在 X_C 以内,即采用收缩的方法寻找较好的新点 X_S,也称为收缩点。其计算公式为:

$$X_S = X_H + \beta(X_C - X_H) \tag{9.27}$$

式中:β 为收缩系数,一般取 $\beta = 0.7$。若 $f(X_S) < f(X_H)$,则称收缩成功,用 X_S 代替 X_H,构成新的复合形。

④ 压缩。若采用上述各种方法均无效,还可以采取将复合形各顶点向最好点 X_L 靠拢,即采用压缩的方法来改变复合形的形状。压缩后的各顶点的计算公式为:

$$X_j = X_L - 0.5(X_L - X_j) \qquad j = 1, 2, \cdots, K; j \neq L \tag{9.28}$$

然后再对压缩后的复合形采用反射、扩张或收缩等方法,继续改变复合形的形状。

除上面四种复合形的搜索策略外,还可以采用旋转等方法来改变复合形状,不过那将会使复合形法的结构过于复杂,计算效率和可靠性反而会降低。依据笔者分析经验,采用上述反射、扩张、收缩和压缩的复合形搜索策略,对于拉索预应力网格结构优化设计已可以胜任,因此建议不要采用更为复杂的复合形搜索策略(如旋转策略)。

收敛判别准则

复合形法的收敛判别准则较多,最常见的为复形顶点目标函数值应满足下列条件:

$$\left\{ \frac{1}{K} \sum_{j=1}^{K} \left[f(X_j) - f(\overline{X}_C) \right]^2 \right\}^{\frac{1}{2}} < \varepsilon \tag{9.29}$$

式中:$f(\overline{X}_C)$ 为复形中心点的函数值,其中 $\overline{X}_C = \dfrac{1}{K} \sum_{j=1}^{k} X_j$,$\varepsilon$ 为一正的小数,理论上一般取 $10^{-5} \sim 10^{-7}$,不过 ε 太小时,优化过程的后期收敛会相当慢。式(9.26)采用绝对误差作为判别收敛准则,但是对于不同的问题,其优化解在绝对数值的量级上存在差异,ε 的设置也应对不同的问题进行不同的处理,因此采用绝对误差不利于复合形优化方法的统一处理。笔者建议采用相对误差作为判别收敛准则,即将式(9.26)转变为下式:

$$\left\{ \frac{1}{K} \sum_{j=1}^{K} \left[1 - \frac{f(X_j)}{f(\overline{X}_C)} \right]^2 \right\}^{\frac{1}{2}} < \varepsilon \tag{9.30}$$

利用式(9.27)作为收敛判别准则可对所有的分析问题设置统一的 ε,从而给优化分析带来了较大的方便。ε 不宜取得太小,因为从实际工程应用的角度来讲,并不需要为了追求过高的精度而增加较多的计算量,在预应力空间网格结构优化设计中,ε 一般取 0.01 即可完全满足精度要求。

复合形法的计算步骤

基于反射、扩张、收缩和压缩策略的复合形法的计算步骤如下:

① 选择复合形的顶点个数 K,在可行域内构成具有 K 个顶点的初始复合形。

② 计算复合形各顶点的目标函数值,比较其大小,找出最好点 X_L、最坏点 X_H 及次坏点 X_G。

③ 计算除去最坏点 X_H 以外的 $K-1$ 个顶点的中心 X_C。采取反射策略,寻求反射映像点 X_R,计算 X_R 的目标函数值,判断反射是否成功,如不成功,则改变反射系数 α 的值,直至反射成功。然后以 X_R 取代 X_H,构成新的复合形。

④ 若反射策略成功,且反射点 X_R 的目标函数值与最坏点 X_H 的目标函数值相比下降较多,则进一步采取扩张策略,寻求扩张点 X_E,计算扩张点的目标函数值,判断扩张是否成功,若扩张成功,则以 X_E 代替 X_R 构成新的初始复形;若扩张失败则放弃扩张,仍用原反射点 X_R 取代 X_H,构成新的复合形。

⑤ 若在中心点 X_C 以外找不到好的反射点,则采取收缩策略,寻求收缩点 X_S,计算收缩点 X_S 的目标函数值,判断收缩是否成功,若收缩成功,则以 X_S 代替 X_H,构成新的复合形。

⑥ 若收缩失败,则采用压缩策略,计算压缩后的各复形顶点坐标值,然后对压缩后的复合形采用反射、扩张或收缩等搜索策略,继续改变复合形的形状。

⑦ 判断是否满足收敛条件。若满足,则计算终止。最优解为:$X^* = X_L$,$f(X^*) = f(X_L)$。否则转回步骤②,继续进行复合形搜索,直至满足收敛要求。

3) 第一级优化——拉索截面优化

第一级优化即拉索截面级优化属于离散型变量优化设计,可借鉴拟满应力准则法的思想,首先将所有可以选用的拉索截面积按照从小到大的升序原则形成拉索截面库,然后通过调整拉索截面面积使得拉索在荷载作用下的最大索力值达到或者接近于允许最大索应力,调整的原则是根据拉索最大应力与允许应力的比值在拉索截面库中搜索满足应力限制要求的最小拉索截面面积,即以下式对拉索截面进行调整优化:

$$A_{si,k+1} \geqslant \frac{A_{si,k}\sigma_{si,\max}}{[\sigma_s]} \quad \text{且} \quad \overleftarrow{A}_{si,k+1} \leqslant \frac{A_{si,k}\sigma_{si,\max}}{[\sigma_s]} \tag{9.31}$$

式中:$A_{si,k}$ 为第一级优化前一轮迭代时所采用的拉索截面面积;满足上述要求的 $A_{si,k+1}$ 即为调整后的拉索截面面积,也是第一级优化该轮迭代时所采用的拉索截面面积,$\sigma_{si,\max}$ 为前一轮迭代时分析得到的拉索最大索应力;$\overleftarrow{A}_{si,k+1}$ 为 $A_{si,k+1}$ 反向搜索(即降序方向)的下一个拉索截面面积值,后式是表示 $A_{si,k+1}$ 为满足索应力限制要求的最小拉索截面积。

9.1.5　数值算例

(1) 索拱结构的优化

如图 9.12,单榀索拱桁架结构跨度 128 m,索垂度 $f=3.7$ m,拱矢高 $h=8.8$ m,拱截面采用倒三角形式,截面高 2.6 m,撑杆间距 18.6 m,杆件与拉索的弹性模量均为 $E_s=206$ kN/mm²,密度 $\rho=78.5$ kN/m²,杆件材料强度为 $\sigma_u=345$ N/mm²,索强度 $f_{ptk}=1570$ N/mm²,杆件允许最大应力 $[\sigma_g]=0.7\sigma_u=241.5$ N/mm²,拉索允许最大应力 $[\sigma_s]=0.6f_{ptk}=942$ N/mm²,最大允许位移为结构跨度的 1/350。

荷载取值如下:恒荷载:三角拱上弦每个节点作用 35.3 kN 向下的集中荷载,下弦每个节点作用 28.2 kN 向下的集中荷载;活荷载:三角拱上弦每个节点作用 18.0 kN 向下的集中荷载;风荷载:三角拱上弦每个节点作用 18.0 kN 向上的集中荷载。

考虑荷载工况为:① 1.2 恒荷载+1.4 活荷载;② 1.0 恒荷载+1.4 风荷载;③ 1.2 恒荷载+1.4 活荷载+0.85×1.4 风荷载。

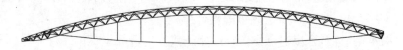

图 9.12　单榀索拱架结构示意图

图 9.13 为在不同拉索截面下结构重量与索初始形变的关系曲线,可以看到曲线存在极小值点,也即存在最优的索初始形变取值使得结构的重量达到最小。采用前述的三级优化方法,利用有限元程序 ANSYS 的 APDL 语言编制了考虑预应力实施过程的全过程优化设计程序,对该结构不考虑实施过程(NCPO)与考虑实施过程(NCPO)的对比优化分析。表 9.1 给出了 NCPO 优化迭代分析的过程和结果,表 9.2 给出了不同撑杆数目情况的 NCPO 优化结果,图 9.14 为结构重量与撑杆数目的关系,表 9.3 给出了 NCPO 与 CPO 优化模型的优化结果对比。可以看到,三级优化方法的求解效率较高,适合大规模结构的优化分析。撑杆数目对结构优化结果的影响较大,结构重量随撑杆数目的增加先减少后增加,因此存在最优的撑杆数目取值,对本算例结构为 7。NCPO 优化模型的结果总是不大于 CPO 优化模型的结果,这与前面的理论分析是一致的,CPO 优化模型的结果依赖于预应力的具体实施过程,多次预应力方案的优化结果总是不大于单次预应力方案的优化结果的,这与理论分析是一致的。

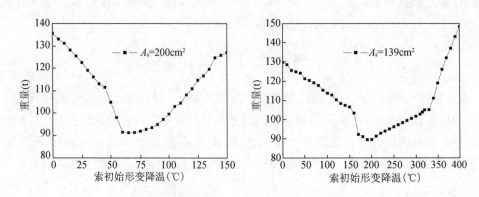

图 9.13　结构重量与索初始形变的关系曲线

表 9.1　NCPO 模型优化迭代过程结果

拉索截面迭代过程	复形法迭代过程	索初始形变降温(℃)	结构总造价(kg)	最大位移/跨度
$A_{s0}=200\ cm^2$	初始复形	30.56	108 855	1/350
		108.56	104 278	1/398
		122.40	112 346	1/476
		79.52	92 698	1/390
优化结果最大 索应力为 435 MPa	1	71.36	91 292	1/358
	2	63.26	91 034	1/370
	3	65.89	90 985	1/372
	4	65.15	90 365	1/372
$A_{s1}=A_{s0}\times653/942$ $=138.5(cm^2)$	初始复形	174.48	92 875	1/376
		152.86	106 108	1/368
		60.80	120 238	1/350
		298.45	102 588	1/436
优化结果最大 索应力为 619MPa 基本满应力	1	205.65	91 299	1/368
	2	185.16	90 562	1/350
	3	193.25	89 664	1/350
	4	196.72	89 455	1/350

表 9.2　不同撑杆数目情况的 NCPO 优化结果

撑杆数目	1	3	5	7	9	11	13	15	17	19
优化结果(kg)	118 260	103 680	90 326	85 698	87 846	89 455	90 265	90 982	91 282	91 636

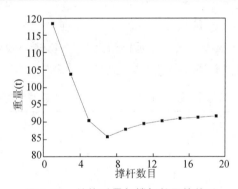

图 9.14　结构重量与撑杆数目的关系

表 9.3　NCPO 与 CPO 优化模型的优化结果对比

优化模型			结构重量(kg)
NCPO 优化模型			89 455
CPO 优化模型	单次预应力	自重→预应力→全部恒载	92 642
		自重+1/2 恒载→预应力→全部恒载	91 056
	多次预应力	自重→预应力→1/2 恒载→预应力→全部恒载	89 862

（2）拉索预应力网壳的优化

如图 9.15 所示,某拉索预应力网壳结构,结构跨度 90 m×99 m,99 m 跨方向为一圆弧曲线,矢高 1.6 m,网格形式为正放四角锥。网壳跨中厚度为 5 m,边缘厚度约 2.24 m。杆件与拉索的弹性模量均为 $E_s = 206 \ \text{kN/mm}^2$，密度 $\rho = 78.5 \ \text{kN/m}^2$，杆件材料强度为 $\sigma_u = 345 \ \text{N/mm}^2$，索强度 $f_{ptk} = 1\,570 \ \text{N/mm}^2$，杆件允许最大应力 $[\sigma_g] = 0.7\sigma_u = 241.5 \ \text{N/mm}^2$，拉索允许最大应力 $[\sigma_s] = 0.4 f_{ptk} = 628 \ \text{N/mm}^2$，最大允许位移为结构跨度的 1/350。

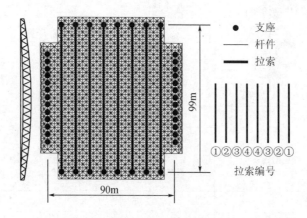

图 9.15　算例结构示意图

荷载取值如下：恒荷载：网架上弦层屋面系统荷载 $0.4 \ \text{kN/m}^2$、下弦层吊挂荷载 $0.3 \ \text{kN/m}^2$；活荷载：$0.5 \ \text{kN/m}^2$；风荷载：基本风压 $0.35 \ \text{kN/m}^2$。

考虑荷载工况为：① 1.2 恒荷载＋1.4 活荷载；② 1.0 恒荷载＋1.4 风荷载；③ 1.2 恒荷载＋1.4 活荷载＋0.85×1.4 风荷载。

考虑预应力的实施过程为以下两种方案：① 单次预应力方案：自重→预应力→全部恒载；② 两次预应力方案：自重→预应力→1/2 恒载→预应力→全部恒载。在预应力阶段考虑如下的张拉顺序：从中间往两边采取对称张拉的方案，每次张拉两根预应力索。令 $G_s = 1.0$，采用编制的三级优化程序对上述算例进行优化分析，结果如表 9.4～表 9.6 所示。

表 9.4　单次预应力实施方案的三级优化方法优化过程示意

拉索截面迭代过程	复形法迭代过程	索初始形变(cm)				结构总造价(kg)	最大位移/跨度
		D_1	D_2	D_3	D_4		
$A_{s01} = A_{s02} = A_{s03} =$ $A_{s04} = 20 \ \text{cm}^2$ $\sigma_1 = 289.6 \ \text{MPa}$ $\sigma_2 = 425.7 \ \text{MPa}$ $\sigma_3 = 691.6 \ \text{MPa}$ $\sigma_4 = 862.5 \ \text{MPa}$	初始复形	9.17	9.12	18.29	220.9	308 853	1/350
		32.57	59.76	55.79	50.94	325 689	1/423
		36.72	31.86	39.16	13.67	317 676	1/381
		18.42	40.74	53.25	26.72	305 567	1/390
		17.75	12.42	28.22	31.34	292 543	1/365
		22.92	25.07	96.33	11.74	304 156	1/350
	1	26.37	40.38	38.69	41.26	322860	1/396
	2	30.89	53.65	34.65	32.69	321 787	1/411
	3	296.8	410.6	420.5	402.8	319 635	1/386
	4	284.6	508.4	364.5	426.5	310 938	1/385
	5	275.3	465.2	403.8	258.7	314 307	1/362
	6	216.8	461.9	234.6	214.8	321 743	1/375

拉索截面迭代过程	复形法迭代过程	索初始形变(cm)				结构总造价(kg)	最大位移/跨度
		D_1	D_2	D_3	D_4		
	7	160.9	420.7	189.6	269.5	304 468	1/365
	8	186.5.	337.6	219.5	301.3	295 817	1/360
	9	139.7	268.2	287.6	320.6	300 913	1/378
	10	121.6	189.7	308.6	346.8	284 191	1/358
	11	12.58	19.35	29.65	35.97	279 653	1/365
$A_{s11}=9.22$ cm^2 $A_{s12}=13.6$ cm^2 $A_{s13}=22.0$ cm^2 $A_{s14}=27.5$ cm^2 $\sigma_1=572.5$ MPa $\sigma_2=621.8$ MPa $\sigma_3=591.5$ MPa $\sigma_4=616.4$ MPa		27.85	29.65	26.88	27.35	277 149	1/372
$A_{s21}=8.4$ cm^2 $A_{s22}=13.5$ cm^2 $A_{s23}=20.7$ cm^2 $A_{s24}=27.0$ cm^2 $\sigma_1=619.5$ MPa $\sigma_2=627.2$ MPa $\sigma_3=623.5$ MPa $\sigma_4=620.4$ MPa 基本达到满应力要求		30.84	30.12	29.03	28.46	276 585	1/369

表 9.5 与优化设计结果相应的预应力阶段张拉方案(kN)

张拉阶段	①	②	③	④
张拉④	—	—	—	846
张拉③	—	—	765	824
张拉②	—	635	748	816
张拉①	408	623	742	810

表 9.6 两种预应力实施方案的优化结果对比

预应力实施方案	结构重量(kg)
单次预应力:自重→预应力→全部恒载	276 585
多次预应力:自重→预应力→1/2 恒载→预应力→全部恒载	255 846

由表 9.4 可知,第二级优化采用复形法经过 11 次迭代能够收敛,而第 1 级优化则经过三次迭代后拉索应力达到允许应力值,实现了结构的最优设计,可见三级优化方法具有较高的求解效率。同时由于分级优化方法将不同性质的设计变量进行了分级,使得优化过程具有良好的稳定性。

表 9.5 给出了与优化设计结果相应的预应力阶段张拉方案,由于在模型约束条件的求解时采用了全过程分析方法,因此在完成结构设计方案优化的同时,能够自动输出结构的预应力张拉方案,为设计方案的实施提供依据。

表 9.6 中的两种预应力实施方案优化结果对比表明,多次预应力实施方案的优化结果比单次预应力优化结果要更优,预应力实施过程对于优化设计方案的影响在优化模型中得到了体现。

9.2　拉索预应力网格结构的模糊优化设计

在优化模型中,目标函数与约束条件等因素都是对客观事物的人为主观处理,由此使得优化设计模型具有模糊性。如采用确定性分析方法,则不能考虑目标函数与约束条件等模糊性因素[9.8]。本节考虑优化目标函数与约束条件的模糊性,建立拉索预应力网格结构的模糊优化设计数学模型。通过约束水平截集法,将模糊优化模型转化为一系列确定性优化模型,并结合三级优化方法,形成了拉索预应力网格结构的两阶段三级模糊优化设计方法,能够依据结构经济性与安全性平衡的目标求出结构的最优约束水平,从而得到最优的结果设计方案。

9.2.1　模糊优化模型

在模糊环境下,结构的优化设计模型可由式(7.48)表示,其中符号～代表模糊约束条件:

$$\begin{cases} \min w(x) \\ \text{s. t.} \ \ g_j(x) \underset{\sim}{\subset} G_j \qquad (j=1,2,\cdots,J) \end{cases} \tag{9.32}$$

式中:x 为设计变量序列;$w(x)$ 为结构造价(或重量);$g_j(x)$ 为第 j 个约束函数;$\underset{\sim}{G_j}$ 为第 j 个约束函数允许的范围;J 为约束函数的数目。

9.2.2　λ-水平截集法

在模糊集合理论中,λ 截集族 $\{G_\lambda | 0 \leqslant \lambda \leqslant 1\}$ 可看作有可变边界的运动的集合,用它来近似的代替 $\underset{\sim}{G}$,即将一个模糊约束条件集合的问题转化为一系列确定性约束子集的问题进行求解,因此可将式(9.32)定义的模糊优化模型转化为一系列如下所述的确定性优化模型:

$$\begin{cases} \min w(x) \\ \text{s. t.} \ \ g\mu_{G_j}(g_j) \geqslant \lambda \qquad (j=1,2,\cdots,J) \end{cases} \tag{9.33}$$

上述确定性优化模型得到的设计方案 x_λ 可称为"具有 λ 约束水平的优化设计"。如果取不同的 λ 值,就会得到不同的优化设计方案。实际中,为了获取更多的、比较全面的信息,可依次取约束水平 λ 为 $\lambda_1 < \lambda_2 < \cdots < \lambda_n$,这样可以得到 n 个具有不同约束水平的最优设计方案 x_λ 和 w_λ,它们组成了原模糊优化设计问题的"模糊优化解序列"。虽然针对不同的约束水平 λ 得到了不同的最优点,但最优方案只有一个,因此"模糊优化解序列"提供了进行进一步优化的基础。

9.2.3　两阶段优化设计方法

第一阶段:通过 λ 水平截集法将式(9.32)所述的模糊优化模型转化为式(9.33)所示的一系列确定性优化模型,采用确定性优化方法进行求解,由此得到"模糊优化解序列"。

第二阶段:在第一阶段获得的"模糊优化解序列"中,寻找最优解。由于 w_λ 是 λ 的增函数,因此 λ 越小,w_λ 也越小,但这并不代表 $\lambda = 0$ 就是所要求的最优约束水平。由于合理的设计方案不仅要考虑使得结构的初始造价最低,同时也要考虑到约束范围的放宽给结构带来的不利影响。也就是说,最优约束水平的决断应该是综合考虑使目标函数最低和约束水平最大,这样才能使结构达到经济性和安全性的平衡。显然这两个目标是相互矛盾的,因此要通过模糊化的处理方法解决。可将目标函数 w 进行模糊化处理,即将 w 标准化到 $[0,1]$ 区

间所得函数看作 w 的隶属函数 μ_{w}，可以定义

$$\mu_{\mathrm{w}}(\lambda) = \frac{w_1^* - w_\lambda^*}{w_1^* - w_0^*} \tag{9.34}$$

$\mu_{\mathrm{w}}(\lambda)$ 是 λ 的递减函数。在确定最优约束水平时，可使目标函数 $\underset{\sim}{w}$ 和约束条件 $\underset{\sim}{G}$ 交集的隶属度最大为判别准则，即：

$$\underset{\sim}{D} = \underset{\sim}{G} \bigcap \underset{\sim}{w}, \mu_{\mathrm{G}}(\lambda) = \lambda, \max\mu_{\mathrm{D}}(\lambda) = \max\mu_{\mathrm{G}}(\lambda) \bigwedge \mu_{\mathrm{w}}(\lambda) \tag{9.35}$$

式中：$\bigwedge$ 即扎德算子中的取小算子。显然，这样的准则和我们追求结构经济性和安全性平衡的目标是统一的。式(9.35)的含义即要找到 $\lambda^* \in (0,1)$，使得函数 $\mu_{\mathrm{G}}(\lambda)$ 和函数 $\mu_{\mathrm{w}}(\lambda)$ 中的较小值最大，因此，最优约束水平 λ^* 即为 $\mu_{\mathrm{G}}(\lambda)$ 和 $\mu_{\mathrm{w}}(\lambda)$ 两个函数的交点，由此得到判别公式为：

$$\lambda^* = \frac{w_1 - w_{\lambda^*}}{w_1 - w_0} \tag{9.36}$$

也即最优约束水平 λ^* 为下述方程的根：

$$f(\lambda) = \lambda - \frac{w_1 - w_\lambda}{w_1 - w_0} = 0 \tag{9.37}$$

对于式(9.37)的解法，可采用图示求解法，即分别绘出 $\mu_{\mathrm{G}}(\lambda)$ 和 $\mu_{\mathrm{w}}(\lambda)$ 的曲线，在图上直接求出 λ^*；也可基于"模糊优化解序列"拟合得到 $\mu_{\mathrm{w}}(\lambda)$ 的函数表达式，求解方程得到 λ^*，一般采用抛物线拟合即可达到较好的精度。

将两阶段优化方法与前述的预应力网格结构分级优化方法融合，可得到预应力网格结构的两阶段三级模糊优化流程如下：

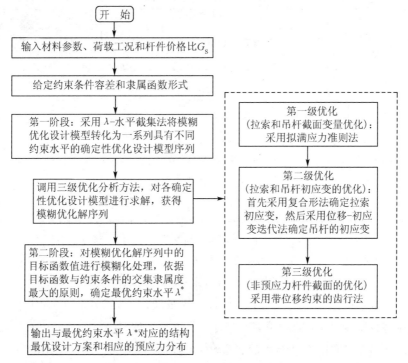

图 9.16　两阶段三级优化方法的流程

9.2.4 数值算例

以第 7.5.1 节中的武汉长江防洪模型试验大厅为例,杆件与拉索的弹性模量均为 $E_s =$ 206 kN/mm²,密度＝78.5 kN/m²,杆件材料强度为 $\sigma_u = 345$ N/mm²,索强度 $f_{ptk} = 1\,570$ N/mm²,杆件允许最大应力$[\sigma_g] = 0.7\sigma_u = 241.5$ N/mm²,拉索允许最大应力$[\sigma_s] = 0.4f_{ptk} =$ 628 N/mm²,最大允许位移为结构跨度的 1/350。恒荷载:网架上弦层屋面系统荷载 0.4 kN/m²、下弦层吊挂荷载 0.3 kN/m²;活荷载:0.5 kN/m²;风荷载:基本风压 0.35 kN/m²。考虑荷载工况为:① 1.2 恒荷载＋1.4 活荷载;② 1.0 恒荷载＋1.4 风荷载;③ 1.2 恒荷载＋1.4 活荷载＋0.85×1.4 风荷载。

该拱支预应力网壳结构共包含 38 根水平拉索和 104 根吊杆,理论上设计变量应为 142 个。但实际上,这些设计变量之间并不是相互独立的。根据设计要求,结构在正常使用阶段吊杆下挂点位移应为零。由于拉索和吊杆的索力大小都会影响吊杆下挂点的位移,因此,拉索和吊杆的预应力取值存在相关性,也即是说,只要拉索初应变确定了,便可根据吊杆下挂点位移为零的设计要求,采用位移—初应变迭代的迭代求解确定吊杆的初应变。此外,根据结构在东西向的对称性,独立的水平拉索变量只有 19 个,因此可将水平拉索的初应变值作为 19 个设计变量。

在进行优化分析时,假定 $G_s = 1.0$,并设定模糊优化模型中的约束条件容差为 10%,约束条件隶属度函数取为指数函数[9.8],分别取约束水平 $\lambda = 0, 0.1, 0.2, 0.3, \cdots, 1$,得到的模糊优化解序列如表 9.7 所示:

表 9.7　模糊优化解序列

λ	$w_\lambda(\times 10^3$ kg)	λ	$w_\lambda(\times 10^3$ kg)
0.0	2 913.86	0.6	3 086.06
0.1	2 928.56	0.7	3 134.36
0.2	2 948.86	0.8	3 188.26
0.3	2 974.76	0.9	3 247.76
0.4	3 006.26	1.0	3 312.20
0.5	3 043.48		

根据模糊优化解序列对 $\mu_w(\lambda)$ 进行抛物线拟合得到:$\mu_w(\lambda) = -0.699\,67x^2 - 1.301\,23^x + 1.000\,23$,由此得到 $\mu_G(\lambda)$ 和 $\mu_w(\lambda)$ 曲线如图 9.17 所示,并可求得最优约束水平 $\lambda^* = 0.585\,8$,此时 $w_{\lambda^*} = 3\,079.61 \times 10^3$ kg,同时可求得相应于最优设计方案的拉索和吊杆的初始应变,进而确定结构在恒荷载作用下的预应力分布,如图 9.18~图 9.20 所示。

由分析结果可以看出,λ 的取值对 w_λ 的优化结果影响较大,最优约束水平对应的结构优化设计方案比 $\lambda = 1$ 时的设计方案节省造价 7%,同时结构的安全性能也能得到保证,这对于大型工程具有重要意义。

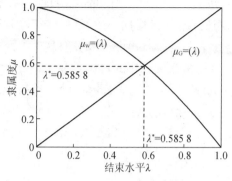

图 9.17 $\mu_G(\lambda)$ 和 $\mu_w(\lambda)$ 曲线

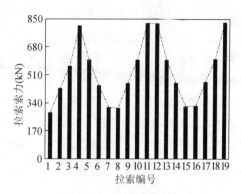

图 9.18 拉索索力分布

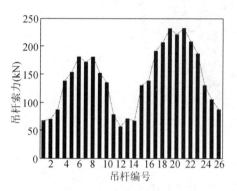

图 9.19 G_1 区吊杆索力分布

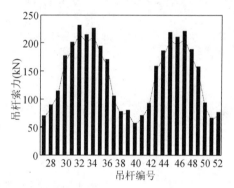

图 9.20 G_2 区吊杆索力分布

由优化得到的预应力分布结果可知,各区之间拉索索力的分布较为均匀,各区内部则离跨中越近,索力越大,这是由于网壳处于四边支撑的受力状态,相对跨中的拉索而言,支撑附近的拉索对结构性能影响较小,因而需要的索力也较小;各区吊杆之间索力分布存在较大差异,G_1 区靠西向的吊杆索力普遍偏小,G_2 区吊杆索力在东西两侧间的分布则较均匀,这是由于 A_1 区网壳有三边支撑于柱上,只有一边支撑于吊杆,而 A_2 区网壳则有两边支撑于吊杆,吊杆与柱相比其支撑能力较弱,因此 A_1 区网壳的支撑条件与整体受力状态均好于 A_2 区网壳,从而 G_1 区西侧吊杆索力小于东侧吊杆索力。对于 G_2 区吊杆而言,由于两侧网壳支撑条件基本相同,因此东西两侧吊杆的索力分布结果也相差不大。在各区一侧内的吊杆,其索力分布基本呈中间大,两端小的规律,这是因为一般而言,索越长则索力越大,但当长度接近时,则不一定如此,如图 9.19 和图 9.20 中的 7、20、33 和 46 号吊杆,虽然均是各区吊杆中的最长索,但其索力比相邻的两根索的索力都要小。

9.3 拉索预应力网格结构的可靠性优化

传统的结构优化设计属于确定性优化设计,即在优化过程中没有考虑构件尺寸、材料性能、施工误差以及荷载等参数的随机性,其优化结果的安全冗余度较低,从可靠度角度讲,传统的优化设计是不尽合理的。考虑到实际工程中有大量不确定性因素的存在,单凭确定性优化得到的设计结果也很难应用于实际工程当中。结构优化设计时考虑概率的因素才更加合理,人们基于这一思想寻求结构最优设计的方法就是基于可靠度的结构优化设计。图 9.21给出了在二维空间内传统优化设计与考虑设计变量随机性优化的区别,传统优化设计确定的最优设计点位于可行域与失效域的交界点上,但当考虑设计变量的随机性时,结构便会有一定的失效概率,见图 9.21 中的阴影面积。基于可靠度优化的目标函数值会比确定性优化得到的结果保守,但是考虑过设计变量的随机性以后,设计变量依然处于可行域之内,所以基于可靠度优化确定的设计点才是既优又安全的设计点。本节在第六章建立的拉索预应力网格结构可靠性分析方法的基础上,以弦支穹顶结构为例,对拉索预应力网格结构的可靠性优化进行初步探讨。

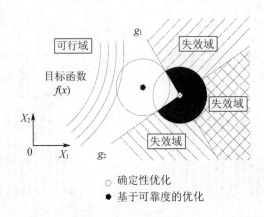

图 9.21　确定性优化与基于可靠度优化的对比

9.3.1　基于可靠度的结构优化数学模型

与传统的确定性结构优化设计类似,基于可靠度结构优化设计的数学模型也包括三大要素:设计变量、目标函数和约束条件。不同之处在于基于可靠度结构优化设计考虑了工程中的不确定性。这种不确定性在其数学模型中表现为在目标函数或约束条件中考虑对结构可靠度的要求,由此可将数学模型分为以下两类:

(1) 约束条件考虑结构可靠度

$$
\begin{cases}
\text{Find } X=[x_1,x_2,\cdots,x_n]^{\mathrm{T}} \in R^n \\
\min f(X)=f(x_1,x_2,\cdots,x_n) \\
\text{s. t. } g_j(X) \leqslant 0 (j=1,2,\cdots,n) \qquad p_f \leqslant [p_f]
\end{cases}
\tag{9.38}
$$

式中:X 为设计变量;$f(X)$ 为目标函数;$g_j(X)$ 为约束条件。约束条件中的 p_f 为失效概率,$[p_f]$ 为允许的失效概率限值。根据 p_f 的具体含义可以将其分为基于构件可靠度的结构优化设计和基于体系可靠度的结构优化设计。

(2) 目标函数考虑结构可靠度

该类型指结构在一定重量或造价的约束条件下,调整设计变量的取值,使得结构或构件具有最大的可靠度。其数学模型为:

$$\text{Find } X=[x_1,x_2,\cdots,x_n]^\mathrm{T}\in R^n$$
$$\min p_\mathrm{f}=p_\mathrm{f}(x_1,x_2,\cdots,x_n) \qquad\qquad (9.39)$$
$$\text{s. t. } g_j(X)\leqslant0(j=1,2,\cdots,n) \qquad c_i\leqslant[c_i](i=1,2,\cdots,n)$$

式中：c_i 为结构的重量或造价，$[c_i]$ 为结构重量或造价的限值，其他参数的含义同上。

在拉索预应力网格结构设计中，一般把结构的重量或造价作为优化的目标，所以本节主要讨论第一种类别的基于结构可靠度的优化设计。

9.3.2　基于可靠度的结构的优化设计方法

基于可靠度的结构优化设计的方法要解决的两个关键问题是可靠度的计算和优化方法的实现，以及可靠度计算模块与优化计算模块的有机集成。实际上基于可靠度的结构优化设计是一个嵌套优化的问题，需要将可靠度计算模块内嵌在优化问题中，每优化一次就要进行一次可靠度计算[9.9]。其一般的流程见图 9.22。

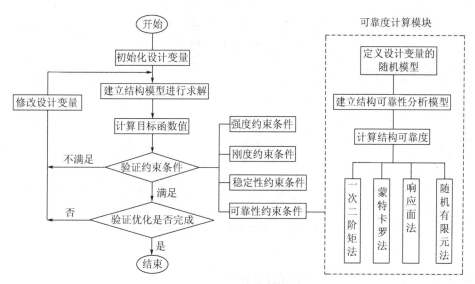

图 9.22　基于可靠度的结构优化设计流程

在求解时，以外层的优化模块对设计变量的优化迭代为主，当目标函数或约束条件需要可靠度结果时，暂停外层优化，转而调用可靠度计算模块计算对应于当时设计变量取值的结构可靠度，然后将计算结果反馈给外层的优化模块，外层优化模块恢复正常的计算，继而根据采用的优化算法确定搜索方向和步长，寻找到一个新的设计点。一直重复上述过程直至最终收敛[9.10]。但该算法的计算效率较低，有时候甚至无法收敛。通常拉索预应力网格结构可靠度分析所需要的计算时间较长，因此基于可靠度的结构优化设计计算时间更令人惊叹。为了解决计算效率与收敛性的问题，很多研究通过解耦的方法将可靠度分析和优化分析区分开来，分开进行计算以降低计算时间。本节便基于解耦的思想，将拉索预应力网格结构的优化分析与可靠度分析分开进行，并以弦支穹顶结构为例，使用 ANSYS 中基于 APDL 语言的二次开发技术，编写了弦支穹顶结构的优化程序和可靠性计算程序，并在此基础之上完成了对弦支穹顶结构的可靠度优化设计。基本的方法流程见图 9.23。

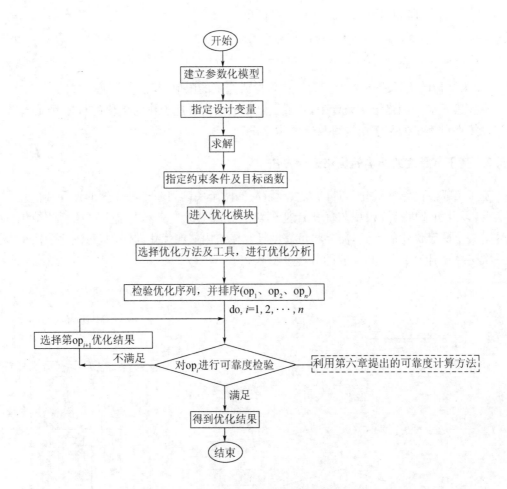

图 9.23　本节采用方法的流程图

9.3.3　基于 APDL 的 ANSYS 有限元优化技术

基于 APDL 的 ANSYS 有限元技术是 APDL 技术的延伸和拓展,该技术必须借助于 APDL 实现参数化有限元分析过程才能实现。

ANSYS 基于有限元的优化设计技术是在满足设计要求的条件下,利用优化工具搜索最优设计方案。最优设计方案是一个满足所有设计要求的最经济、高效率的设计方案。在实际的工程应用中,经常会遇到使结构重量、体积、内力、造价尽量最小化的问题,同时还要保证材料在允许的工作范围内工作,结构的刚度、稳定性、振动幅值等指标也要满足一定的要求。ANSYS 中的优化设计技术便是解决该问题的有力工具。基于参数化有限元分析过程的设计优化主要包括下列基本要素:

(1)设计变量:同结构优化设计数学模型中的设计变量一样,它是设计分析过程中需要不断调整赋值的设计变量参数。在 ANSYS 优化模块中,最多能定义 60 个设计变量。

(2)目标函数:设计中极小化或极大化的变量参数,是设计变量的函数。目标函数可能是设计变量的隐式函数,也可能是设计变量的显示函数。在 ANSYS 优化模块中,只能设定 1 个目标函数。

(3) 状态变量:跟结构优化设计数学模型中的约束条件类似,是设计要求满足的约束条件变量参数,是设计的因变量,是设计变量的函数。在 ANSYS 优化模块中,最多能定义 100 个状态变量。

(4) 优化算法:即优化设计工具,ANSYS 提供了两种优化算法,即零阶方法和一阶方法。零阶方法是一个很完善的处理方法,可有效处理绝大多数的工程问题;一阶方法基于目标函数对设计变量的敏感度,因此适合于精确的优化分析。

ANSYS 优化模块有两种优化方法:零阶方法和一阶方法。

(1) 零阶方法:

零阶方法又称作子问题逼近法,它只需要因变量本身的值,而不需要其偏导数值。零阶方法的两大基本概念是:逼近和约束问题转化。对于逼近,程序利用拟合曲线的方法建立目标函数与设计变量之间的关系。每一次优化循环都会产生新的数据,相应地会建立新的目标函数。它实际上是近似目标函数的最小化,而不是真实目标函数的最小化。状态变量以同样的方式处理。

状态变量以及设计变量的约束条件使得优化设计变为有约束的优化问题。对于无约束问题来说,优化技术的效率会更高,因此 ANSYS 通过对目标函数考虑罚函数的方法将有约束的优化问题转化为了无约束的优化问题。

零阶方法是最常用的方法,使用目标函数和状态变量的逼近,可以有效地解决大多数工程问题。

(2) 一阶方法:

同零阶方法类似,一阶方法也将有约束的优化问题通过使用罚函数而将其转化为无约束的优化问题。跟零阶方法不同的是,它最小化的是实际有限元的结果,而不是对逼近进行最小化。一阶方法使用因变量对设计变量的偏导数,在每次的迭代中,它采用梯度(共轭梯度法或最速下降法)计算确定搜索方向,并用线性搜索法对非约束问题进行最小化。

一阶方法的精度很高,尤其在因变量变化很大,设计空间也相对较大时,不过,它需要更长的计算时间。

9.3.4　优化算例

在第六章的弦支穹顶结构算例 1 中,弦支穹顶上部单层网壳的杆件采用了同一种截面,由于不同区域的杆件受力是不同的,所以从优化的角度上讲,杆件采用同一种截面是不太合理的。最理想的优化情况是将上部单层网壳的每根杆件截面积都当做设计变量,然后对其进行优化。但是设计变量过多会产生以下两个问题:第一,计算时间太长;第二,最后优化得到的杆件截面种类过多,会对施工带来很大的不便。为此,需要通过变量连接的方法,合理确定优化设计变量的数目。

设计变量:在本优化算例中,共有 18 个设计变量,具体见表 9.8。

表 9.8　设计变量

类型	位置	项目	取值范围
上部网壳结构	第 1-2 圈环向杆件	截面面积 A_1	$(0, 0.002\ 5m^2]$
	第 3-4 圈环向杆件	截面面积 A_2	$(0, 0.002\ 5m^2]$
	第 5-6 圈环向杆件	截面面积 A_3	$(0, 0.002\ 5m^2]$
	第 1-2 圈径向杆件	截面面积 A_4	$(0, 0.002\ 5m^2]$
	第 3-4 圈径向杆件	截面面积 A_5	$(0, 0.002\ 5m^2]$
	第 5-6 圈径向杆件	截面面积 A_6	$(0, 0.002\ 2m^2]$
下部索撑体系	第 1 圈环索	截面面积 A_7	$(0, 0.002\ 2m^2]$
	第 2 圈环索	截面面积 A_8	$(0, 0.002\ 2m^2]$
	第 3 圈环索	截面面积 A_9	$(0, 0.002\ 2m^2]$
	第 4 圈环索	截面面积 A_{10}	$(0, 0.002\ 8m^2]$
	第 5 圈环索	截面面积 A_{11}	$(0, 0.002\ 8m^2]$
	第 1 圈环索	初始缺陷 ε_1	$(0, 5.0e-3]$
	第 2 圈环索	初始缺陷 ε_2	$(0, 5.0e-3]$
	第 3 圈环索	初始缺陷 ε_3	$(0, 3.0e-3]$
	第 4 圈环索	初始缺陷 ε_4	$(0, 3.0e-3]$
	第 5 圈环索	初始缺陷 ε_5	$(0, 2.0e-3]$
	所有撑杆	截面面积 A_{12}	$(0, 0.001\ 1\ m^2]$
	所有拉杆	截面面积 A_{13}	$(0, 0.001\ 6\ m^2]$

上述设计变量的具体位置见图 9.24 和图 9.25。

1-2圈环向杆件　3-4圈环向杆件　5-6圈环向杆件　　1-2圈径向杆件　3-4圈径向杆件　　5-6圈径向杆件

图 9.24　上部网壳结构

1-5圈拉索　　　　　　撑杆　　　　　　　拉杆

图 9.25　下部索撑体系

约束条件:在该优化算例中,约束条件主要考虑了两种:结构的最大位移 u_{max} 和结构杆件的最大应力 σ_{max},见表 9.9。

表 9.9　约束条件

约束条件类型	取值范围
结构最大位移 u_{max}	$[-0.09\ \mathrm{m}, 0.09\ \mathrm{m}]$
结构杆件最大应力 σ_{max}	$[0, 300\ \mathrm{MPa}]$

目标函数:以结构的造价为目标函数,而结构的造价主要与结构的用钢量即结构的自重相关,这样便可间接地将目标函数转化为结构的自重。预应力拉索重量的放大系数取为 2.0。由此,目标函数即结构的自重可表示为:

$$W = 1.0 \times G_{\mathrm{element}} + 2.0 \times G_{\mathrm{cable}} \tag{9.40}$$

考虑到结构的体积更加容易提取,且体积与重量对于优化来说是等效的。因此,为了方便起见,在本算例的优化中是以结构的体积作为优化目标函数进行的。

通过采用 ANSYS 优化模块及基于 APDL 的二次开发技术,编制了优化程序。对结构进行优化后,得到的可行序列及最优解见 9.10。

表 9.10　优化结果

变量类型		优化序列						
		1	2	3	4	5	6	7
设计变量	A_1	2.2417e$-$3	2.2219e$-$3	1.4837e$-$3	2.1195e$-$3	1.5829e$-$3	1.2448e$-$3	1.8192e$-$3
	A_2	2.2417e$-$3	2.4908e$-$4	4.2018e$-$4	1.1484e$-$3	3.8573e$-$4	1.7043e$-$3	1.4000e$-$3
	A_3	2.2417e$-$3	1.0600e$-$3	2.4499e$-$3	9.7610e$-$4	1.9324e$-$3	5.8123e$-$4	8.0598e$-$4
	A_4	2.2417e$-$3	1.0211e$-$3	1.8438e$-$3	1.7340e$-$3	1.3910e$-$3	1.0203e$-$3	1.5151e$-$3
	A_5	2.2417e$-$3	2.3102e$-$3	2.2040e$-$3	1.3485e$-$3	1.1991e$-$3	7.9593e$-$4	1.2111e$-$3
	A_6	2.2417e$-$3	1.8813e$-$3	1.4977e$-$3	1.5486e$-$3	2.0126e$-$3	2.3775e$-$3	1.0220e$-$3
	A_7	2.1770e$-$3	1.8821e$-$3	4.8098e$-$4	1.8668e$-$3	1.8418e$-$3	1.4822e$-$3	1.0904e$-$3
	A_8	2.1770e$-$3	1.6672e$-$3	1.5291e$-$3	1.7290e$-$5	2.6896e$-$4	2.0657e$-$3	8.4706e$-$4
	A_9	2.1770e$-$3	1.3012e$-$3	1.1186e$-$3	1.0373e$-$3	1.6721e$-$3	1.2401e$-$3	6.2773e$-$4
	A_{10}	2.8280e$-$3	1.2033e$-$3	1.1676e$-$3	9.0361e$-$4	2.0010e$-$3	4.9158e$-$4	4.4982e$-$4
	A_{11}	2.8280e$-$3	2.1696e$-$3	1.7253e$-$3	2.2217e$-$3	1.6583e$-$3	1.8877e$-$3	2.3032e$-$3
	A_{12}	1.0681e$-$3	8.7263e$-$4	5.9410e$-$4	6.4452e$-$4	7.9065e$-$5	4.5399e$-$4	2.9522e$-$4
	A_{13}	1.6120e$-$3	1.5891e$-$3	9.0918e$-$4	1.1153e$-$3	5.9480e$-$4	4.1216e$-$4	3.9358e$-$4
	ε_1	5.5400e$-$3	2.7953e$-$3	3.5820e$-$3	2.3185e$-$4	1.1477e$-$3	1.6697e$-$3	1.6277e$-$3
	ε_2	4.5400e$-$3	1.7089e$-$3	4.0640e$-$3	1.7290e$-$3	2.2540e$-$3	4.9380e$-$3	4.1150e$-$3
	ε_3	3.5400e$-$3	2.8463e$-$3	3.1830e$-$3	3.6040e$-$4	2.6810e$-$3	1.8450e$-$3	1.2546e$-$3
	ε_4	2.5400e$-$3	2.0721e$-$3	1.6464e$-$3	1.3786e$-$3	8.2876e$-$4	2.3574e$-$3	1.4223e$-$3
	ε_5	1.5400e$-$3	5.5196e$-$5	8.4708e$-$4	1.5238e$-$3	9.4640e$-$4	7.3980e$-$4	1.1836e$-$3
目标函数	V	5.3524	4.0525	3.4927	3.2516	3.1463	2.8557	2.3239

在得到结构的优化序列后,需要对结构进行可靠性验算,找到满足结构可靠性要求的设计序列。对结构的优化序列进行排序后,依次从最优到次优的顺序对结构进行位移、强度和稳定失效模式下结构可靠度的计算。在对结构进行可靠度计算时,采用了 ANSYS 中的 PDS 模块。结构的可靠度计算时基本随机变量包含施工误差、荷载和结构抗力。

进行该部分的可靠性验算时,节点位置偏差采用了第 6.6 节提出的基于屈曲模态随机线性组合的模拟方法,这样减少了基本随机变量的数量,可以采用响应面法计算结构的可靠度,大大提高了计算效率。计算得到结构各优化序列在位移、强度和稳定失效模式下的可靠度如表 9.11 和表 9.12 所示。

表 9.11　结构在各失效模式下输出变量的平均值和标准差

| 优化序列 | 各失效模式下的统计参数 | | | | | |
| | 位移失效(m) | | 强度失效(MPa) | | 稳定失效 | |
	平均值 μ_u	标准差 σ_u	平均值 μ_f	标准差 σ_f	平均值 μ_k	标准差 σ_k
1	5.955 6e−2	3.653 7e−4	1.146 0e8	7.590 7e6	3.456 6	7.595 6e−2
2	6.265 3e−2	2.338 7e−3	1.084 2e8	1.030 8e7	2.816 0	5.910 7e−2
3	6.330 9e−2	1.351 2e−3	1.133 2e8	8.080 4e6	3.627 9	2.180 9e−2
4	8.508 6e−2	6.846 8e−4	1.827 4e8	1.395 1e6	2.422 8	2.038 9e−2
5	9.011 0e−2	1.196 8e−3	2.967 3e8	9.605 2e6	2.184 9	4.726 6e−2
6	9.543 8e−2	1.017 4e−3	3.094 5e8	6.842 6e6	1.945 9	5.427 8e−2
7	9.704 6e−2	8.820 3e−4	3.113 6e8	7.868 2e6	9.070 2e−1	3.971 5e−3

表 9.12　结构在各失效模式下的失效概率

| 优化序列 | 各失效模式下结构的失效概率 P_f | | |
	位移失效 $[u]=0.09$ m	强度失效 $[f]=300$ MPa	稳定失效 $[k]=2$
1	0.030 1%	2.372 2%	0.054 8%
2	1.477 0%	1.236 4%	2.354 8%
3	1.756 2%	1.523 6%	0.001 2%
4	1.926 4%	2.235 0%	2.089 5%
5	49.359 6%	53.468 1%	37.658 4%
6	84.495 1%	95.468 4%	53.241 0%
7	97.648 2%	98.564 9%	99.846 3%

结构的位移限值 $[u]=0.009$ m、强度限值 $[f]=300$ MPa 和稳定系数限值 $[k]=2$,结构在各失效模式下的可靠指标限值 $[\beta]=2$,对应的失效概率为 2.275%。由表 9.12 的优化序列可靠性验证结果可知,第 4 设计序列为结构在考虑可靠性要求后的最优设计序列。

本章参考文献

[9.1]　邓华.拉索预应力空间网格结构的理论研究和优化设计[D].杭州:浙江大学,1997

[9.2]　邓华,董石麟.拉索预应力空间网格结构的优化设计[J].计算力学学报,2000(2):207−213

[9.3]　陆赐麟.预应力钢结构的基本理论与方法[J].钢结构,1998(1):52−59

[9.4]　吴杰.预张力结构优化设计理论与应用研究[D].上海:同济大学,2004

[9.5]　郭鹏飞,韩英仕.离散变量结构优化设计的拟满应力遗传算法[J].工程力学,2003,(2)

[9.6]　蔡新,郭兴文,等.工程结构优化设计[M].北京:中国水利水电出版社,2003

[9.7]　张光澄.非线性最优化计算方法[M].北京:北京高等教育出版社,2005

[9.8]　王光远,陈树勋.工程结构系统软设计理论及其应用[M].北京:国防工业出版社,1996

[9.9]　翟永伟.平面预应力索拱结构基于可靠度的优化设计[D].南京:东南大学,2007

[9.10]　许林.基于可靠度的结构优化研究[D].大连:大连理工大学,2004

第十章 拉索预应力网格结构的模型试验

目前,国内有很多学者进行了拉索预应力网格结构试验,针对结构的张拉成型和静动力特性试验进行了系统的研究。如:赵宪忠等[10.1]通过试验研究,探讨了张弦梁结构张拉过程中的整体变形性能、构件内力和几何位形的发展趋势,分析了参数对结构性能的影响。王永泉[10.2]对常州体育会展中心体育馆弦支穹顶结构的1:10模型进行了张拉成型方法的试验研究,获取了张拉过程的关键参数用于指导实际的预应力施工过程。郭佳明等[10.3]利用一跨度为8m的弦支穹顶缩尺模型对单根斜索逐根张拉成型的施工方法进行了试验研究;聂桂波等[10.4]针对大连体育馆1:10的缩尺模型结构进行张拉过程和静载试验,对比了撑杆顶升与斜索张拉两种成型方法;张爱林等[10.5]制作了2008奥运会羽毛球馆1:10缩尺模型,研究了结构施工张拉全过程直至加载破坏的力学性能。葛家琪等[10.6]针对内蒙古伊旗全民健身体育中心索穹顶工程,制作了1:4的试验模型,对其张拉成型方法进行验证。郑君华等[10.7]以一直径为5m的葵花型索穹顶结构模型为对象,开展了三种施工张拉方法的张拉过程试验研究。

上述结构模型试验主要针对采用的张拉过程分析方法进行验证,未考虑施工误差的影响。尤德清[10.8]通过模型试验,研究了施工误差对Geiger型索穹顶结构成型后内力的影响规律,但未涉及施工误差对结构张拉成形过程的影响及控制。本书第8.3节提出了一种基于结构响应观测值的动态反馈控制方法。本节所进行的拉索预应力网格结构试验目的在于验证该反馈控制方法的有效性。为在试验结构模型中引入节点安装误差,设计了一种误差可调节点,并进行了节点加载试验以验证其安全性和可靠性。然后,制作了一个3m跨弦支穹顶模型,通过误差可调节点对结构施加施工误差,采用第8.3节中的反馈控制方法对结构模型的径向索张拉过程进行了索力反馈控制试验。最后,对基于误差可调节点的结构模型进行了静力性能试验。

10.1 多向误差可调节点

10.1.1 可调节点概念

目前,拉索预应力网格结构的节点一般采用现行国家标准《空间网格结构技术规程》(JGJ 7—2010)[10.9]中推荐的一些空间网格节点形式,如:焊接空心球节点、螺栓球节点、嵌入式毂节点、铸钢节点、销轴式节点、组合结构节点、预应力索节点和支座节点。其中,焊接空心球节点为由两个半球焊接而成的空心球,可根据受力大小分别采用不加肋空心球和加肋空心球，主要用于单层网壳结构中的刚接节点；螺栓球节点则由钢球、高强度螺栓、套筒、紧固螺钉、锥头或封板等零件组成，主要用于网壳结构中的铰接节点。这两种节点形式在拉索预应力网格结构中得到了广泛的应用。

然而，现有节点存在以下问题：在结构的安装施工过程中，一旦构件与节点连接完成后，则杆件的安装长度和节点的位置即已完全确定，不能再进行任何的误差调节。然而，由于拉索预应力网格结构的节点由多根杆件汇集而成，而在网格结构实际安装过程中，每根杆件的下料长度与实际安装长度相比不可避免地存在初始缺陷，所有杆件的制造缺陷将会累积汇集到节点，加之施工人员存在的安装误差和安装期间温度反复变化引起的杆件变形，使得结构在施工过程中不可避免地存在一定的累积安装误差。在这种情况下，现场或者通过临时改变部分杆件下料长度以重新加工制作，或者利用人工或机械强迫部分杆件和节点就位，此时会导致结构具有一定的初始装配内力和非预期位移，同时也难以保证结构的初始形态和设计要求相一致。尤其在下部拉索预应力张拉完成后，会使结构的位移态和应力态误差进一步加大，对结构在后续使用阶段的安全性能将会造成很不利的影响。

多向误差可调节点容许与其相连杆件在水平方向、竖直方向进行旋转，而在杆件轴线方向则可进行长度调整，待节点位置和所有杆件调整到位以后，可选择固定方式，使节点形成铰接节点或者刚接节点，从而在空间网格结构的施工过程中实现安装误差的灵活可调。图 10.1 是多向误差可调节点概念的示意图。

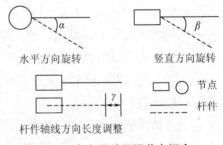

图 10.1　多向误差可调节点概念

在多向误差可调节点的设计中，主要需要解决以下问题：

（1）设计节点中的可调装置实现多向误差可调，显然可调装置包括水平方向可调装置、竖直方向可调装置和杆件轴线方向可调装置，这三个装置常相互联系和依附。

（2）设计节点可调范围，包括水平方向可调范围 α、竖直方向可调范围 β 和杆件轴线方向可调范围 γ。设计追求较大的节点可调范围，然而节点可调范围和节点的尺寸相互制约，可调范围越大需要越大尺寸的节点。

（3）在旋转和调整过程中尽量保证所有相邻杆件始终汇交于节点中心，从而确保结构较好的受力性能。然而节点可调范围和杆件的对心也相互制约，保证调节过程中节点相连杆件对心势必会降低节点可调范围。

10.1.2　多向误差可调节点构造

本节提出的多向误差可调节点，主要包括包括支架和安装在支架上的调节件。

第一部分是支架。支架包括底板、立柱、盖板、垫板和螺帽，底板下侧中心设置有用于连接竖向网格杆件的装置，底板上侧中心与立柱连接，盖板和垫板依次穿在立柱上，螺帽通过螺纹与立柱的上端连接，多个调节件以立柱为中心排列，并通过调节件中的竖向凸台和底板中的第一弧形槽、盖板中的第二弧形槽安装在底板和盖板之间；本节点中，用于连接竖向网格杆件的装置为:在底板下侧面中心设置的第二安装孔和位于第二安装孔外侧的环形挡板。本节点中,底板周向边缘设置有均匀排列的多个第一弧形槽,盖板周向边缘设置有与第一弧形槽对应的多个第二弧形槽,水平可调件上下底面中心上设置有竖向凸台,竖向凸台插入第一弧形槽和第二弧形槽中,将调节件安装在支架上。

支架是误差可调节点的主体部分,用于连接多个水平可调件和竖向网格杆件。水平可调件与支架之间通过设置滑槽连接,竖向网格杆件直接与支架连接。支架包括四个部分:底板和立柱连成整体,用于支撑整个节点,保持节点的竖向稳定,第二安装孔为竖向网格杆件提供约束端,约束端外围设有环形挡板,环形挡板可采用六角螺帽,起到防止竖向网格杆件的端部飞出和辅助拧紧螺帽的作用;盖板,与支架中的底板一起形成可调件的固定平台,盖板与底板上均在对应位置设置水平弧形槽,便于水平可调价的安装及转动;螺帽,用于辅助压紧盖板,使盖板与底板成为稳固的整体;垫板,位于螺帽与盖板之间,用于传递螺帽的预压力。

第二部分是调节件。调节件包括水平可调件和安装在水平可调件上的竖直可调件,水平可调件为侧面开有矩形通孔的柱体,竖直可调件通过横向凸台和水平可调件中的第三弧形槽安装在水平可调件的矩形通孔中,竖直可调件上设置有用于连接非竖向网格杆件的第一安装孔。本节点中,水平可调件矩形通孔两侧的侧壁上设置有相对应的第三弧形槽,竖直可调件为横置的柱体,第一安装孔设置在竖直可调件侧面,竖直可调件的两个底面中心均设置有横向凸台;竖直可调件置入水平可调件的矩形通孔中,横向凸台插入第三弧形槽中,将竖直可调件安装在水平可调件上。

调节件用于与非竖向网格杆件的连接,是实现误差可调的主要装置。包括水平可调件和竖直可调件。水平可调件上下两端的横向凸台可在底板中的第一弧形槽和盖板中的第二弧形槽里滑动,由于所有第一弧形槽和盖板中的第二弧形槽的圆心均为节点中心,所以节点相连的非竖向网格杆件可以绕节点中心轴转动,即转动调整是在水平方向的对心可调,水平方向角度调整到位以后可以在弧形槽中嵌入相应大小铁片以阻止其水平转动。同理,竖直可调件左右两端的横向凸台可以在水平可调件上的第三弧形槽里移动,由于第三弧形槽的圆心也是节点中心,因此非竖向网格杆件绕节点中心轴转动可实现竖直方向的对心可调。竖直方向角度调整就位后可在弧形槽中嵌入相应大小铁片阻止其竖向转动。该附属零件的弧形槽转动机制保证了节点所有相邻杆件的对心可调。

与节点连接的相连杆件包括非竖向网格杆件和竖向网格杆件。两种杆件构造相同,是在普通钢管端部与螺栓焊接形成的端头带有螺纹的杆件。非竖向网格杆件与竖直可调件相连,可以在竖直可调件的第一安装孔内旋进或旋出一段距离,从而实现杆件轴线方向长度可调。同理,竖向网格杆件与支架相连,可以在支架的第二安装孔内旋进或旋出一段距离,从而实现杆件轴线方向长度可调。

图 10.2～图 10.7 中有:X、Y、Z 分别表示水平向、竖直向和杆件轴线方向可调,支架 1,可调件 2,非竖向网格杆件 3,竖向网格杆件 4,螺帽 11,垫板 12,盖板 13,底板 14,立柱 15,第二弧形槽 131,第一弧形槽 141,第二安装孔 142,环形挡板 143,水平可调件 21,竖直可调件 22,竖向凸台 211,第三弧形槽 212,横向凸台 221,第一安装孔 222。

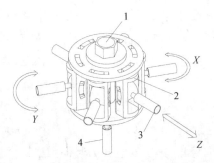

图 10.2 新型误差可调对心节点的立体结构示意图

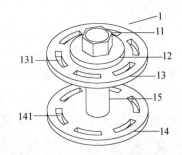

图 10.3 支架的立体结构示意图

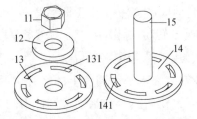

图 10.4 支架空间拆分的立体结构示意图

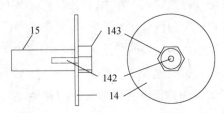

图 10.5 底板和立柱的平面结构示意图

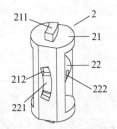

图10.6 可调件的立体结构示意图

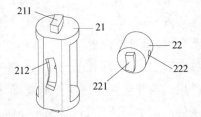

图 10.7 可调件空间拆分的立体结构示意图

本节点装置的制作工序:

(1) 制作支架:制作底部和立柱,在立柱上部加工一段螺纹,在底板和立柱的底部加工第二安装孔并设置环形挡板;制作支架中的螺帽、垫板、盖板;最后分别在底板和盖板上设置多个第一弧形槽和第二弧形槽。

(2) 制作水平调节件:制作实心圆柱体,在竖直调节件位置挖空,形成矩形通孔;在上下圆柱面中心上设置竖向凸台,矩形通孔两侧的侧壁上设置第三弧形槽。

(3) 制作竖直调节件:制作实行圆柱体,在其侧面设置第一安装孔,放进水平调节件中的通孔里后,在两个圆柱面中心设置横向凸台。

本节点的安装调节工序(图 10.8):

(1) 根据节点尺寸可以确定节点连接杆件可调范围。

(2) 根据可调范围,粗略确定杆件尺寸。

(3) 根据设计图纸确定节点位置。

(4) 根据节点位置固定底板。

(5) 杆件拧进竖直调节件,再把竖直调节件通过弧形槽连接到水平调节件上,水平调节件也通过弧形槽连接到支架上。

(6) 根据实际几何关系,调节竖直调节件和水平调节件以及旋转杆件,直至调整到空间网格结构的设计状态。

（7）加上盖板、垫板和螺帽。

（8）如果需要节点是铰接的，初拧螺帽即可；如果需要节点是刚接的，节点调整就位后可在弧形槽中嵌入相应大小铁片阻止其竖向转动；施工完毕。

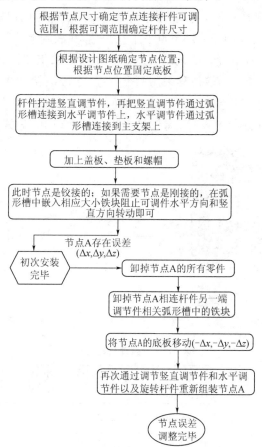

图 10.8 多向误差可调节点二的安装调节流程

10.1.3 多向误差可调节点性能

（1）节点有限元分析

在 ANSYS 软件中建立含有一个调节件的节点模型，左半部分所有节点施加约束，施加杆件轴力，如图 10.9 所示。

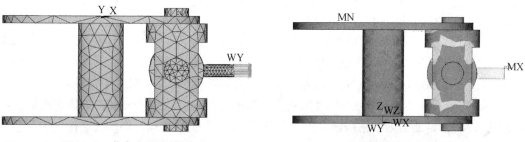

图 10.9 节点有限元模型　　　　　　**图 10.10 节点应力云图**

图 10.10 是节点在杆件轴力作用下的应力云图,可以看出杆件上的应力较大,节点的应力较小,在结构承受较大荷载的情况下杆件将先于节点先破坏。

(2) 节点试验

在进行正式的结构模型试验之前,首先对多向误差可调节点和六根杆件组成的简单单层网壳结构进行了单调加载试验,测试节点的位移—荷载曲线和杆件的轴力—荷载曲线,以验证该节点的连接可靠性。加载采用节点下吊挂法兰,在法兰上分等级加荷载块的方式,每个等级两个荷载块,共有八个等级。采用 TDS—303 数据采集仪记录每个等级荷载下的节点位移和钢管轴向应变,测量节点位移采用两个量程 50 mm、精度 0.1 mm 的位移计区平均值的方法,钢管轴向应变采用钢管截面贴 4 个应变片取平均值的方法。结构模型、加载方式和测量制度如图 10.11 和图 10.12 所示,钢管材料性质见表 10.1,试验结果见表 10.2。

图 10.11 结构模型

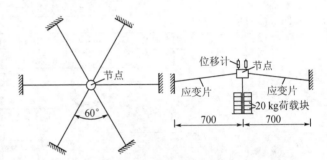

图 10.12 结构模型示意图

表 10.1 钢管材料性质

弹性模量 E(N/m^2)	规格(cm)	屈服强度 f_y(MPa)	截面面积 A(mm^2)
2.06e11	16×2/Q345	310	87.92

表 10.2 实验结果数据

荷载等级	荷载(kg)	节点位移(mm)	钢管截面平均应变($\mu\varepsilon$)	钢管截面轴力(N)
1	40	0.455	−32.75	−593
2	80	0.935	−64.75	−1173
3	160	1.430	−100.75	−1 825
4	200	2.000	−133.5	−2 418
5	240	2.605	−163.5	−2 961
6	280	3.170	−196	−3 550
7	320	3.790	−227.25	−4 116
8	360	4.445	−259.5	−4 700
9	0	0.345	15.5	281

对该结构进行了非线性有限元计算,分别计算了无缺陷结构和有缺陷结构(按一阶屈曲模态最大值为 1/300 跨度的方式施加缺陷)。节点的荷载—位移曲线的试验结果和有限元结果对比如图 10.13 所示,杆件的轴力—荷载曲线的试验结果和有限元结果对比如图 10.14 所示。

从图 10.13 和图 10.14 中可以看出完善结构的临界荷载等级为 34,缺陷结构的临界荷载等级为 15,初始缺陷使得结构稳定承载力降低一半,说明该结构是缺陷敏感性结构。节点的荷载—位移曲线和杆件的荷载轴力—曲线,在试验加载等级区间内,试验结果和有限元分析结果较为接近且都为线性变化。卸载以后,节点的竖向残余变形为 0.345 mm。上述结果表明该误差可调节在加载过程中始终处于弹性受力范围,验证了其具有可靠的连接作用。

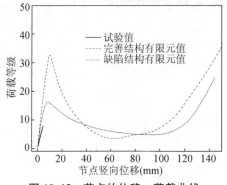

图 10.13 节点的位移—荷载曲线

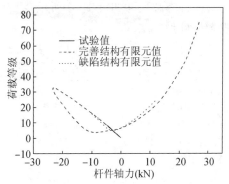

图 10.14 杆件的轴力—荷载曲线

10.2 弦支穹顶结构模型设计

10.2.1 模型设计

基于第 1 节中提出的误差可调节点,以济南奥体中心弦支穹顶为原型结构,设计了用于张拉控制试验的弦支穹顶结构模型,如图 1 所示。试验模型上部单层网壳网格采用凯威特K6 型布置形式,结构跨度 3.0 m,矢高 0.3 m。下部设置两层索杆体系:第一层(外圈)由 6根撑杆、6 根环向索和 6 根径向索组成;第二层(内圈)由 1 根撑杆和 6 根径向索构成,无环向索。外圈与内圈的撑杆高度分别为 0.4 m 和 0.23 m。试验模型周边三向铰接于由槽钢环梁和钢管柱组成的支座上。

试验模型的构件类型包括上层网壳杆件、竖向撑杆、拉索(径向索和环向索)及其张拉装置。网壳杆件和竖向撑杆均采用钢管,拉索采用钢丝,其截面类型和弹性模量如表 1 所示。节点包括上层网壳节点和下层索杆节点,其中网壳节点采用了第 10.1 节提出的误差可调节点,以便于在进行张拉控制试验时模拟安装误差的影响。试验整体模型见图 10.15 所示。单层网壳构件采用 P16×2 的钢管,Beam188 单元模拟;撑杆采用 P14×2 的钢管,Link8 单元模拟;环索和径向索采用直径 5 mm 的钢丝,Link10 单元模拟。试验有限元模型见图 10.16。

图 10.15 试验整体模型

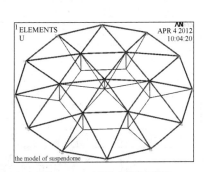

图 10.16 试验有限元模型

10.2.2 构件设计

构件种类和尺寸如表 10.3 所示,图 10.17 为试验模型设计简图,图 10.18～图 10.20 为节点和杆件加工图。

表 10.3 构件种类和尺寸

	规格(mm)	面积(m²)	弹性模量(N/m²)	尺寸(m)(有限元模型)	数量
撑杆 GA	P14×2	75.36E−6	2.06E11	0.400/0.230	7
上层杆件 GB	P16×2	87.92E−6	2.06E11	0.765	6
上层杆件 GC	P16×2	87.92E−6	2.06E11	0.769	12
上层杆件 GD	P16×2	87.92E−6	2.06E11	0.776	12
上层杆件 GE	P16×2	87.92E−6	2.06E11	0.948	12
环向索	Φ5	19.625E−6	1.9E11	0.765	6
径向索	Φ5	19.625E−6	1.9E11	0.756/0.780	12
上层节点	130×70				6
下部节点	80×80		假设钢环梁和钢柱刚度远大于弦支穹顶结构,		6
支座节点	130×110		结构分析不考虑这两种结构的影响		12
钢环梁	200				1
钢柱	200				6

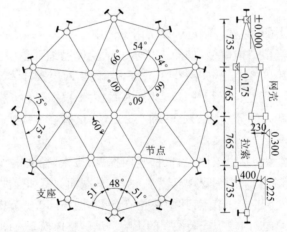

图 10.17 试验模型设计简图

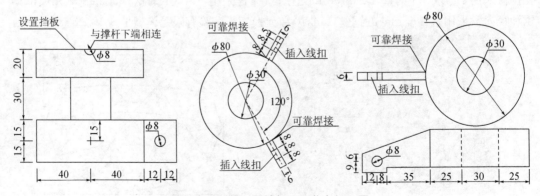

图 10.18 第一圈撑杆下端节点加工图

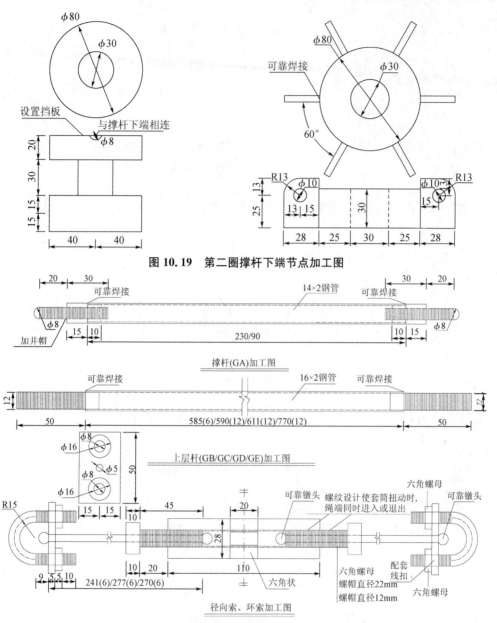

图 10.19　第二圈撑杆下端节点加工图

图 10.20　杆件加工图

图 10.21　各构件实物图

10.2.3 荷载设计

根据表 6.1 构件种类和尺寸,可以计算出试验模型的总质量 P_m^G:

$$P_m^G \approx [(0.815 \times 42 + 0.4 \times 7) \times 87.135 \times 10^{-6} + 0.77 \times 12 \times 19.625 \times 10^{-6}] \times 7\ 850 \text{ (kg)}$$
$$= 26.75 \text{ (kg)}$$

根据济南奥体中心的结构设计[10.10],可以计算出原模型的总质量 P_p:

$$P_p = 597\ 749 \text{ kg}$$

根据量纲分析法,确定试验模型与原模型的相似条件[10.11]为:

$$\frac{S_f}{S_L} = 1 \tag{10.1}$$

$$\frac{S_\sigma S_L^2}{S_P} = 1 \tag{10.2}$$

$$\frac{S_f S_E S_L}{S_P} = 1 \tag{10.3}$$

令:$S_\sigma = S_E = 1$,则 $S_P = S_L^2 = \left(\frac{122}{3}\right)^2 = 40.7^2 = 1\ 656.5$

由相似比可得,试验模型每个节点自身重量为 8 kg,还需要配重为:

$$\frac{\frac{597\ 749}{1\ 656.5} - 26.75}{7} - 8 = 40 \text{ (kg)}$$

配重设计主要是为了使试验模型的自振周期与原模型相似,本试验未对试验模型进行动力试验和分析。根据本书第 10.1.3 节中进行的多向误差可调节点的性能试验,结构模型试验时保守的取每个节点设计荷载荷为 80 kg,分为 4 个等级施加。弦支穹顶拉索中所需施加预应力的确定,应以抵抗单层网壳的等效节点荷载和减少最外环杆件对支承结构的水平推力为原则[10.12],根据这一原则,本书的拉索预应力设计值按下列计算取值:

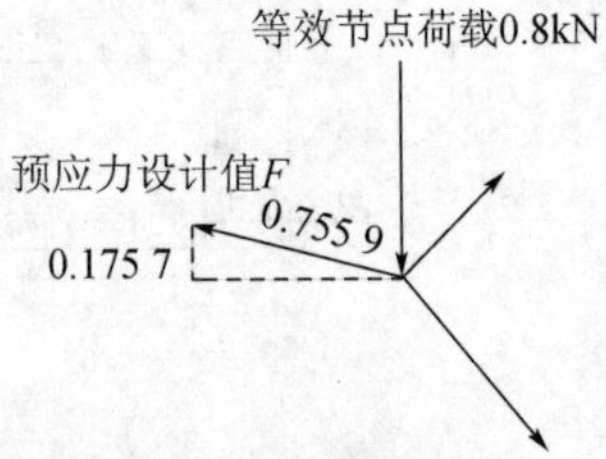

节点等效荷载:$80 \times 9.8/1\ 000 = 0.8$ (kN),如图 10.22 所示,由力的竖向平衡条件(10.4)可得试验模型的第一圈预应力设计值为 $F = 3.4$ kN,本试验取预应力设计值为(3 000 N,1 000 N)。

图 10.22 设定预应力设计值的计算模型

$$F \times \frac{0.175\ 7}{0.755\ 9} = 0.8 \text{ (kN)} \tag{10.4}$$

10.2.4 实验仪器及观测方案

实验仪器见表 10.4 和图 10.23,观测方案见表 10.5、图 10.24 和图 10.25。

表 10.4　实验仪器

序号	仪器、设备名称	规格	数量	用途
1	TDS 数据采集仪	TDS-303	2（主副箱）	采集位移应变数据
2	位移计	50 mm 量程，精度 0.1 mm	4	测量节点竖向位移
3	应变片	—	50	测量应变
4	全站仪	—	1	测量节点坐标
5	荷载块	20 kg	28	加载
6	调节套筒	110×30	18	张拉钢索

图 10.23　TDS 数据采集仪

表 10.5　试验测点布置

测量项目	节点/单元编号	测量仪器
上层节点位移 UZ	1,5,4,3	位移计
所有节点坐标	1—7,20—25	全站仪
网壳单元钢管应变	34,22,23,4,36,35,1,19,26,8,14	TDS 应变仪
撑杆单元钢管应变	44,45,47,61	TDS 应变仪
环向索、径向索应变	49,50,51,56,57,59,62,63,64	TDS 应变仪

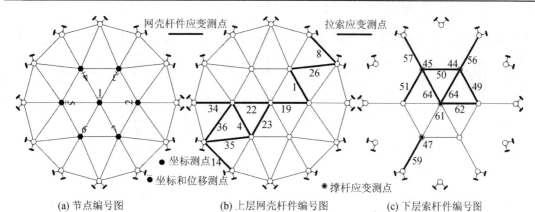

(a) 节点编号图　　　　(b) 上层网壳杆件编号图　　　　(c) 下层索杆件编号图

图 10.24　测点布置图

应变片和位移计的校准:应变片的校准采用图 10.25 所示方法,荷载块的重力 $G=20\times10$ N,径向索面积 $A=3.14\times2.5\times2.5=19.625$（$mm^2$）,径向索应变为 $G/(EA)=200/(19.625\times1.8e5)=57e-6$,若 TDS 显示数据 57,则说明应变片无损和 TDS 设置正确。采用该方法进行测试,TDS 显示数据为 57,仪器和应变片合格。位移计的校准采用现场拨动位移计 5 mm 和 TDS 显示的数值进行对比的方法。

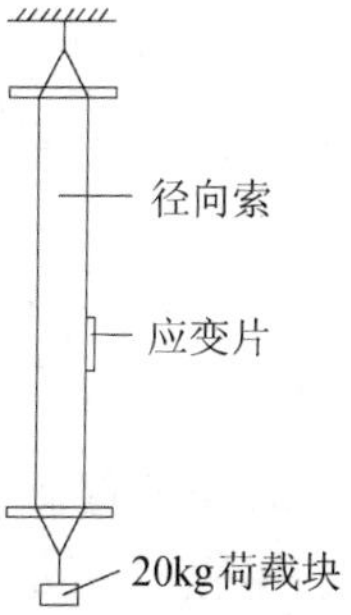

图 10.25　应变片校准示意图

10.3 弦支穹顶结构预应力实施过程控制试验研究

10.3.1 弦支穹顶结构预应力实施过程位移控制试验研究

位移控制试验研究思路是:针对本试验的预应力反馈控制系统设定控制目标是上层节点 5 的竖向位移 UZ5。设定一组 UZ5 值,就可以用本书提出的形态分析迭代法求得一组径向索预应力值 F。用形态分析逆迭代法求得的径向索预应力值 F 对试验模型进行张拉成形,在试验无误差的情况下,即试验模型与有限元模型完全一致的条件下,最终测得节点 5 的竖向位移将和设定的 UZ5 一致。本试验将随机设置节点误差,基于施工过程中所测数据,用本书提出的 PDS-BP 程序进行预测下一施工阶段的径向索预应力值,用预测值进行施工,再进行施工采集数据和预测下一阶段,进而形成预应力施工反馈控制系统,该系统最后若能得到设定的目标 UZ5 值则说明其正确性。

为了方便施加预应力 F,位移控制试验研究时采用只带有一层索的弦支穹顶模型,见图 10.26。对于试验模型,除了采用节点坐标和材料参数两种施工误差,还考虑了支座节点刚度误差,添加三个方向的杆单元来模拟支座节点刚度,将杆单元的截面积定义为概率设计输入变量。

$$k_i = \frac{EA_i}{l} \qquad i = x, y, z \tag{10.5}$$

其中,l 为杆单元的长度,为了避免失稳问题,取较小的值。

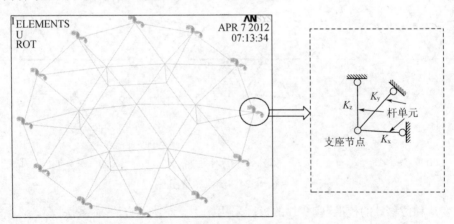

图 10.26 位移控制试验模型

位移控制试验前的准备:用 PDS-BP 程序对本试验进行施工误差仿真和数据训练。

首先,用 ANSYS 中 PDS 模块对本试验进行施工误差仿真。把节点坐标、材料属性和节点杆单元截面积等参数定义为概率设计输入变量,进行参数化建模;设定设计态目标 UZ5=(1 mm、2 mm、3 mm),用本书提出的形态分析逆迭代法进行分析;提取每个施工阶段下的形态分析结果径向索预应力值 $F=(F_1, F_2, F_3)$ 和相应的结构杆件应力和节点位移等数据,并把这些参数定义为概率设计输出变量。本试验抽样 2 000 次,如图 10.27 所示。

MFORX35	MFORX1	MFORX19		MFORX26	MFORX8	MFORX14	MFORX43	MFORX48	MFORX49	MFO
3.864819331e+002	8.498946364e+002	7.906457979e+001	9.799136043e+002	-2.713465414e+003	-2.600339886e+003	-3.555563503e+002	-4.420945676e+002	1.691575178e+003	1.756093377e
5.344274869e+002	9.223621079e+002	2.637578777e+002	4.910423689e+002	-2.525081181e+003	-2.553214780e+003	-3.596083627e+002	1.709610197e+002	1.491752288e+003	1.548428630e
5.671351759e+002	7.202251214e+002	-1.358138373e+001	7.197968989e+002	-2.571003278e+002	-2.381930588e+002	-2.929942226e+002	-4.066947682e+002	1.491752288e+003	1.548428630e
3.790119904e+002	1.080284683e+003	3.693593431e+002	1.158856812e+003	-3.638149822e+002	-3.381862540e+003	-6.305632236e+002	-5.478729730e+002	2.294813683e+003	2.390055149e
1.036521065e+003	1.171124165e+003	2.860033169e+002	5.511844841e+002	-3.672955966e+003	-3.568609019e+003	-6.178604437e+002	-5.669915604e+002	2.393484932e+003	2.470216420e
5.322040042e+002	8.945796337e+002	1.786606942e+002	5.511844841e+002	-2.410492457e+003	-2.496179839e+003	-3.999370212e+002	-4.160248155e+002	1.613712006e+003	1.676355285e
5.586672691e+002	1.033289182e+003	1.736860942e+002	1.169777793e+003	-3.652167471e+003	-3.231988339e+003	-5.227722008e+002	-5.227722008e+002	2.069221155e+003	2.120181175e
5.562664191e+002	9.003236431e+002	2.227932205e+002	7.384166779e+002	-2.841229358e+002	-2.992912649e+003	-4.834084716e+002	-4.326982413e+002	1.808279300e+003	1.821620119e
7.126969437e+002	1.048312423e+003	1.045026408e+002	9.026300443e+002	-3.145411636e+002	-2.844364571e+002	-4.092297207e+002	-5.083212487e+002	1.912269145e+003	1.987960694e
7.678370716e+002	8.441221360e+002	4.219637911e+001	8.271227684e+002	-2.475227089e+002	-2.710365684e+003	-3.756949833e+002	-3.384577187e+002	1.666743935e+003	1.711312291e
7.681813785e+002	9.658793137e+002	1.056630638e+002	6.687448818e+002	9810819964e+003	8373567124e+003	8734348429e+002	385205227e+002	1.820334865e	

图 10.27　PDS 产生 2 000 个样本值

然后,用 MATLAB 中的 BP 神经网络工具箱进行数据训练。将结构某个施工阶段的杆件应力和节点位移等数据作为输入数据,将下一阶段的径向索预应力值 F 作为输出数据进行训练。本试验采用前 1 999 个样本作为训练样本,训练结果见图 10.28;第 2 000 个样本作为检验样本,检验结果见表 10.6。

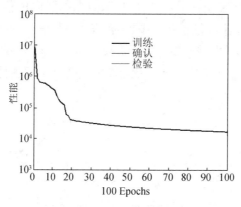

图 10.28　训练曲线

表 10.6　检验结果

	BP 网络预测值(N)	检验样本值(N)	误差
55 单元的轴力	4 939.3	4 916.89	0.5%

现场进行位移控制试验的步骤如下:

(1) 以结构放样态进行模型粗安装,同时在安装过程中产生随机施工误差。

利用多向误差可调节点,主要使中间节点(节点 1 至节点 7)产生随机误差:节点 2 至节点 4 向上移动 20 mm,节点 5 至节点 7 向下移动 20 mm。用全站仪测得上层网壳节点空间坐标如表 10.6 所示,节点 2 至节点 4 的 Z 向坐标(1.277 6,1.284 2,1.286 5)m,节点 5 至节点 7 的 Z 向坐标(1.256 0,1.242 4,1.230 2)m,见表 10.7。

表 10.7　施工误差下上层网壳节点坐标

点号	X(m)	Y(m)	H(m)	点号	X(m)	Y(m)	H(m)
1	3.466 5	2.044 3	1.340 9	11	4.752 1	1.252 9	1.052 2
2	3.880 0	2.686 9	1.277 6	12	4.184 6	0.721 6	1.052 5
3	4.240 1	2.012 6	1.284 2	13	3.432 7	0.540 7	1.053 2

点号	X(m)	Y(m)	H(m)	点号	X(m)	Y(m)	H(m)
4	3.844 3	1.362 2	1.286 5	14	2.697 0	0.761 4	1.051 4
5	3.078 9	1.396 2	1.256 0	15	2.154 6	1.321 2	1.050 8
6	2.724 4	2.064 5	1.242 4	16	1.971 4	2.076 3	1.050 9
7	3.116 5	2.713 1	1.230 2	17	2.200 2	2.820 9	1.051 4
8	4.263 6	3.318 1	1.045 6	18	2.769 5	3.354 2	1.046 0
9	4.791 8	2.747 1	1.053 4	19	3.518 8	3.532 9	1.040 8
10	4.970 4	2.000 2	1.051 1	—	—	—	—

（2）张拉阶段一的位移控制：张拉径向索使节点 5 的竖向位移 $UZ_5 = 1$ mm，记录数据；计算出各杆件轴力，再将各轴力和节点位移数据（表 10.7）输入到 PDS-BP 第一阶段程序中进行预测，得到节点 5 竖向位移到达 2 mm 所需要张拉径向索 56 的轴力，通过换算得到对应的径向索 56 的应变，张拉径向索使 TDS 中索 56 的应变到达预测值，第一次记录数据 UZ_5，见表 10.8。

表 10.8　张拉阶段一实测数据

测点编号	平均应变/节点位移	轴力/节点位移	测点编号	平均应变/节点位移	轴力/节点位移	测点编号	平均应变/节点位移	轴力/节点位移
34	34	126 N	19	—4	—72 N	49	490	1 731 N
22	4	1 465 N	26	45	815 N	56	772	2 727 N
23	2	8 N	8	—186	—3 369 N	UZ1	0.6 mm	0.6 mm
4	33	123 N	14	—40	—724 N	UZ5	1 mm	1 mm
36	61	123 N	44	—29	—450 N	UZ4	1.5 mm	1.5 mm
35	50	227 N	45	—30	—466 N	UZ3	2 mm	2 mm
1	30	186 N	48	—23	—357 N	—	—	—

表 10.9　PDS-BP 预测值和控制结果

径向索 56 轴力预测值（BP 网路输出值）	径向索 56 应变预测值	实测 UZ_5(mm)
3 935 N	1 055	<u>1.9</u>

（3）张拉阶段二的位移控制：调整张拉和放松径向索使节点 5 的竖向位移 $UZ_5 = 2$ mm，记录数据；计算出各杆件轴力，再将各轴力和节点位移数据（表 10.9）输入到 PDS-BP 第一阶段程序中进行预测，得到节点 5 竖向位移到达 3 mm 所需要张拉径向索 56 的轴力，通过换算得到对应的径向索 56 的应变，张拉径向索使 TDS 中索 56 的应变到达预测值，第二次记录数据 UZ_5，见表格 10.10。

表 10.10 张拉阶段一实测数据

测点编号	平均应变/节点位移	轴力/节点位移	测点编号	平均应变/节点位移	轴力/节点位移	测点编号	平均应变/节点位移	轴力/节点位移
34	−76	−1 376 N	19	−13	−235 N	49	1081	3 819 N
22	−46	−833 N	26	107	1 938 N	56	1079	3 812 N
23	16	290 N	8	−216	−3 912 N	UZ_1	1.8 mm	1.8 mm
4	83	1 503 N	14	−131	−2 373 N	UZ_5	2 mm	2 mm
36	96	1 739 N	44	−64	−994 N	UZ_4	2.8 mm	2.8 mm
35	114	2 065 N	45	−67	−1 040 N	UZ_3	3.2 mm	3.2 mm
1	73	1 322 N	48	−49	−761 N	—	—	—

表 10.11 PDS-BP 预测值和控制结果

径向索 56 轴力预测值(BP 网路输出值)	径向索 56 应变预测值	实测 UZ_5(mm)
9 285 N	2 490	2.8

如表 10.9 和表 10.11 所示,两次 UZ_5 控制结果分别为 1.9 mm 和 2.8 mm,与目标值 2 mm、3 mm 非常接近,表明位移反馈控制试验成功。

10.3.2 弦支穹顶结构预应力实施过程索力控制试验研究

索力控制试验研究思路为:针对本试验的预应力反馈控制系统设定控制目标是目标预应力设计值 $P=(3\,000\text{ N},1\,000\text{ N})$,即按照先张拉外环径向索再张拉内环径向索的张拉顺序施工成形后,使得外内环径向索的轴力值分别为 3 000 N 和 1 000 N。可以用本书提出的形态分析迭代法求得径向索预应力控制值 $F=(F_1,F_2)$。用形态分析逆迭代法求得的径向索预应力值控制值 F 对试验模型进行张拉成形,在试验无误差的情况下,即试验模型与有限元模型完全一致的条件下,最终测得径向索的索力将和设定的目标预应力设计值 P 一致。本试验将引入节点误差,基于未张拉下部索系时单层网壳在受到外荷载的作用下的测点数据,预测张拉最外环径向索的预应力控制值,最后张拉最内环径向索使其达到 1 000 N,此时通过查看最外环径向索的轴力是否为 3 000 N,来验证本书的预应力施工反馈控制系统正确性。

索力控制试验前的准备,即用 PDS-BP 程序对本试验进行施工误差仿真和数据训练,与位移控制试验前的准备类似,在此不再赘述。

现场进行索力控制试验的步骤如下:

(1)以结构放样态进行模型粗安装,同时在安装过程中产生随机施工误差,见表 10.5。

(2)对单层网壳 7 个节点进行同时加载,每个节点上加 4 个 20 kg 的荷载块,记录数据;计算出各杆件轴力,再将各轴力和节点位移数据(表 10.12)输入到 PDS-BP 程序中进行预测,得到设定的预应力目标值所需要张拉径向索 56 的轴力,通过换算得到对应的径向索 56 的应变。

表 10.12 荷载阶段实测数据

测点编号	平均应变/节点位移	轴力/节点位移	测点编号	平均应变/节点位移	轴力/节点位移	测点编号	平均应变/节点位移	轴力/节点位移
34	−10	−181 N	35	−37	−670 N	14	43	779 N
22	−44	−797 N	1	−53	−960 N	UZ1	−2.6	−2.6 N
23	−51	−924 N	19	−60	−1 087 N	UZ5	−1.2 mm	−1.2 mm
4	−45	−815 N	26	−42	−761 N	UZ4	−1.1 mm	−1.1 mm
36	−73	−1 322 N	8	50	906 N	UZ3	−1.7 mm	−1.7 mm

（3）安装和张拉第一圈径向索使 TDS 中索 56 的应变到达预测值，安装和张拉第二圈径向索使 TDS 中索 61 的应变到达 1 000 N 对应的应变，记录数据，见表 10.13。

表 10.13 PDS-BP 预测值和控制结果

径向索 56 轴力预测值（BP 网路输出值）	径向索 56 应变预测值	实测径向索 56 轴力（N）
2 840	762	2 994

如表 10.12 所示，最外环径向索的控制结果分别为 2 994 N，近似等于 3 000 N，说明预测成功，在存在未知随机施工误差下，利用预应力实施过程反馈控制方法进行预测和控制，最终成形的索力与目标预应力设计值（3 000 N，1 000 N）很接近，表明反馈控制方法的有效性。

10.4 静力试验结果

图 10.29 给出了加载试验以及理论分析等到的各节点竖向位移随荷载的变化曲线，选取试验模型中具有代表性的测点：上层网壳结构顶点节点 1、四分之一处节点 3 和节点 4。试

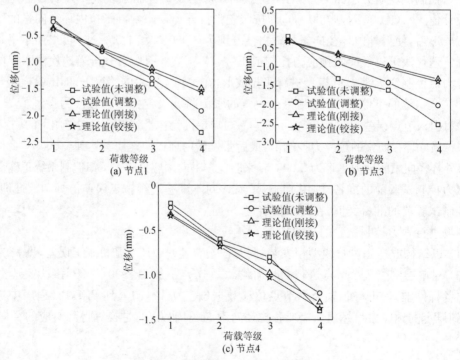

图 10.29 荷载—节点位移曲线

验值给出了未调整和经过误差节点调整后的结构测试结果,节点调整是按本书第 3 节实施,以比较节点误差调整前后的结构力学性能。为了便于比较,图中还给出了理论分析结果。理论结果采用有限元软件 ANSYS 模拟计算,分别假定上层网壳多向误差可调节点为刚接和铰接两种模型,上层网壳杆件采、撑杆和拉索分别采用 Bean188、Link8 和 Link10 单元模拟。

从图 10.29 中可以看出,位移随着荷载的增加基本呈现线性增加趋势,试验与理论计算的竖向位移的走势基本一致,节点铰接和刚接的理论位移值相差很小,数值也比较吻合,与文献[10.13]中结论相似。另外,误差调整后的结构试验位移值比未调整的要小,且更接近线性变化,表明通过误差可调节点调整节点安装误差能够改善结构的受力性能。

图 10.30 和图 10.31 分别绘出了加载试验以及理论分析等到的上层网壳杆件和下层索杆体系杆件的轴力随荷载的变化曲线。本书选取了试验模型中具有代表性的测点,上层网壳杆件包括内圈环向杆(杆件 4)、外圈径向杆(杆件 34)和外圈斜向杆(杆件 36),下层索杆体系杆件包括外圈撑杆(杆件 45)、外圈径向索(杆件 59)和内圈径向索(杆件 63)。

从图 10.30 和图 10.31 中的荷载—轴力曲线可以得到如下几点规律:

(1)理论计算时上层网壳误差可调节点按照刚接和铰接计算的杆件应力相差很小,理论值随着荷载的改变呈现线性改变。

(2)试验值与理论计算值比较吻合,拉索的测量结果更接近理论值。

(3)调整后的结构试验杆件轴力值不一定比未调整的要小,但都具有较好的线性。表明节点位置误差可以导致内力的不合理分布,部分杆件内力增大或减小,误差可调节点可以调整空间结构节点位置,使其具有较好的受力形态。

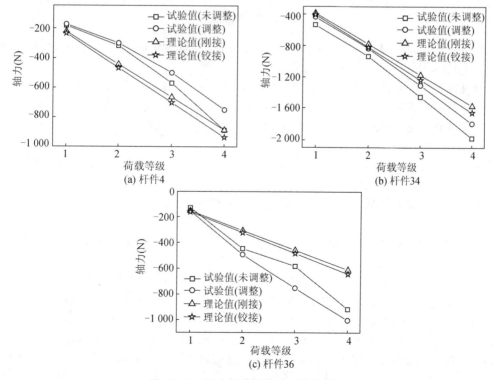

图 10.30　网壳杆件的荷载—轴力曲线

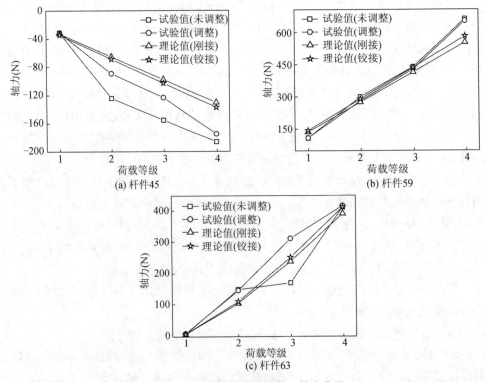

图 10.31 索杆体系的荷载—轴力曲线

本章参考文献

[10.1] 赵宪忠,陈建兴,陈以一.张弦梁结构张拉过程中的结构性能试验研究[J].建筑结构学报,2007,28(4):1-7

[10.2] 王永泉.大跨度弦支穹顶结构施工关键技术与试验研究[D].南京:东南大学,2009

[10.3] 郭佳明,董石麟.弦支穹顶施工张拉的理论分析与试验研究[J].土木工程学报,2011,44(2):65-71

[10.4] 聂桂波,支旭东,范峰,等.大连体育馆弦支穹顶结构张拉成形及静载试验研究[J].土木工程学报,2012,45(2):1-10

[10.5] 张爱林,刘学春,王冬梅,等.2008奥运会羽毛球馆新型弦支穹顶结构模型静力试验研究[J].建筑结构学报,2007,28(6):58-67

[10.6] 葛家琪,徐瑞龙,李国立,等.索穹顶结构整体张拉成形模型试验研究[J].建筑结构学报,2012,33(4):23-30

[10.7] 郑君华,董石麟,詹伟东.葵花型索穹顶结构的多种施工张拉方法及其试验研究[J].建筑结构学报,2006,27(1):112-116

[10.8] 尤德清.施工误差对Geiger型索穹顶结构内力影响的研究[D].北京:北京工业大学,2008

[10.9] 中华人民共和国行业标准.空间网格结构技术规程[S].北京:中国建筑工业出版社,2010

[10.10] 傅学怡,曹禾,张志宏,等.济南奥体中心体育馆整体结构分析[J].空间结构,2008,(04):3-7

[10.11] 周明华,王晓,毕佳,等.土木工程结构试验与监测[M].南京:东南大学出版社,2002

[10.12] 中国工程建设标准化协会.预应力钢结构技术规程(CES 212:2006)[S].北京:中国计划出版社,2006

[10.13] 陈志华,秦亚丽,等.刚性杆弦支穹顶实物加载试验研究[J].土木工程学报,2006,39(9):47-53